현 대 의 천 문 학 시 리 즈 ┃ 03
Modern Astronomy Series

우주론 II
- 우주의 진화 -

후타마세 토시후미二間瀨敏史 · 이케우치 사토루池內了
· 치바 마사시千葉柾司 엮음
김두환 옮김

지성사

『SERIES GENDAI NO TENMONGAKU 03: UCHURON II』

by Futamase Toshifumi, Ikeuchi Satoru, Chiba Masashi.

Copyright ⓒ 2014 by JISUNGSA.

All rights reserved.

First published in Japan by Nippon-Hyoron-sha Co., Ltd., Tokyo.

This Korean edition is published by arrangement with Nippon-Hyoron-sha Co., Ltd.,
Tokyo in care of Tuttle-Mori Agency, Inc., Tokyo through Eric Yang Agency. Inc., Seoul.

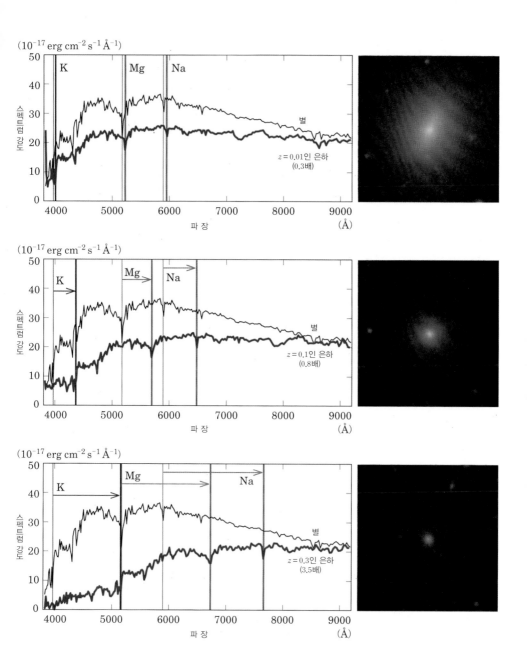

화보 1
적색편이된 은하의 스펙트럼과 이미지(본문 20쪽, 야하다 가츠히로矢幡和活 제공)

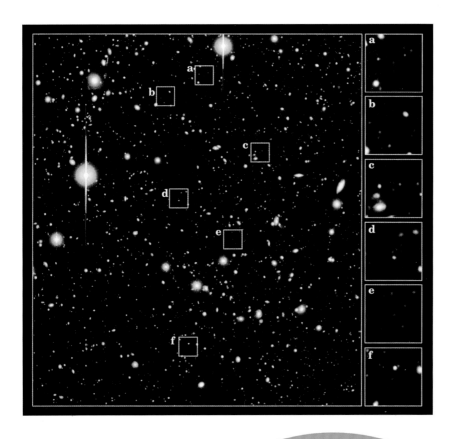

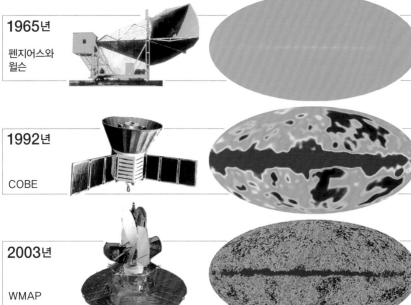

1965년

펜지어스와
윌슨

1992년

COBE

2003년

WMAP

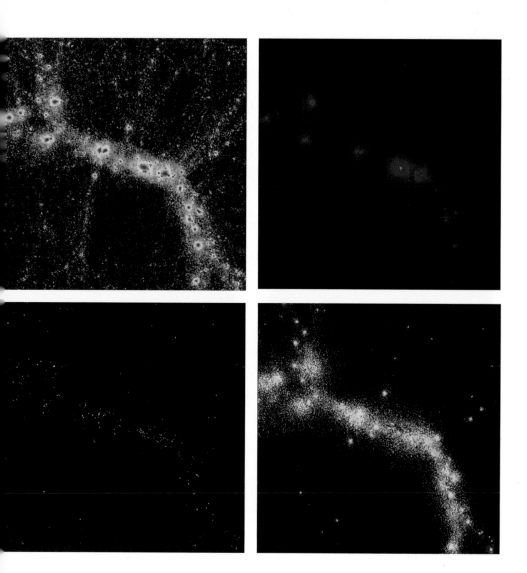

화보 2(왼쪽 위)
스바루망원경이 발견한 $z=5.7$인 은하집단. 영역 a~f를 확대한 것이 오른쪽 패널(본문 49쪽, Ouchi *et al.*, 2005, *ApJL*, 620,1)

화보 3(왼쪽 아래 _위부터 순서대로)
펜지어스와 윌슨이 사용한 전파망원경과 그 망원경으로 보았을 우주마이크로파 배경복사(CMB) 지도. COBE와 COBE가 본 CMB 지도. WMAP와 WMAP이 본 CMB 지도(1장 참조, http://map.gsfc.nasa.gov/)

화보 4(위)
수치시뮬레이션으로 얻은 물질분포. 암흑물질(왼쪽 위), 은하(왼쪽 아래), 은하단에 부수하는 고온가스(오른쪽 위), 미검출 다크바리온(오른쪽 아래)의 분포가 대비된다(본문 71쪽, 요시가와 코지吉川耕司 제공)

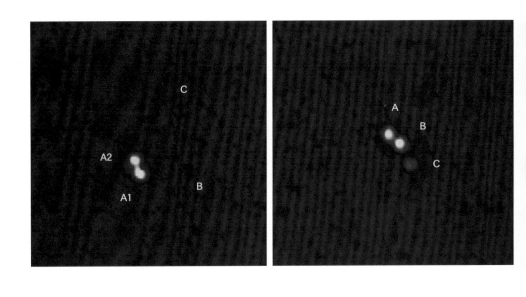

SDSS J073728.45＋321618.5   SDSS J095629.77＋510006.6   SDSS J120540.43＋491029.3   SDSS J125028.25＋052349.0

SDSS J140228.21＋632133.5   SDSS J162746.44－005357.5   SDSS J163028.15＋452036.2   SDSS J232120.93-093910.2

화보 5(왼쪽 위)
스바루망원경의 중간 적외촬상 분광장치(COMICS)에 의해 검출된 중력렌즈 퀘이사 PG1115＋080(왼쪽)와 B1422＋231(오른쪽)의 이미지(2장 참조, Chiba *et al*., 2005, *ApJ*, 627, 53). 동정된 렌즈 이미지 이름을 알파벳으로 표시했다.

화보 6(왼쪽)
허블우주망원경으로 본 은하단 Abell 2218과 배경은하의 중력렌즈상(2장 참조, http://hubblesite. org/)

화보 7(위)
허블우주망원경이 포착한 아인슈타인 링(2장 참조, http://hubblesite. org/)

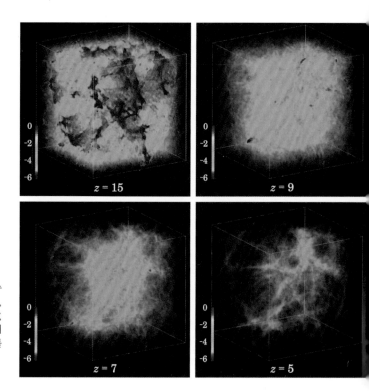

화보 5

WMAP의 3년 동안의 데이터로 묘사한 고각도분해능 온도요동의 전천지도(위). 온도요동 지도에 큰 각도 스케일의 직선 편광 방향을 겹쳐 놓은 것(아래). 선의 길이가 편광도의 강도를 나타낸다. 편광의 각도분해능은 온도요동에 비해 크게 떨어진다(본문 289쪽, Hinshaw *et al.*, 2007, *ApJS*, 170, 288; Legacy Archive For Microwave Background Data Analysis (LAMBDA), NASA Goddard Space Flight Center, http://lambda.gsfc.nasa.gov).

화보 5

우주 재전리의 6차원 복사수송 시뮬레이션(본문 337쪽, Nakamoto *et al.*, 2001, *MNRAS*, 321, 593). 적색편이 $z=15$에서 $z=5$까지의 시간변화를 나타내고 있다.

천문학은 최근 들어 놀라운 추세로 발전하면서 많은 사람들의 관심을 모으고 있다. 이것은 관측기술이 발전함으로써 인류가 볼 수 있는 우주가 크게 넓어졌기 때문이다. 우주의 끝으로 나아가려는 인류의 노력은 마침내 129억 광년 너머의 은하에 이르게 됐다. 이 은하는 빅뱅으로부터 불과 8억 년 후의 모습을 보여준다. 2006년 8월에 명왕성을 행성과는 다른 천체로 분류하는 '행성의 정의'가 국제천문연맹에서 채택된 것도 태양계 외연부의 모습이 점차 뚜렷해졌기 때문이다.

이러한 시기에 일본천문학회의 창립 100주년기념출판 사업으로 천문학의 모든 분야를 망라하는 ≪현대의 천문학 시리즈≫를 간행할 수 있게 되어 큰 영광이다.

이 시리즈에서는 최전선의 연구자들이 천문학의 기초를 설명하면서 본인의 경험을 포함한 최신 연구성과를 보여줄 것이다. 가능한 한 천문학이나 우주에 관심이 있는 고등학생들이 이해할 수 있도록 쉬운 문장으로 설명하기 위해 신경을 썼다. 특히 시리즈의 도입부인 제1권에서는 천문학을 우주-지구-인간의 관점에서 살펴보면서 세계의 성립과 세계 속에서의 인류의 위치를 명확하게 밝히고자 했다. 본론인 제2권~제17권에서는 우주에서 태양까지 여러 분야에 걸친 천문학의 연구대상, 연구에 필요한 기

초 지식, 천체현상의 시뮬레이션 기초와 응용, 그리고 여러 파장의 관측
기술을 설명하고 있다.

　이 시리즈는 '천문학 교과서를 만들고 싶다'는 취지에서 추진되었으며,
일본천문학회에 기부해준 한 독지가의 성의로 가능할 수 있었다. 그 마음
에 깊이 감사드리며, 많은 분들이 이 시리즈를 통해 천문학의 생생한 '현
재'를 접하고 우주를 향한 꿈을 키워나가길 기원한다.

편집위원장 오카무라 사다노리岡村定矩

내가 우주론 연구의 제일선에서 물러난 지 3년이 되었다. 지금까지 쌓아온 경험을 살려서 과학·기술·사회론에도 관심을 가져보고 싶다는 것이 표면상의 이유였지만, 연구의 진전 속도가 매우 급속하여 따라가지 못하게 된 것이 진정한 사유였다. 우주론이 실증과학으로서 확립되고 재능 있는 젊은 연구자들이 많이 참여하여 다양한 연구가 전개됨에 따라 나처럼 아이디어로 승부하는 타입은 섞여들기 어려워졌기 때문이다.

　이 책의 내용은 정확히 말하면 '관측적 우주론' 분야에 속한다. 관측해서 얻은 사실을 기초로 우주의 진화나 구조를 이론적으로 고찰하고 그 예측을 관측과 대조하거나 관측 사실을 재현해 보는, 다시 말해서 관측과 이론이 진지하게 겨루는 분야다. 날로 향상하는 관측 성능은 생각하지도 못했던 먼 우주의 모습을 밝혀내고 있으며, 이론에서는 그에 따른 가장 합리적인 해답을 찾기 위한 노력이 계속되고 있다.

　돌이켜보면 관측적 우주론에 대한 연구가 시작된 것은 1970년대이다. 로켓, 인공위성, 대형망원경 등이 잇따라 개발되면서 관측영역이 전 파장역으로 확대되었을 뿐만 아니라, 관측할 수 있는 우주의 범위가 단숨에 확대된 덕분이었다. 마침 그 무렵에 우주론을 연구하기 시작한 나는 황무지를 개척해 옥토를 만든다는 가슴 떨리는 의욕으로 매일 연구에 매진하였다. 그때만 해도 새로운 아이디어만으로도 통하던 시절이었기에 빅뱅가설을 기초로 하는 은하형성이론이나 퀘이사의 흡수선이론을 제안했었다. 모두 아이디어만으로 만족해야 했지만, 적어도 연구를 자극하는 역할은 해냈다고 생각한다.

그 후 30여 년이 지났지만 크게 변한 측면과 본질적으로 변하지 않은 측면이 있다. 변한 것은 말할 것도 없이 대형은하 서베이나 8~10 m급 대형망원경의 사용으로 관측 양(보다 멀리, 보다 상세하게, 보다 선명한 데이터)이 막대하게 늘어났다는 점이다. 이러한 자료들 덕분에 실증적 연구가 가능해진 것이다. 우주의 재再가열 시기나 초기 은하형성 시기가 확정되는 것은 시간문제일 것이다. 은하우주의 실상이 밝혀지고 있는 것이다. 관측적 우주론이 천문학을 견인하는 시대가 되었다고 할 수 있게 된 것이다.

본질적으로 변하지 않은 측면이란 일반상대론에 기초한 이론형식으로 (물론 해석방법은 좀 더 훌륭하게 개량되고, 새로운 시점의 해석법이 개척되었지만), 이론가는 물론 관측가도 그것을 자유자재로 활용하지 못하면 연구를 수행하지 못하는 상황이 되었다. 또한 우주론은 소립자부터 은하집단까지 모든 물질구조를 대상으로 하고 있어서 기초물리학의 전 분야를 이해하지 못하면 안 된다는 것도 변하지 않은 사실이다. 실증과학이 되려면 더욱 더 엄밀하게 다루어져야 한다는 요청은 당연하다.

이 책은 이 두 가지 측면을 균형 있게 기술하는 데 중점을 두고 있다. 방대하게 축적된 관측 양을 요령껏 잘 정리해서 제시함은 물론, 그 이론적 해석방법을 제대로 해설하려 애썼다. 따라서 이론과 관측을 불문하고, 우주론에 대한 전문지식이 있고 없고를 가리지 않고 우주에 관심이 있는 독자라면 반드시 읽어 보았으면 한다. 이 책을 통해 많은 사람들이 관측적 우주론에 흥미를 갖게 되었으면 하는 바람이다.

이케우치 사토루池內了

제1장
우주의 관측

우리의 우주에 대한 인식은 우주를 관측하는 기술발전의 도움을 받으면서 확대되어 왔다 해도 과언이 아니다. 인류는 갈릴레이G. Galilei가 최초로 망원경으로 밤하늘을 쳐다본 이후 불과 400년 남짓 사이에 백 수십억 광년의 먼 곳까지 볼 수 있는 기술을 향상시켜 왔다. 특히 20세기 이후 외은하계의 관측이 비약적으로 발전함에 따라 우주 전체의 진화를 탐구하는 것이 가능해졌다. 이로써 우주론은 단순한 사변적 학문의 틀에서 벗어나 실증과학으로의 질적인 변모를 갖추게 된 것이다.

관측기술의 발전은 우리에게 우주를 보는 다양한 통찰력을 제공해 왔다. 옛날부터 가장 많이 사용되었던 가시광선과 더불어 오늘날의 전파·적외선·자외선·X선·γ선에 이르는 거의 모든 파장대의 전자파를 사용한 우주의 관측이 이루어지고 있다. 그리고 우주선은 물론 전자파 이외의 뉴트리노와 중력파 등도 가까운 장래에 유력한 관측수단이 될 수 있다. 이러한 각각의 관측 데이터를 조합함으로써 천체의 성질이나 우주의 진화에 관한 다각적인 정보를 이끌어내는 것이 가능하게 되었다.

이 장에서는 이러한 배경을 토대로 우주의 진화에 대해서 현재까지 알려진 것이 무엇이고, 무엇이 해결해야 할 과제인지를 살펴보겠다.

1.1 빅뱅이론을 지지하는 관측적 증거

우주는 지금부터 약 140억 년 전에 뜨거운 불덩어리 상태로 탄생한 후 팽창과 함께 온도가 떨어지면서 현재에 이르는 과정에서 다양한 천체의 여러 계층이 생성된 것으로 여겨진다(제2권 참조). 빅뱅이론이라고 하는 이 우주진화에 대한 묘사는 단순한 이론가설이 아니라 다음에 설명할 우주팽창에 관한 허블의 법칙, 헬륨을 비롯한 경원소의 존재비, 우주마이크로파 배경복사 등 3가지 대표적 관측사실에서 자연스럽게 도출된 결론이다.

1.1.1 허블의 법칙

우주론의 주요 연구대상인 계외은하系外銀河는 우리 은하계에 대해 일반적으로 정지靜止하고 있지 않으며 어떤 상대운동을 하고 있다. 이 상대속도의 시선방향 성분 v는 계외은하가 발하는 휘선(또는 흡수선)의 파장이 도플러 효과에 의해 변화하는 것에 의해 결정된다. 즉 은하가 우리로부터 멀어지면 그 파장은 길어지고, 가까워지면 짧아지는 것이 관측된다. 본래 파장 λ를 가진 빛이 파장 λ'에서 관측될 때 우리에게서 멀어지는 방향을 속도의 양(+)의 방향이라고 하면 다음의 관계가 성립한다.

$$\frac{v}{c} = \frac{\lambda' - \lambda}{\lambda} \equiv z \tag{1.1}$$

여기서 c는 광속이고 $v \ll c$로 가정하고 있다. z는 적색편이라고 하며 이것은 파장이 길어지면($\lambda' > \lambda$) 빛이 적색이 되는 것에서 유래한다. 그림 1.1은 전형적인 은하의 파장 스펙트럼과 그것의 편이 모습을 나타내고 있다.

1929년 허블E. Hubble은 당시 거리추정이 가능했던 20수 개의 계외은하에 대해 후퇴속도 v를 결정하고 거리와의 관계를 조사하는 중에 v가 은하까지의 거리 d에 비례한다는 다음의 결론을 얻을 수 있었다.

$$v = H_0 d \tag{1.2}$$

이 관계식은 '허블의 법칙', 그 비례상수 H_0는 '허블 상수'(또는 허블 매개변수)라고 한다. 그림 1.2는 허블이 이 법칙을 발견한 당시의 데이터를 나타내고 있다. 여기서 추정된 H_0값 530 km s^{-1} Mpc^{-1}은 현재의 측정값에 비하면 약 8배나 컸다.

오늘날 이 모순은 허블의 시대에서는 변광성에 있어 두 가지 다른 종류

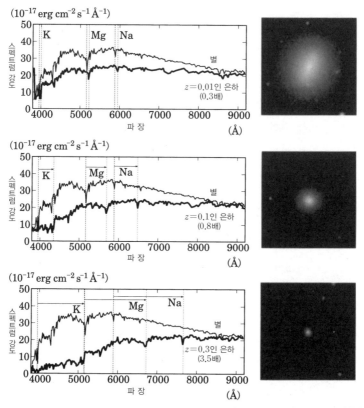

그림 1.1 은하의 스펙트럼(왼쪽 그림)과 이미지(오른쪽 그림)에 대한 적색편이(위 그림: $z = 0.01$, 가운데 그림: $z = 0.1$, 아래 그림: $z = 0.3$)의 영향(화보 1 참조). 왼쪽 그림에서 굵은 선은 적색편이를 일으킨 은하의 스펙트럼, 가는 선은 적색편이를 일으키지 않은 별의 스펙트럼을 나타내고, 대표적인 흡수선(K, Mg, Na)의 위치가 세로선으로 표시되고 있다. 비교하기 쉽게 하기 위해 은하의 스펙트럼 강도의 크기는 각각 괄호에 표시한 배율만 변경시키고 있다. 오른쪽 그림의 한 변은 $60'' \times 60''$에 대응한다. 적색편이가 큰 은하일수록 먼 곳에 존재하기 때문에 겉보기 크기가 작아지는 것을 볼 수 있다(야하다 가츠히로矢幡和浩 제공).

가 있다는 것을 이해하지 못했던 것과 허블이 먼 은하 속에 있는 밝은 별이라 생각했던 것이 실제로는 별의 복사에 의해 이온화된 매우 밝은 플라스마 영역이었다는 것 등의 두 가지에 기인하는 것으로 알려져 있다. 그어느 것이나 실제의 별보다 밝은 것을 별이라고 잘못 생각하고 있었기 때문에 그것이 속하는 은하까지의 거리를 작게 추정하는 계통오차가 생겨버

에드윈 허블(Emilio Segrè Visual Archives)

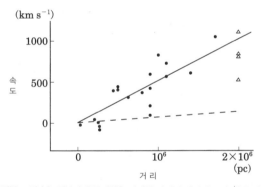

그림 1.2 허블 그림 (1): 허블이 우주팽창을 발견한 당시의 데이터. 세로축은 은하의 후퇴속도, 가로축은 은하까지의 거리를 나타내고 있다. 실선은 당시의 데이터를 가장 잘 재현하고 있는 비례관계($H_0 = 530\,\mathrm{km\,s^{-1}Mpc^{-1}}$), 점선은 현재의 데이터에 의한 비례관계($H_0 = 70\,\mathrm{km\,s^{-1}Mpc^{-1}}$)를 나타낸다(Hubble 1936, *The Realm of the Nebulae*의 그림을 수정).

린 것이다. 그러한 사정이 있었음에도 불구하고 그가 (식 1.2)로 나타내는 올바른 우주팽창의 관계식을 발견할 수 있었던 것은 커다란 행운이었다고도 말할 수 있다.

그 후 많은 관측에 의해 (식 1.2)의 비례관계가 확인되었고, 그의 이름을

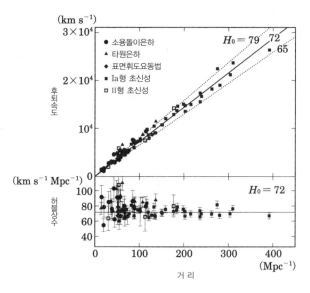

그림 1.3 허블 그림 (2): HST의 관측에 기초한 최근의 데이터. 위 그림은 은하의 후퇴속도와 거리의 관계, 아래 그림은 그래프의 기울기로부터 H_0를 구한 것이다. 이러한 결과들은 오차범위에서 (식 1.2)가 성립함을 나타내고 있다(Freedman *et al.*, 2001, ApJ, 553, 47).

딴 허블우주망원경(Hubble Space Telescope, HST)에 의한 최근의 관측으로 H_0값이 $72 \pm 8 \text{ km s}^{-1} \text{ Mpc}^{-1}$으로 주어졌다(그림 1.3). 그림 1.4에는 허블상수의 측정값이 시대에 따라 어떻게 변천해 왔는지를 나타냈다. 무엇보다 주의해야 할 것은 각 측정 단계에서 보고된 오차보다도 훨씬 큰 범위에서 값이 변해 왔다는 것이다. 이것은 우주 관측에 있어서 위에서 언급한 계통오차를 간과한 영향이 얼마나 큰 것인가 하는 교훈을 주고 있다.

관측의 계통오차를 완전히 배제하는 것은 불가능한데, 결과의 신뢰성을 높이기 위한 유효한 수단의 하나는 다른 계통오차를 갖는 별도의 측정과 비교하는 것이다. 예를 들면, 허블상수에 대해서는 1.4절에서 논하게 될 우주마이크로파 배경복사(Cosmic Microwave Background radiation, CMB) 온도요동을 사용한 측정도 하고 있어 매우 일치된 값($H_0 = 73 \pm 3 \text{ km s}^{-1}$

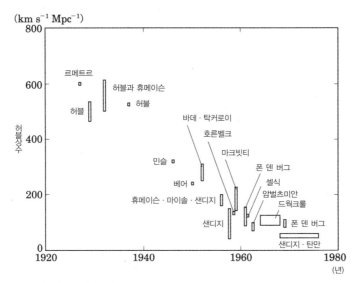

그림 1.4 허블상수의 측정값에 대한 연대별 추이. 각 연대에 보고된 H_0값은 측정의 계통오차를 간과했기 때문에 크게 변해 왔다(Trimble 1996, *PASP*, 108, 1073).

Mpc^{-1})이 보고되고 있다. 만일 모순이 발견된 경우에도 새로운 계통오차를 알아내는 실마리를 얻을 수 있기 때문에 이와 같이 여러 독립된 결과의 비교는 관측 데이터를 해석하는 데 있어 항상 유익한 것이다.

그리고 허블의 법칙은 우주의 진화에 있어서 매우 중요한 의의를 갖고 있다. 우리가 보는 어떤 방향에서도 (식 1.2)가 성립하는 것은 우주의 어떤 장소에 있어서도 허블의 법칙이 성립한다는 것을 의미하고 있다. 예를 들면 그림 1.5와 같이 2개의 은하 A와 B를 생각하면, 우리들 O에 대한 속도와 거리의 관계는 각각 벡터를 사용해서 다음과 같이 나타낸다.

$$v_{OA} = H_0\, d_{OA}, \quad v_{OB} = H_0\, d_{OB} \tag{1.3}$$

이것으로부터 은하 A에 대한 은하 B의 속도와 거리의 관계는 다음과 같

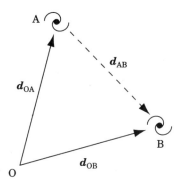

그림 1.5 우주팽창의 개념도. 2개의 은하 A와 B는 우리들 O로부터 멀어짐과 동시에 상호 멀어지고 있고 우주의 어느 지점에 있어도 허블의 법칙은 동일하게 성립되어 있다.

이 나타낼 수 있으며, 은하 A에서 보아도 역시 허블의 법칙은 성립한다.

$$v_{AB} = v_{OB} - v_{OA} = H_0(d_{OB} - d_{OA}) = H_0 d_{AB} \qquad (1.4)$$

즉 우주에서 임의의 두 점은 항상 그 간격에 비례한 속도로 멀어지고 있으며, 우리는 어떤 특별한 장소에 있는 것이 아니다.

이와 같은 현상은 우주가 전체로서 꾸준히 같은 방향으로 팽창하고 있다고 생각함으로써 자연스럽게 설명된다. 사실은 이미 1916년에 아인슈타인A. Einstein이 발표한 일반상대론부터 이와 같은 우주의 팽창이 예언되고 있었다. 그러나 아인슈타인 자신은 우주가 동적이라는 생각을 싫어해서 시간적으로 불변한 우주를 실현하기 위해 자신의 이론을 일부 수정했던 것이다(1.6.1절 참조). 이러한 시대였기에 허블이 우주팽창을 관측적으로 실증한 것은 '우주는 영원불변이 아니라 진화한다' 라는 새로운 자연관을 확립시킬 수 있는 계기가 된 것이다.

허블상수 H_0는 현재의 우주 팽창률을 나타내는 매개변수이며 시간의 역수 차원을 가진다. 예를 들어 임의의 두 점이 일정한 후퇴속도 v대로 운

표 1.1 적색편이와 우주시각의 대응관계.

적색편이 z	우주 시작부터의 시간 [년]	현재에서 과거로 역행한 시간 [년]	비고
0	137억	0	현재의 우주
3.1×10^{-10}	137억	4.2	가장 가까운 항성 (프록시마 켄타우리)
2.0×10^{-6}	137억	2.7만	은하중심
1.7×10^{-4}	137억	230만	안드로이드은하
0.023	134억	3억	머리털자리은하단
0.1	124억	13억	
1	60억	77억	
3	22억	115억	
7	8억	129억	현재 알려져 있는 가장 먼 은하
20	2억	135억	이론적으로 예상되는 원시은하형성시기
100	1,700만	137억	
1,100	38만	137억	우주의 맑게 갠 상태

우주시각은 현재 가장 표준적이라고 생각되는 우주모델에서 나타낸 값이지만, 각각 오차를 포함하고 있으므로 표 안의 값은 어림값이라 생각하면 된다.

동했다고 하면 현재부터 $d/v = H_0^{-1}$만큼 과거로 거슬러 올라가면 우주 전체가 한 점에 수축하게 된다. 실제로 v는 시간에 의존하므로 이 근사는 대략적이지만, 허블의 법칙은 우주가 유한의 과거에서 시작된 것을 예상하게 하고, 그 연령의 기준으로 $H_0^{-1} \sim 100\,h^{-1}$억 년의 값이 주어진다. 여기서 h는 H_0를 무차원화한 매개변수parameter로 다음과 같이 나타낼 수 있다.

$$h \equiv H_0 / (100\ \mathrm{km\ s^{-1}\ Mpc^{-1}}) \tag{1.5}$$

위에서 설명한 HST에 의한 관측값은 $h = 0.72 \pm 0.08$에 대응한다. 보다 정확한 것은 1.4절에서 설명하는 CMB 온도요동의 관측 등에 기초한 해석에 의해 현재의 우주연령은 137 ± 2억 년으로 견적되어 있다.

그리고 팽창하는 우주에서는 적색편이가 클수록 먼 곳, 즉 과거에 대응한다. 이 성질 때문에 종종 적색편이는 우주의 시각을 나타내는 지표로 사용된다. 이후 이해를 돕기 위해 그 대응 관계를 앞의 표 1.1에 정리했다.

1.1.2 경원소의 존재량

현재의 우주에 존재하는 원소는 어떤 보편적인 존재비를 나타내는 것으로 알려져 있다. 예를 들면 태양 근방의 원소 조성은 그림 1.6에 나타나는 것과 같이 질량비로 수소(H) 70%, 헬륨(^{4}He) 28%와 그 이외의 중원소로 이루어진다. 그 밖의 장소에서도 중원소의 비율은 고르지 않지만 원소의 약 1/4이 헬륨이라는 것은 공통점이다. 수소 이외의 원소는 모두 어떤 핵융합을 거쳐서 합성되었겠지만 그 중에서도 헬륨만이 이 정도로 대량이면서 보편적으로 존재한다는 사실은 설명이 필요하다.

원소를 합성하는 장소로 먼저 생각되는 것은 태양을 비롯한 항성 내부이다. 이 경우의 헬륨합성반응의 주요 경로는 결과적으로

$$4p \rightarrow {}^4He + 2e^+ + 2\nu_e \qquad (1.6)$$

로 이루어지며, 이때 ^{4}He과 4p와의 질량 차 $4m_p - m_{He}$에 대응한 에너지가 방출된다. 따라서 별에 의한 질량당 에너지의 생성효율은 $\varepsilon \equiv 1 - m_{He}/(4m_p) \sim 7 \times 10^{-3}$이다. 가령 태양이 본래는 전부 수소로 되어 있었다면 그것이 완전히 헬륨으로 변환되면 $\varepsilon M_\odot c^2$의 에너지가 방출되어야 할 것이다(첨자 $\odot$는 태양을 나타내고, $M_\odot = 1.989 \times 10^{33}$g은 태양질량).

그러나 실제로는 태양에서의 핵융합반응은 그 광도 $L_\odot \sim 4 \times 10^{33}$ erg s^{-1}에 대응하는 비율로 진행하기 때문에 우주연령$\sim H_0^{-1}$을 곱해도 방출될 수 있는 총 에너지량은 겨우 $L_\odot H_0^{-1}$이다. 즉 태양의 질량 중 헬륨으

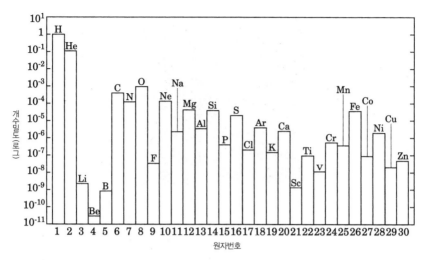

그림 1.6 태양 근방의 원소 조성. 세로축은 수소의 개수밀도를 1로 한 개수밀도의 비율을 나타낸다(『이과연표』를 기초로 작성함).

로 변환될 수 있는 비율은

$$\frac{L_\odot H_0^{-1}}{\varepsilon M_\odot c^2} \sim 0.1\, h^{-1} \tag{1.7}$$

에 불과하다. 같은 평가를 은하계 전체에 대해서 시행하면 이 값은 한 자 릿수 정도 더 작아진다. 현재의 우주에 존재하는 모든 헬륨을 별 기원으로 설명하는 것은 곤란하며, 별은 이미 대량의 헬륨을 포함한 가스로부터 형성되었다고 결론짓게 된다.

　여기서 중요한 것은 우주 초기에 있어서의 핵융합이다. 현재의 우주가 팽창하고 있다는 사실은 과거로 거슬러 올라가면 우주는 고온·고밀도 상태였다는 것을 시사하고 있다. 이것은 말하자면 뜨거운 불덩어리 상태이며, 항성의 중심부와 같이 핵융합반응이 진행되기 위한 필요조건을 만족시키고 있다. 다만 우주 초기에는 자유 중성자가 다수 존재하고 있는 상황

조지 가모프(Emilio Segrè Visual Archives)

이므로 핵융합이 일어나기 위해 실질적인 반응은 다음과 같이 변경된다.

$$2p + 2n \rightarrow {}^4He \tag{1.8}$$

(식 1.6)과의 본질적인 차이는 약한 상호작용에 의한 β붕괴를 동반하지 않기 때문에 아주 짧은 시간에 헬륨이 합성된다는 점이다. 합성이 일어나는 것은 우주의 온도가 10^9 K 부근에서 몇 분에 지나지 않지만, 그 시점에 존재하고 있었던 자유중성자는 거의 전부 ${}^4He$원자핵에 가두게 된다. 따라서 합성이 일어나는 시점에서의 양성자와 중성자의 비 $n_p / n_n \simeq 7$를 사용하면 전체 핵자에 대한 ${}^4He$의 질량비 Y_p는 다음과 같다.

$$Y_p = \frac{2}{1 + n_p / n_n} \sim 0.25 \tag{1.9}$$

한편 현재 관측되고 있는 ${}^4He$ 조성비에서 별의 진화에 의한 영향을 제거한 값으로는 0.23~0.25가 시사되고 있고, (식 1.9)는 이것을 거의 다 재현하고 있다. 또한 우주 전체에 반응이 일어나기 때문에 헬륨의 편재도 동시에 설명된다.

우주 초기에 원소가 합성되었다는 생각은 1940년대 후반 가모프G. Gamow
와 그의 공동연구자들에 의해 제창되었다. 이것은 그 무렵의 우주의 팽창
에 관한 운동학을 기초로 한 우주론에 원자핵물리를 배경으로 하는 물질
과학의 관점을 도입한 획기적인 시도였다. 그러나 가모프와 공동연구자들
의 생각은 당시에는 그렇게 이해를 얻지 못하였다. 실은 '빅뱅'이라는 통
칭도 당시 주류였던 정상우주론의 제창자 중 한 사람인 호일F. Hoyle에게
'그런 황당무계한 이야기가 있을 수 있나!'라고 야유 당했을 때의 말에서
유래한다.

본래 가모프와 연구자들은 헬륨뿐 아니라 모든 원소를 일거에 합성하려
고 했었는데 그 후의 연구에 의해 그것은 곤란하다는 것이 밝혀지고 있었
다. 자연계에는 질량수 5 및 8을 가진 안정 원소는 존재하지 않고 중원소
합성에 있어 장벽이 존재하기 때문이다. 우주의 온도와 밀도는 팽창과 함
께 급속하게 저하되기 때문에 이 장벽을 넘을 수 없으며 기껏해야 ^{7}Li까지
의 경원소밖에 합성되지 않는다. 이것보다 무거운 원소를 합성하기 위해
서는 별 내부에서의 핵반응이 불가결하게 된다. 우주 초기와 별 내부에서
의 원소합성이론 사이에는 표 1.2와 같은 차이가 있다.

표 1.2 2개의 원소합성이론의 비교.

	빅뱅 원소합성	별 원소합성
장소	초기 우주	항성 내부
시간 단위	분	억 년
온도	10억 도(℃) (시간과 함께 급속히 떨어짐)	1,000만 도(℃) (시간과 함께 천천히 상승)
밀도	10^{-5} g cm^{-3}	100 g cm^{-3}
생성원소	경원소 (헬륨, 중수소, 리튬)	중원소 (탄소, 질소, 산소 등)

좀 더 정확하게 말하면 빅뱅 때 합성되는 경원소의 조성비는 우주에 존재하는 바리온[1]과 광자의 수밀도 비 $\eta = n_b / n_\gamma$, 뉴트리노 세대수 N_ν, 중성자의 수명 τ_n에도 의존한다. 이에 따라 관측되는 경원소의 조성비에서 역으로 이들 매개변수를 결정하는 시도가 오랜 기간 이루어져 왔다.

현재는 N_ν와 τ_n에는 소립자실험에 의해 엄격하게 제한되고 있고, 실질적인 매개변수는 η뿐이다. 관측되는 D, ^{3}He, ^{4}He, ^{7}Li의 조성비를 재현하는 값으로 $4.9 \times 10^{-10} \leqq \eta \leqq 7.5 \times 10^{-10}$이 얻어지고 있고(자세한 것은 제2권 4장 참조), 이것은 1.4절에서 설명하는 CMB 온도요동의 관측 결과와도 정합되고 있다. 오직 하나의 매개변수에 의해 복수의 경원소의 존재량이 동시에 설명된다는 것, 그리고 얻어진 값이 독립된 측정 결과와 일치하는 것은 빅뱅이론을 뒷받침하는 강한 근거이다.

그리고 광자수밀도 n_γ는 CMB 스펙트럼(1.1.3절)으로부터 높은 정밀도로 결정되기 때문에 위에서 논한 η에 대한 제한은 우주의 바리온 밀도에 대한 제한 $0.018 \leqq \Omega_b h^2 \leqq 0.027$로 나타낼 수 있다.

앞에서 설명한 Ω_b는 무차원화 된 '밀도 매개변수' 라고 하는 양의 일종이다. 일반적으로 밀도 매개변수는 질량밀도 ρ_X를 가진 성분 X에 대해 다음과 같이 정의된다.

$$\Omega_X = \frac{\rho_X}{\rho_{cr,0}} \tag{1.10}$$

여기서 $\rho_{cr,0} = 3H_0^2 / (8\pi G) = 1.88 \times 10^{-29} \, h^2 \mathrm{g \, cm}^{-3}$은 현재의 우주를

---

[1] 지상의 물질을 구성하는 소립자는 쿼크와 렙톤이지만 그것들의 질량 대부분은 원자핵 내의 핵자(양성자와 중성자)로 채워져 있다. 핵자는 쿼크 3개로 된 복합입자로 바리온이라고 부르기 때문에 우주론에서는 통상의 물질을 통칭해서(어폐가 있는 말이지만) 바리온이라고 하는 경우가 많다. 자세한 것은 31쪽의 칼럼 참조.

평탄하게 하는 데 필요한 질량밀도로서 임계밀도라고 한다(G는 중력상수). 예를 들면 Ω_γ는 광자, Ω_m은 비상대론적 물질, Ω_Λ는 우주상수 Λ($\rho_\Lambda = \Lambda c^2/8\pi G$)의 에너지량을 각각 나타내는 밀도 매개변수이다. 그리고 비상대론적 물질을 세분화하여 바리온의 밀도를 Ω_b, 전자파로 관측되고 있는 물질의 밀도를 Ω_{lum}으로 나타내기도 한다. 평탄한 우주에 대해서는 각 성분의 밀도 매개변수의 총합 Ω_{tot}는 1이 된다.

쿼크와 렙톤

미시적 세계를 생각했을 때 물질의 계층구조의 최소 단위를 소립자라고 한다. 예를 들면 원자는 원자핵과 전자로 이루어진다. 전자는 그 자체가 소립자이지만 원자핵은 소립자가 아닌 양성자와 중성자로 이루어진다. 그리고 양성자와 중성자는 쿼크quark라고 하는 소립자 3개로 이루어지는 복합입자이다.

자연계의 모든 현상을 추구해 나가면 그것들을 지배하는 기본적인 상호작용(현상의 원인이 되는 힘으로 말을 바꾸어도 된다)은 4가지가 전부인 것이 알려져 있다. 즉 강한 힘, 약한 힘, 전자력, 중력이다. 일상적으로 의식하거나 그렇지 않고를 떠나 전자력과 중력은 매우 친근한 존재이다. 한편 강한 힘과 약한 힘은 둘 다 미시적인micro 스케일에만 중요하게 되는데, 각각 쿼크를 결부시켜 양성자나 중성자를 만들거나 β붕괴를 일으켜 양성자와 중성자를 변환시키는 등 전자력과 중력만으로는 설명되지 않는 기본적인 물질 구성요소의 안정성과 연관되고 있다.

이에 대응해서 미시적 물질은 강한 상호작용을 하는 하드론hadron과 그 이외의 렙톤lepton 및 상호작용을 매개하는 게이지보손gauge boson으로 분류된다. 렙톤은 소립자이지만 하드론은 복합입자이며 쿼크라고 하는 소립자로 구성된다. 그리고 하드론은 쿼크 3개로 이루어진 바리온baryon과 쿼크 2개로 이루어진 메손meson으로 나누어진다. 표 1.3에 정리되어 있는 것처럼 소립자인 쿼크와 렙톤은 각각 6개의 종류가 존재한다. 예를 들면 양성자는 uud, 중성자는 udd로 이루어진 바리온이며, π중간자는 u와 d의

표 1.3 소립자의 분류.

	전하	제1세대	제2세대	제3세대
쿼크	+2/3 −1/3	u(up) d(down)	c(charm) s(strange)	t(top) b(bottom)
렙톤	+1 0	e(전자) ν_e(전자뉴트리노)	μ(뮤) ν_μ(뮤뉴트리노)	τ(타우) ν_τ(타우뉴트리노)

반입자로 이루어진 메손이다. 쿼크와 렙톤은 어느 것이나 3개의 다른 '세대'라고 하는 종류를 가진다는 것이 알려져 있다.

1.1.3 우주마이크로파 배경복사

초기의 우주가 뜨거운 불덩어리 상태였다고 지적한 가모프 등은 그 흔적인 광자가 우주팽창과 더불어 온도를 낮추면서 절대온도로 수 도에서 수십 도의 흑체복사로서 현재의 우주를 채웠을 것이라고 예언했었다. 이 예언은 그 후 잊혀 갔지만 1965년 미국 벨연구소의 펜지어스A. Penzias와 윌슨R. Wilson이 실증해 보였다. '우주마이크로파 배경복사(Cosmic Microwave Background radiation, CMB)'의 발견이다. 그 결과 그때까지 이단으로 간주되었던 빅뱅이론은 급속하게 자리를 잡게 되었다.

흑체복사란 열평형상태에 있는 복사를 가리키는 명칭이며, 그 스펙트럼은 다음과 같은 플랑크 분포로 나타낸다.

$$I_\nu = \frac{2h_p \nu^3}{c^2} \frac{1}{\exp(h_p \nu / k_B T) - 1} \tag{1.11}$$

여기서 I_ν는 복사강도, $\nu(=c/\lambda)$는 주파수, T는 온도, h_p는 플랑크 상수, k_B는 볼츠만상수이다. 복사강도 I_ν의 주파수 의존성은 온도가 주어지면 일의—意적으로 정해진다. 주파수 $\nu \sim \nu + d\nu$를 가지고, 체적요소 dV에 의

펜지어스(왼쪽)와 윌슨(오른쪽) 그리고 그들이 사용했던 전파망원경(벨 연구소 · 루슨트 테크놀로지 제공 화상).

존하는 광자수는 $dN = 4\pi I_\nu d\nu dV / (ch_p\nu)$로 표시된다.

사실 펜지어스와 윌슨의 CMB 발견은 우연한 기회에 이루어졌다. 그들은 위성통신용 전파망원경의 노이즈를 측정하다가 원인을 알 수 없는 신호가 모든 방향에서 들어오는 것을 검출했고, 나중에 그것이 CMB라는 사실이 밝혀졌다. 그들의 측정은 파장 7.35 cm에서 이루어졌는데, 파장 하나의 데이터로는 검출된 신호가 흑체복사인지 아닌지 알 수 없다. 적어도 2개의 파장 데이터가 동일 온도의 플랑크 분포에서 설명되어야 한다.

약 반 년 후에 롤P. Roll과 윌킨슨D. Wilkinson이 보고한 파장 3.2 cm에서의 측정은 이 조건을 충족시켰고, CMB가 온도 3.0±0.5K의 등방적 흑체복사라는 것을 나타냈다. 얄궂게도 윌킨슨과 연구자들이 먼저 CMB를 검출할 만한 측정을 했지만 펜지어스와 윌슨에게 추월을 당하고 말았다.

초기의 CMB 관측은 모두 흑체복사가 최고점인 파장이 ~2 mm보다

그림 1.7   COBE 위성(http://lambda.gsfc.nasa.gov/product/cobe/).

장파장 쪽(레일리 – 진스 영역)뿐으로 스펙트럼의 전체 상을 알기 위해서는 단파장 쪽(빈 영역)까지 포함시킨 관측이 필요하다. 그러나 그러한 관측을 지상에서 실시한다는 것은 대기에 의한 빛의 흡수 등으로 곤란했다. 이를 실현했던 것이 1989년에 발사한 미국의 인공위성 COBE(COsmic Background Explorer, 그림 1.7)이다. COBE는 CMB의 최고점peak을 포함한 단파장대역의 스펙트럼을 정밀하게 측정해서 CMB가 온도 $2.725 \pm 0.001\,K$의 완벽한 흑체복사라는 것을 확인했다. COBE를 포함한 CMB 스펙트럼 측정의 결과를 그림 1.8에 정리했다. 이것은 우주론에 관한 여러 관측 가운데 가장 높은 신뢰도를 가진 데이터라 할 수 있다.

이러한 흑체복사를 국소적인 복사나 흡수로 설명하는 것은 극히 곤란하며 그 기원은 필연적으로 우주 전체의 진화과정과 관련시키지 않을 수 없다. 빅뱅에 의해 고온·고밀도 상태로부터 우주가 시작되었다고 하면 처음에 물질은 전리하고 있어서 다수의 자유전자가 우주공간을 날아다니고 있었을 것이다. 광자는 자유전자와 빈번하게 산란하기 때문에 복사와 물

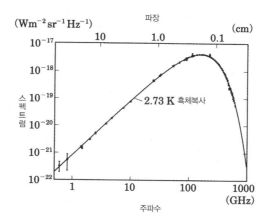

그림 1.8 CMB의 스펙트럼. 실선은 관측 데이터를 보다 좋게 재현한 흑체복사 스펙트럼(Particle Data Group, 2004, *Physics Letters B*, 592, 1).

질 사이에는 열평형이 실현되어 이 시기의 광자는 (식 1.11)의 흑체복사 스
펙트럼을 가졌다고 생각된다. 이윽고 팽창에 의해 우주의 온도가 약
3,000 K 정도까지 낮아지면 물질은 중성화되고 광자는 자유롭게 직진할
수 있게 되기 때문에 복사와 물질의 열평형이 깨지게 된다. 이 시점에서
복사의 스펙트럼은 고정되고 그 후 광자수는 보존된 채로 파장이 우주팽
창에 의해 길어질 뿐이다.

일반적으로 우주의 크기가 α배가 되면 체적 V는 α^3배가 되고 광자의 파
장은 α배(주파수는 $1/\alpha$배)가 된다. 이로부터 광자수 dN이 고정된 채 $\nu \rightarrow$
$\nu' = \nu/\alpha,\ V \rightarrow V' = \alpha^3 V$로 변하면 광자의 스펙트럼은 다음과 같이 변한다.

$$I'_{\nu'} = I_{\nu} \frac{\nu'}{\nu} \frac{d\nu}{d\nu'} \frac{dV'}{dV}$$
$$= \frac{2h_{\mathrm{p}} \nu'^3}{c^2} \frac{1}{\exp(h\nu'\alpha/k_{\mathrm{B}}T) - 1} \tag{1.12}$$

여기서 $T' = T/a$로 바꾸면 (식 1.11)과 완전히 동형이 된다. 이것은 열평형이 깨진 후에도 광자는 플랑크 분포를 엄밀히 유지한 채 우주를 채워 가고 있음을 의미하고 있다. 다만 열평형이 아니면 온도를 정확히 정의할 수 없기 때문에 본래 T'은 광자 분포를 특징짓는 매개변수로만 의미를 갖는다. 「 ′」이 붙어 있는 시기를 현재라고 하면 (식 1.1)에 의해 $a = \nu/\nu' = \lambda'/\lambda = 1 + z$이므로 다음 식이 성립한다.

$$T_0 = \frac{T_{\text{dec}}}{1 + z_{\text{dec}}} \tag{1.13}$$

여기서 현재의 물리량을 첨자 0, 복사와 물질의 열평형이 깨진 시기 decoupling epoch에 있어서의 물리량을 첨자 dec로 나타냈다.

실제로 관측된 CMB의 스펙트럼(그림 1.8)은 플랑크 분포와 완전히 일치하고 있다. 앞서 언급한 논의에서 확인되듯이 CMB의 흑체복사는 어디까지나 과거의 고온 우주의 흔적이며, 현재의 우주가 열평형에 있다는 뜻이 아니라는 점에 주의해야 한다. 열평형이 깨진 시점에서의 우주의 온도 $T_{\text{dec}} \simeq 3{,}000\,\text{K}$와 CMB 온도의 측정값 $T_0 = 2{,}725\,\text{K}$를 (식 1.13)에 대입하면 $z_{\text{dec}} \simeq 1{,}100$을 얻을 수 있다. 또 흑체복사 스펙트럼은 온도에만 의존하기 때문에 온도가 측정되면 현재의 우주에서의 CMB 광자의 에너지 밀도는 다음과 같이 결정된다.

$$\varepsilon_\gamma = \frac{4\pi}{c} \int_0^\infty I_\nu d\nu = 4.17 \times 10^{-13} \left(\frac{T_0}{2.725\,\text{K}} \right)^4 \quad [\text{erg cm}^{-3}] \tag{1.14}$$

이것을 밀도 매개변수로 환산하면 다음과 같다.

$$\Omega_\gamma = 4.76 \times 10^{-5} \left(\frac{h}{0.72} \right)^{-2} \left(\frac{T_0}{2.725\,\text{K}} \right)^4 \tag{1.15}$$

현재의 우주에서의 광자의 에너지 밀도는 CMB가 대부분을 차지하고 있다. 한편 1.4절 등에서 보는 바와 같이 현재의 Ω_{tot}는 1에 가까운 값을 취하고 있다고 알려져 있다. 따라서 현재의 우주의 전체 에너지 밀도에 대한 광자의 기여는 거의 무시할 수 있다.

1.2 우주의 대규모 구조

1.2.1 천체의 계층구조

지금의 우주에 존재하는 천체는 결코 무질서하게 흩뿌려져 있지 않고 별, 은하, 은하군, 은하단, 초은하단과 같이 계층구조를 이루면서 존재하고 있다(표 1.4).

가시광선으로 빛나는 물질의 태반은 별이며, 별은 은하에 집중되어 있다. 이 때문에 우주 전체의 물질분포를 생각할 때에는 은하를 기본 단위로 간주하는 경우가 많다. 그러나 별은 은하의 총 질량의 일부에 지나지 않으며 전파나 X선 등으로 관측되는 성간가스, 적외선으로 관측되는 먼지dust, 그리고 전자파를 복사하지 않는 암흑물질(상세한 것은 1.5절 참조)도 은하에

표 1.4 우주의 계층구조에 대한 대략적 크기.

	반경(cm)	전체질량($M_\odot$)	평균밀도(g cm^{-3})	역학시간(년)
별(주계열성)	$10^{10}\sim10^{13}$	$0.1\sim100$	$10^{-4}\sim10^{2}$	$10^{-5}\sim10^{-2}$
은하	$10^{21}\sim10^{23}$	$10^{7}\sim10^{12}$	10^{-25}	10^{8}
은하군	10^{24}	$10^{12}\sim10^{14}$	10^{-27}	10^{9}
은하단	10^{25}	$10^{14}\sim10^{15}$	10^{-27}	10^{9}
초은하단	$>10^{25}$	$>10^{15}$	10^{-29}	10^{10}

표 안의 값은 암흑물질의 기여도 포함시킨 전형적인 자릿수를 나타낸다.

부수해 있다는 것이 밝혀져 있다.

은하의 대부분은 수 개에서 수천 개에 달하는 집단을 형성하고 있고, 규모가 작은 것부터 순서대로 은하군, 은하단, 초은하단으로 구분해서 부르고 있다. 이러한 구분은 반드시 명확하지 않지만 많은 은하군과 은하단에는 $10^6 \sim 10^8$ K의 고온 가스가 확산되지 않은 채 부수하고 있기 때문에 어느 정도 완화緩和 진행된 계라고 할 수 있다. 한편 초은하단은 대부분 완화하지 않는 계이며, 균일한 우주에서 약간 벗어남이 생긴 단계에 있다고 생각된다. 은하군 이상의 계층 천체군群을 총칭해서 '대규모 구조'라고 한다.

표 1.4에 나타낸 천체는 어느 것이나 자기들의 만유인력에 의해 잡아 묶여진 '자기중력계'이다. 별에서는 가스의 압력 기울기, 소용돌이은하에서는 계의 회전, 은하군이나 은하단에서는 은하의 무작위random 운동이 각각 중력과 평형을 이룸으로써 형상이 지탱되고 있다. 가령 이러한 항력이 없었던 경우 계가 중력수축해서 붕괴되는 시간스케일(역학시간)은 다음과 같이 주어진다.

$$t_{\text{dyn}} \sim \frac{1}{\sqrt{G\bar{\rho}}} \tag{1.16}$$

여기서 G는 중력상수, $\bar{\rho}$는 천체의 평균 질량밀도이다. 천체가 형성되기 위해서는 적어도 이 이상의 시간이 걸릴 것이다.

표 1.4에 나타난 것처럼 일반적으로 규모가 큰 천체일수록 밀도는 감소하고, 역학시간은 길어지는 경향이 있다. 주의해야 할 것은 대규모 구조의 역학시간이 우주연령 137억 년과 그다지 다르지 않다는 점이다. 이것은 대규모 구조가 우주연령의 대부분에 걸쳐 서서히 형성되어 온 것을 의미하고 있다. 즉 현재 관측되는 대규모 구조의 모습은 자신들이 형성되어 온 과정에 대한 기억을 머무르게 하고, 그것은 우주 전체의 진화와도 밀접하

게 관계가 있다고 기대된다. 역으로 역학시간이 매우 짧은 항성에서는 그와 같은 기억은 아주 먼 옛날에 완전히 지워졌을 것이다. 이것이 우주의 성장 과정을 해명하려고 하는 우주론 연구에 있어 대규모 구조가 중요한 지표가 되는 이유이다.

1.2.2 은하 서베이

대규모 구조의 존재 자체는 1930년대 경부터 인식되고 있었지만 그 전모가 밝혀진 것은 1970년대 후반부터 대두되어 온 은하의 적색편이 서베이 survey 관측에 기인하는 바가 크다. 이것은 하늘의 넓은 영역 내에 존재하는 은하의 거리를 하나하나 측정하고, 천구면 상에서의 위치관계와 결부시킴으로써 은하분포 3차원 지도를 그리는 방법이다. 먼 곳에 존재하는 다수의 은하의 거리를 직접 측정하는 것은 매우 어렵기 때문에 차선의 방법으로 비교적 측정하기 쉬운 적색편이(즉 후퇴속도)를 우선 결정해서 (식 1.2)의 허블의 법칙을 이용하여 거리를 알아내는 방법이 선택되고 있었다.

은하의 지도 만들기라는 언뜻 보기에 따분한 연구의 위력이 유감없이 발휘된 좋은 예는 1980년대에 발표된 CfA 서베이의 성과이다. 그림 1.9 (위)에는 이 서베이로 얻은 약 1,000개 은하의 적색편이 공간에서의 위치가 나타나 있다. 이 결과 $z < 0.05$에 존재하는 은하의 분포가 매우 불균일하다는 것이 분명하게 되었다. 은하가 집중한 고밀도 영역이 은하단에 대응하고, 그것들이 필라멘트 모양으로 팔을 뻗어서 서로 연결하고, 그 틈에는 보이드라고 하는 공동영역이 존재한다. 무수한 거품이 서로 겹쳐 보이는 형태를 이루고 있어서 거품구조bubble structure라고도 한다.

이러한 서베이 관측은 그 후에도 수없이 시행되었으며 현재 최대 규모인 것으로는 슬론 디지털 스카이 서베이SDSS이다. 이것은 미국의 7개 연구기관과 일본의 그룹이 개시한 국제공동관측이다. SDSS의 주요 목적은 전

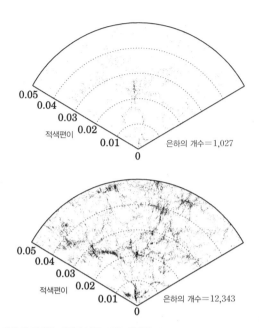

그림 1.9 신구 은하의 서베이 데이터 비교: CfA 카탈로그(위, de Lapparent *et al.*, 1986, *ApJL*, 302, 1을 토대로 작성)와 SDSS 카탈로그(아래). 둘 다 부채꼴의 한 변은 z=0.05이고, 중심은 우리 위치, 검은 점은 은하의 위치를 나타낸다. 실제로 SDSS로 관측된 범위는 훨씬 넓지만 비교를 위해 안 길이는 CfA 카탈로그와 맞추고 있다(다만 관측영역의 천구면 상에서의 위치는 다르다). 그려져 있는 은하의 개수는 각각 1,027개(위)와 1만 2,343개(아래).

체 하늘의 약 4분의 1에 해당하는 영역을 대형 CCD카메라로 5개 파장대를 관측하고, 거기에서 선택한 100만 개의 은하와 10만 개의 퀘이사(Quasi Stellar Object, QSO)를 분광관측하는 것이다. 그림 1.9 (아래)에는 SDSS로 2004년까지 관측된 은하 가운데 근방의 약 1만 2,000개가 나타나고 있는데 CfA의 결과에 비해 훨씬 거품구조가 현저하다는 것을 알 수 있다. 그러나 CfA와 SDSS로 관측된 천구면 상의 방향은 다르기 때문에 개개 은하의 위치가 아니라 전체적인 경향만을 비교하길 바란다.

그림 1.10에는 더 먼 곳까지의 지도가 그려져 있다. 위 그림은 z<0.15인 현재 가장 완전한 은하지도이며, 아래 그림은 보다 먼 곳의 분포를 조

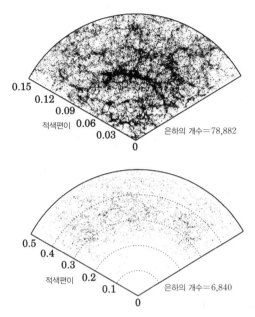

그림 1.10 SDSS에 의해 얻은 은하지도. z<0.15인 현재 가장 완전한 은하지도이며 7만 8,882개의 은하 위치가 표시되어 있다(위). 밝은 타원은하를 골라 그 6,840개의 분포를 보다 먼 곳인 z=0.5까지 그린 지도(아래).

사하기 위해 밝은 타원은하(Luminous Red Galaxies, LRG)만을 취한 z<0.5 인 지도이다. LRG는 은하단의 중심부에 잘 발견되기 때문에 대략적으로 은하단의 광역분포를 나타내고 있다고 생각해도 된다. 은하의 불균일한 분포는 이와 같이 먼 곳까지도 영역 전체에 널리 퍼져 존재하고 있으며 우리 근처에서 우연히 볼 수 있는 것이 아님을 알 수 있다.

1.2.3 데이터 해석에 있어서 주의할 점

은하 서베이에 의해 얻을 수 있었던 우주의 지도는 대규모 구조가 어떻게 형성되어 왔는가에 대한 풍부한 정보원이 되지만, 실제로 관측 데이터를 해석하거나 이론과 비교할 때에는 몇 가지 주의해야 할 점이 있다.

첫 번째, 관측되는 은하분포는 우주에 존재하는 물질의 분포를 어느 정도 반영하고 있다고 생각되지만 완전히 등가等價라 할 수 없다. 1.5절에서 상세하게 설명하겠지만, 우주의 물질 대부분은 암흑물질에 의해 점유되고 있고, 그것들의 분포가 전자파로 관측되는 은하의 분포와 일치한다는 보증이 없기 때문이다. 양자兩者의 차이를 '바이어스'라고 한다. 바이어스에 관해서는 아직 해명되어 있지 않은 점이 많지만 밝은 은하일수록 바이어스가 강하고(즉 공간적으로 밀집하는 경향이 강하다), 소용돌이은하에 비해 타원은하 쪽이 바이어스가 등 몇 가지의 일반적 경향은 알려져 있다. 이러한 성질을 원리적 수준부터 이해하려면 은하형성의 환경 의존성을 해명하는 것이 불가결하며 앞으로의 연구 진전이 기대된다.

두 번째, 관측된 은하의 속도에는 허블의 법칙에서 벗어나는 특이속도도 포함되어 있다. 우주의 밀도가 엄밀하게 균일할 것 같으면 팽창에 의한 후퇴속도는 거리만의 함수가 되지만 불균일한 우주에서는 밀도가 높은 영역일수록 중력이 세지고 그 주변에 존재하는 은하를 끌어당기기 위해 새로운 속도분포가 생긴다. 이것은 속도공간에서 관측되는 구조를 시선방향으로 찌부러뜨리는 효과를 낳는다. 그리고 특정한 영역 내의 은하가 역학평형에 도달해 랜덤운동을 하고 있는 경우에는 역으로 시선방향의 구조가 길게 늘어지게 된다. 이것들은 랜덤한 영향만 미치는 것으로 생각되지만 실은 계통적 효과를 낳고 있는 것이다. 수치 시뮬레이션에 의해 그것을 직접 나타낸 것이 그림 1.11이다. 실제의 물질분포(왼쪽)에 비해 적색편이 공간에 있어서의 분포(오른쪽)가 일그러져 거품구조가 보다 더 강조되는 경향을 나타내고 있는 것이 분명하다. 실제로 그림 1.9 (위)의 중앙 부근에 관측되고 있는 불가사리형 구조 등도 같은 영향을 받고 있다고 생각된다.

세 번째, 관측되는 은하는 그 영역 내에 존재하는 전체 은하가 아니고 어느 일정한 관측기준에 의거해 골라낸 샘플이다. 유감스럽게도 어두운

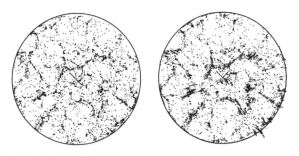

그림 1.11   수치 시뮬레이션에 의한 실공간(왼쪽)과 적색편이 공간(오른쪽)에서의 물질분포 비교. 원의 중심이 우리 위치에 대응한다. 반경은 150 h^{-1}Mpc(Taruya et al., 2001, PASJ, 53, 155).

은하까지 포함해 '전부'를 관측할 수 있었는지 어떤지는 원리적으로 알 수 있는 방법이 없다. 이러한 이유로 생기는 데이터에 미치는 영향을 '선택효과'라고 한다. 서베이 관측에 있어서 중요한 것은 관측기준을 가능한 데까지 분명히 한 다음에 그것을 충족시키는 천체는 모두 망라하고 선택효과를 최소한으로 억제하는 것이다. 예를 들면 SDSS에서는 r밴드라고 하는 관측파장대(적색에 거의 대응한다)에서의 겉보기 밝기가 어떤 일정치 이상이 되는 기준이 채용되고 있다.

이 외에 근방의 은하 서베이에서는 영향은 적지만 먼 곳의 퀘이사 서베이 등에서 중요하게 여겨지는 것으로는 공간의 기하학적 성질이 비유클리드적이 되는 효과나 한 장의 지도 안에서 시각의 차이가 생기는(지도의 바로 앞일수록 현재에 가까운 시각에 대응하는) 것 등을 들 수 있다. 이러한 것들에 의해 단순한 허블의 법칙에는 여러 가지의 보정이 필요하게 된다.

1.2.4 구조형성 시나리오에 대한 의의

위에서 설명한 효과는 어느 것이나 단순한 통계처리만으로는 제거할 수 없는 계통오차로서 데이터 해석에 영향을 미친다. 은하 서베이에 한정된 것이 아니라 우주의 관측에 있어서 최대의 과제는 이와 같은 계통오차를 어디까지 보정·제거할 수 있는지에 있다고 말할 수 있다.

그렇게 하기 위한 유효한 수단으로 수치 시뮬레이션에 의해 이론과 관측의 간격을 메우는 방법이 있다. 그림 1.12에는 그 구체적인 예로서 SDSS 데이터의 관측조건을 가능한 한 답습해서 인공적으로 만들어진 모의 은하지도가 관측 데이터와 비교되고 있다. 이 시뮬레이션에서는 작업가설로 차가운 암흑물질(Cold Dark Matter, CDM; 상세한 것은 1.5절 참조)이 우주를 채우고 있다는 모델을 채용해서 우주 초기에 존재했던 작은 밀도 요동이 중력의 작용으로 증폭해가는 과정을 직접 풀고 있다. 은하 각각의 형성과정에 대해 현재로서는 현상론적으로 다룰 수밖에 없지만 은하를 '점'으로 간주하고 그 광역적인 분포에 주목하는 한 신뢰할 수 있는 결과를 얻을 것이라 생각한다. 비교를 위해서 가운데 그림에는 현재 가장 표준적이라 생각되는 우주론 매개변수의 조합 $(\Omega_m, \Omega_\Lambda, h) = (0.3, 0.7, 0.7)$인 경우이고 아래 그림에는 그것을 의도적으로 $(\Omega_m, \Omega_\Lambda, h) = (1, 0, 0.5)$로 변경한 경우의 결과를 나란히 제시해 놓았다.

관측 데이터(그림 1.12 (위))와 비교하면, 전자의 우주모델(가운데)에서는 관측되는 은하분포 패턴이 매우 잘 재현되어 있다는 것을 바로 알 수 있다. 한편 후자의 우주모델(아래)에서는 거품구조가 현저하지 않아 실제 데이터와 일치성이 떨어진다. 이와 같은 차이가 나타난 원인은 우주론 매개변수의 차이에 의해 밀도요동의 분포나 성장률이 변화했기 때문이다. 또한 작업가설로서 채용한 CDM을 암흑물질 후보로 변경하면 일치성은 더욱 떨어진다. 2점 상관함수(3.5.2절 참조) 등을 사용해서 보다 정량적으로 해석해도 같은 결론이 나타난다. 이 결과는 관측된 은하분포로 우주모델을 엄격히 구별할 수 있다는 것을 의미한다. 현시점에 있어서의 은하 서베이 데이터는 위에서 말한 표준적인 우주론 매개변수의 값과 CDM의 조합을 강하게 지지하고 있다.

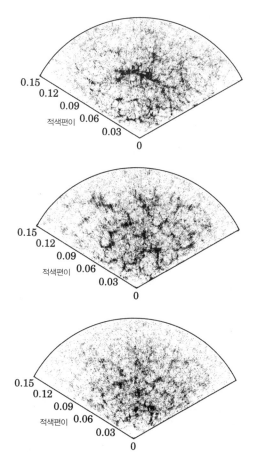

그림 1.12 수치 시뮬레이션에 의해 만들어진 모의 은하지도와 관측 데이터와의 비교. SDSS에 의한 관측데이터(위), 현재 가장 표준적인 우주모델 $(\Omega_m, \Omega_\Lambda, h) = (0.3, 0.7, 0.7)$에서의 시뮬레이션 결과(가운데), $(\Omega_m, \Omega_\Lambda, h) = (1, 0, 0.5)$인 경우(아래)의 시뮬레이션 결과를 각각 나타내고 있다. 세 경우 모두 한 변은 $z = 0.15$이며, 가운데 그림과 아래 그림의 은하 총수는 위 그림과 거의 일치시키고 있다(히가게 치아키日影千秋 제공).

1.3 고高적색편이 우주

1.3.1 사진건판부터 CCD로

빛의 속도는 유한하기 때문에 먼 곳의 천체로부터 우리에게 도달하는 빛은 그만큼 과거의 정보를 우리에게 가져다준다. 이 때문에 먼 우주의 관측은 우리가 인식하는 우주를 공간적으로 넓히는 것뿐만 아니라 과거로 향해 시간적으로도 확대하게 된다. 천문학의 역사는 어떻게 하면 먼 곳의 천체를 관측하는가에 대한 시행착오였다 해도 과언이 아니다.

1970년대까지의 광학관측에 있어 주역은 사진건판이었다. 사진건판 상의 장시간 노출은 육안에 비해 대략 100만 배의 감도에 대응한다. 이 방법으로 천구면 상의 $2'.6 \times 2'.6$ 영역을 촬영한 것이 그림 1.13(왼쪽 위)이며, 검은 얼룩과 같이 희미하게 비치는 것이 은하이다. 촬영된 영역의 크기는 오른쪽 아래 그림의 보름달의 오른쪽 위에 있는 작은 사각형과 같으며 달 직경의 약 1/10에 상당한다. 물론 육안으로는 이 영역에서 아무것도 보이지 않는다.

1980년대 이후는 CCD(Charge Coupled Device; 하전결합소자)의 보급에 의해 천문관측도 아날로그에서 디지털 시대로 이행하게 된다. 사진건판이 입사 광자를 겨우 2% 정도밖에 검출할 수 없는 것에 비해 CCD는 무려 80% 가까이를 검출할 수 있기 때문에 감도는 한층 더 100배 정도 향상되었다. 천체의 겉보기 밝기는 거리의 제곱에 반비례해서 감소하기 때문에 같은 절대광도를 가진 천체에 대해서는 관측 가능한 우주의 속 깊이가 약 10배로 늘어난 것에 대응하게 된다. 구경 4 m급의 광학망원경에 탑재된 CCD 카메라로 위와 같은 영역을 촬영한 결과가 그림 1.13(오른쪽 위)이다. 관측되는 은하의 수가 극적으로 증가하고 있는 형상이 뚜렷하게 보인다. 그러나 여전히 상은 희미해서 은하의 상세한 형상을 판별하는 것은 곤란

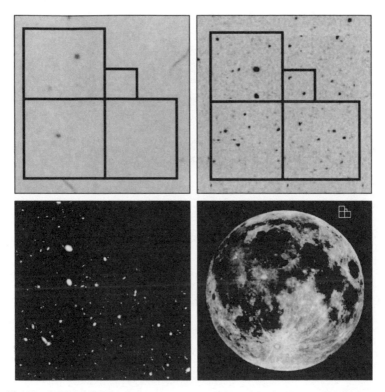

그림 1.13 사진건판에 촬영된 HDP(Hubble Deep Field)(왼쪽 위). 지상망원경(구경 4 m) 상의 CCD로 촬영된 HDF(오른쪽 위). 허블우주망원경이 촬영한 HDF(왼쪽 아래). 보름달과 HDP의 천구 상에서의 크기 비교(오른쪽 위). (데이비드 쿠D. Koo의 구성을 허가받아 전재).

하다. 이것은 지상에서의 관측으로는 대기의 온도요동에 장애가 발생하고, 해상도가 겨우 1″ 정도로 제약되기 때문이다.

보다 선명한 화상을 얻기 위해서는 대기권 밖에서 관측하는 것이 필요하게 된다. 이것을 실현한 것이 1990년에 발사한 구경 2.4 m의 허블우주망원경(Hubble Space Telescope, HST)이다. 그림 1.13 왼쪽 아래는 HST에 탑재된 CCD로 위 그림의 2개와 똑 같은 영역(Hubble Deep Field, HDF)의 화상이다. 0″.1 이하의 해상도에 의해 여러 가지 형상을 한 은하의 모습

그림 1.14 하와이의 마우나케아 산 꼭대기에 있는 스바루 망원경.

이 선명하게 나타나 있으며, 검출된 은하의 총수는 1,500개 이상이나 된다. 이들의 은하 중에는 $z=5$를 넘는 먼 곳에 위치하는 것도 있고 탄생 후 10억 년이 채 안 된 우주의 모습을 현재 전하고 있다. 그림 1.13에 나타난 변천의 궤적은 관측기술의 발전으로 우주에 대한 우리의 인식이 어떻게 확대되어 왔는가를 극단적으로 말하고 있다.

1.3.2 스바루 망원경이 본 심우주deep space

우주의 관측에서는 화상의 선명함과 함께 중요시되는 것이 집광력으로 보다 많은 광자가 검출될 수 있으면 그만큼 상세한 스펙트럼 정보를 얻게 된다. 집광력을 높이려면 구경이 큰 망원경이 필요하지만 인공위성에 탑재할 수 있는 망원경의 크기에는 제약이 있기 때문에 지상관측 쪽이 유리하게 되는 경우가 많다. 따라서 목적이나 대상 천체에 따라 위성과 지상기기가 역할에 따라 구별되어 이용되고 있다.

가시광선 영역에서는 1990년대부터 구경 8~10 m의 대형망원경 건설이 연달아 추진되어 왔다. 일본이 하와이에 건설한 스바루 망원경(그림 1.14)도 그중 하나이며 단일경으로는 세계 최대가 되는 구경 8.2 m의 주경

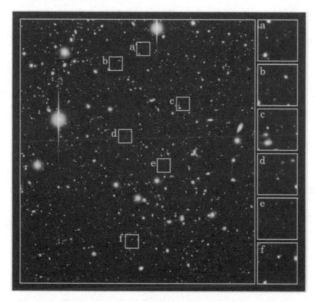

그림 1.15 스바루 망원경이 발견한 $z=5.7$의 은하집단(화보 2 참조). 영역 a–f를 확대한 것이 오른쪽 패널(일본 국립천문대 제공. http://subarutelescope.org/Pressrelease/).

을 갖추고 있다.

　스바루 망원경은 그 우수한 집광력과 넓은 시야를 살려서 먼 우주의 새로운 모습을 차례차례 밝혀내고 있다. 예를 들면 그림 1.15는 현재까지 발견된 가장 먼($z{\sim}5.7$) 은하집단의 모습이다. 이것은 은하가 복사하는 라이먼 α 휘선만을 선택적으로 탐사하는 것으로 우선 후보 천체를 찾아내고, 그 후 상세하게 스펙트럼을 측정한다는 2단계의 관측방법에 의해 발견되었다(5.3절 참조). 근방에는 수백에서 수천에 이르는 은하가 밀집해 있는 것에 비해 이 그림의 오른쪽 패널panel에는 수개 정도의 은하가 비교적 소규모 집단을 형성하고 있는 모습이 부각되어 있다. 이것은 중력의 작용으로 소규모 집단이 서서히 집적하여, 현재의 대규모 구조로 성장해 가는 과정의 단계이기 때문이라 생각된다(제4권 10장 참조).

이와 같은 은하집단 후보로는 이 외에도 여러 개 발견되고 있으며, 적어도 $z \sim 6$의 우주에는 이미 다수의 은하가 존재하며 대규모 구조가 형성되기 시작했음을 시사하고 있다. 이러한 관측 데이터를 구조형성 이론과 상세하게 비교하기 위해서는 고적색편이에 있어서 바이어스의 기원과 진화를 해명해야 하지만 현재까지는 1.2.4절에서 설명했던 CDM 모델과의 분명한 모순은 발견되지 않고 있다.

1.3.3 퀘이사 서베이와 우주 재전리再電離

은하와 함께 먼 우주를 탐사하는 데 유력한 실마리가 되는 것이 퀘이사라고 하는 천체이다. 퀘이사는 통상 은하의 100배에 이르는 밝기를 가지고 있는데 매우 콤팩트해서 겉보기로는 별을 닮아 있기 때문에 예전에는 준성이라고도 불렀다. 그리고 퀘이사의 중심에는 $10^7 \sim 19^9 \, M_\odot$ 정도의 거대 블랙홀이 존재한다고 생각되고 있다. 원시은하와 어떤 관계를 가지고 있을 가능성은 높지만 그 상세한 것은 아직 밝혀지지 않고 있다.

1.2.2절에서 설명했듯이 SDSS로는 가까운 은하에 더해 그림 1.16과 같은 고적색편이 퀘이사의 지도도 작성되고 있다. 이로 인해 은하를 이용하여 조사하는 것보다 한층 더 큰 영역에 걸쳐서 대규모 구조가 넓게 퍼져 있는 모습이 밝혀졌다. 퀘이사의 형성·진화에 대해서는 지금도 불분명한 점이 많기 때문에 얻어진 분포를 토대로 그것들에 대한 유익한 정보를 도출하기 위한 연구가 진행되고 있다.

퀘이사는 그 자체가 중요한 연구대상이자 그 스펙트럼은 우주공간에 대한 귀중한 정보원이다. 퀘이사가 내는 빛은 우리에게 도달하는 도중 우주공간에 존재하는 가스에 의해 흡수된다. 다만 빛의 파장은 적색편이에 의해 변하기 때문에 동일한 천이遷移에 의한 흡수도 흡수체의 위치에 따라 다른 파장에 영향을 나타난다. 예를 들면 $z_1 = 3$에 존재하는 중성수소가 자신

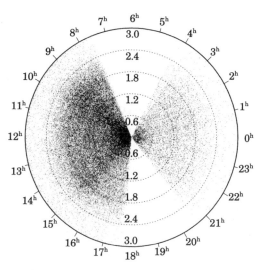

그림 1.16 SDSS로 얻은 퀘이사 지도. 중심이 우리의 위치에 대응하고 $z<3$의 범위에 있는 5만 2,724개의 퀘이사 위치가 표시되어 있다.

의 정지계에서 파장 $\lambda_1 = 1,216$ Å의 라이먼 α선을 흡수하면 우리가 있는 곳에 도달하기까지 그 흡수선의 위치는 파장 $\lambda'_1 = 1,216(1+z_1)$ Å $= 4,864$ Å으로 적색편이하게 된다. 그리고 $z_2 = 5$에 존재하는 중성수소이면 같은 라이먼 α 흡수선이 파장 $\lambda'_2 = 1,216(1+z_2)$ Å $= 7,296$ Å에서 관측된다. 즉 파장마다 다른 지점에서의 흡수체의 정보를 얻을 수 있는 것이다. 이러한 흡수계를 총칭해서 '퀘이사 흡수선계'라고 한다.

그림 1.17은 SDSS를 통해 새롭게 발견된 4개의 퀘이사 스펙트럼이다. 우선 $z = 5.80$의 퀘이사에 주목하면 파장 $8,300$ Å 부근에서 퀘이사 자체가 발하는 라이먼 α 휘선(흡수선이 아님)이 절정을 이루고 그 단파장 쪽이 장파장 쪽에 비해 깊게 깎여져 있다. 이것이 바로 우리와 퀘이사 사이에 존재하는 중성수소에 의한 라이먼 α 흡수선 때문인 것이다. 라이먼 α 흡수선은 $8,300$ Å보다 단파장 쪽에 숲과 같이 밀집해 있기 때문에 '라이먼 α

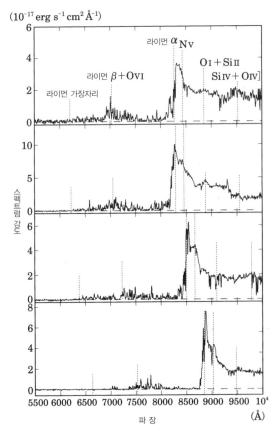

$(10^{-17}\,\text{erg s}^{-1}\,\text{cm}^2\,\text{Å}^{-1})$

라이먼 α Nv
O I + Si II
Si IV + O IV]
라이먼 β + O VI
라이먼 가장자리

5500 6000 6500 7000 7500 8000 8500 9000 9500 10^4

파 장   (Å)

그림 1.17 퀘이사의 스펙트럼에 나타난 흡수선. 위로부터 순서대로 $z = 5.80$, 5.82, 5.99, 6.28에 위치하는 4개의 퀘이사 스펙트럼을 나란히 배열했다. 가장 강한 휘선은 퀘이사 자신이 발한 수소 라이먼 α (정지계에서의 파장 1,216Å)선이며, 그 단파장 쪽은 은하 간 공간으로 흡수되고 있다(Becker et al., 2001. AJ, 122, 2850).

의 숲'이라고도 한다. 다만 극히 미량의 중성수소에 의해서도 라이먼 α선은 강한 흡수를 나타내기 때문에 이 정도로 흡수선이 현저하더라도 우주의 중성화 비율은 1보다도 훨씬 작고, 우주는 거의 완전히 전리되어 있다는 것에 주의할 필요가 있다.

이와 같이 해서 우주의 전리상태를 알아내는 방법은 제창자의 이름을 따서 건-피터슨 테스트Gunn-Peterson test라 하며, 보다 낮은 저低적색편이의 퀘이사에 관해서는 1960년대부터 시도되어 왔다. 그 결과 $z<5$의 우주 공간은 거의 완전히 전리되어 있다는 놀라운 사실이 밝혀지게 되었다. 이것은 $z_{dec}\simeq1{,}100$에서 한 번 중성화된 우주가 $z=5$까지의 시기에 다시 전리된 것을 의미한다. 그렇지만 재전리가 언제 일어났는지는 전혀 알 수 없었다.

다시 그림 1.17으로 되돌아가면 고적색편이 쪽으로 갈수록 흡수는 서서히 강해지고, $z=6.26$인 퀘이사의 스펙트럼에서는 라이먼 α 휘선의 단파장 쪽이 거의 완전히 흡수되어 있다. 이 단계에서도 우주는 여전히 전리상태인데 과거를 향해 중성화 비율이 서서히 상승하는 경향을 보이기 시작했다고 해석된다. SDSS 데이터에 의해 마침내 우주 재전리 현장에 가까워질 확률이 높아졌다.

1.3.4 더 나아가 우주의 끝을 찾다

현재 발견된 먼 천체인 은하와 퀘이사는 둘 다 $z\sim7$까지 도달해 있다. 한편 표준적인 구조형성이론에서는 $z\sim20$에는 이미 소형은하가 형성되기 시작했다고 예상되므로 둘 사이에는 여전히 틈gap이 존재한다. 그리고 보다 먼 우주를 조사해서 우주 재전리의 시기와 메커니즘을 해명해야 하는 큰 과제도 남아 있다.

따라서 보다 먼 천체를 관측하려는 시도가 활발히 진행되고 있다. 그러나 은하나 퀘이사의 유력한 지표로 종래에 사용되어 온 수소 라이먼 α선 등의 관측파장은 $z>7$에서는 가시광선에서 벗어나 적외선 영역으로 이동한다. 그리고 우주가 재전리하기 전에 나타난 천체의 경우 수소 라이먼 α선은 주위의 중성가스에 의해 산란되어 관측할 수 없게 될 가능성이 높기 때문에 다른 지표가 필요하게 된다. 이와 같이 고적색편이의 관측에서는 근처와는 다른 파장대에서의 기술개발과 관측방법이 요구된다. 실제로 가시광선뿐만 아니라 적외선이나 전파, X선 등 많은 파장에서 차세대 관측기기의 개발계획이 진행되고 있다. 이러한 계획으로 우리가 관측할 수 있는 우주의 영역은 앞으로 수십 년 동안 계속해서 확대되어 갈 것이다.

1.4 우주마이크로파 배경복사의 온도요동

1.4.1 우주의 맑게 갬

앞 절에서 $z \sim 7$까지의 천체는 이미 관측되고 있다고 했는데 그렇다면 도대체 우리는 우주를 어디까지 관측할 수 있을까?

전자파에 의한 관측이 가능하기 위해서는 적어도 복사원에서 방출된 광자가 우리에게 도달하기까지 산란하지 않고 직진해야 한다. 예를 들면 우리가 태양의 표면밖에 볼 수 없는 것은 태양 내부에서는 광자가 빈번하게 산란되어 평균 자유행로가 짧기 때문이다.

이와 매우 유사한 상황이 우주의 진화과정에서도 일어나지만 그 경계가 되는 것은 1.1.3절에 말했듯이 복사와 물질의 열평형이 깨지는 시기 $z_{dec} \simeq 1,100$이다. 이 이전의 우주는 전리한 플라스마 상태이기 때문에 광자는 자유전자에 의해 산란되어 직진할 수 없다. 한편 z_{dec} 이후에는 자유전자가 급감하기 때문에 광자의 평균 자유행로가 충분히 길어져 우리가 있는 곳까지 도달할 수 있게 된다. 다시 말해서 '흐림'에서 '갬'으로 우주가 이행하는 것이기 때문에 이 시기를 '우주의 맑게 갬'이라고도 한다.

따라서 맑게 개는 시점에서의 우주의 모습, 즉 CMB가 전자파로 직접 관측할 수 있는 원리적 한계가 된다. 이것보다 먼 곳(과거)의 우주 모습을 알아내기 위해서는 전자파보다도 훨씬 상호작용이 약한 뉴트리노나 중력파를 사용하지 않으면 안 된다. 이것은 차세대 천문학의 중요한 과제이다.

1.4.2 온도요동의 발견

CMB에서 주목해야 할 성질의 하나가 등방성이다. 1965년의 펜지어스와 윌슨에 의해 발견된 이래 많은 관측은 일관되게 CMB가 등방적이라는 것을 보였다. 이것은 맑게 갬 시점에서의 우주가 균일했다는 것을 의미하며 우주가 대국적으로 항상 등방等方이었다는 우주원리의 증거가 된다.

그러나 다음으로 문제가 된 것은 '그러면 불균일성은 전혀 없었다는 것인가?' 하는 점이다. 만일 과거의 우주가 완전히 균일했다면 현재의 대규모 구조를 비롯한 불균일한 구조의 형성은 매우 곤란해진다. 따라서 구조형성의 실마리가 될 만한 약간의 불균일성의 흔적을 찾아내는 시도가 이루어졌지만 좀처럼 찾을 수 없었다.

이 문제를 종결지은 것도 1.1.3절에서 논한 COBE(그림1.7)이었다. COBE에는 FIRAS(Far-Infrared Absolute Spectrometer; 원적외선분광계), DMR(Differential Microwave Radiometer; 차동差動형 마이크로파 측정장치), DIRBE(Diffuse Infared Background Experiment; 확산 적외 배경복사 실험장치)라는 3개의 검출기가 탑재되어 있고, 이 중에서 흑체복사 스펙트럼을 정밀 측정한 것이 FIRAS이다.

한편, DMR은 CMB의 평균온도와의 '차이'를 $\sim 10^{-5}$ K의 정밀도로 측정하기 위한 장치다. 애당초 CMB의 평균온도($T_0 = 2.725 \pm 0.001$ K) 절댓값에는 측정오차가 10^{-3} K나 되기 때문에 이것보다 두 자릿수 작은 차이를 측정하는 것은 쉽지 않았다. 따라서 DMR에서는 천구면 상의 다른 두 점을 동시에 관측해서 각각의 온도차를 알아내는 '차분差分검출법' 이라는 방법이 사용되었다. CMB 온도의 절댓값에는 의존하지 않는 상대적인 측정이다. 이렇게 해서 두 점에 공통으로 기여하는 CMB 평균온도나 위성의 열잡음을 교묘하게 없애고 차이 성분만을 검출하는 것이 가능하게 되었다. 또한 3개의 다른 주파수(31.5, 53, 90 GHz)로 측정함으로써 CMB와는 다른 스펙트럼을 가진 은하로부터의 복사를 분리하기 쉽도록 설계되어 있다.

COBE/DMR에 의해 얻은 마이크로파 전천도全天圖가 그림 1.18이다. 차분검출법에 의해 우선 나타난 것은 어느 특정 방향(사자자리 부근)만 온도가 높고, 그 반대 방향은 반대로 온도가 낮은 상태였다(그림 1.18 (위)). 이 것은 '2중극重極 성분'이라 하고, 태양계 자신의 운동에 의한 도플러 효과를 통해 생긴다고 생각된다. 측정된 온도변화의 최댓값 3.35×10^{-3} K는 운동속도 $370\,\mathrm{km\,s^{-1}}$에 해당한다. 이것은 태양계가 은하의 회전속도($\sim 220\,\mathrm{km\,s^{-1}}$)나 은하계 전체의 특이속도($\sim 600\,\mathrm{km\,s^{-1}}$) 등의 총합으로 CMB에 대해 이 속도로 운동하고 있다고 해석할 수 있다. 2중극 성분의 존재는 CMB가 은하계 안에서 국소적으로 생긴 것이 아니라 우주론적인 기원에 의한 것이라는 확실한 증거이기도 하다.

2중극 성분을 제거하면 다음으로 눈에 띄는 것이 중앙 부근을 차지하고 있는 은하면에서의 복사다(그림 1.18 (가운데)). 은하면을 깎고 여러 개의 데이터를 활용하여 그 외의 영역에서도 은하복사를 뺀 결과(그림 1.18 (아래)) 고르지 못한 작은 온도 무늬가 하늘 전체를 뒤덮고 있는 것이 드러났다. 마침내 CMB 비등방성이 검출된 것이다. COBE/DMR의 공간분해능은 $\sim 7°$이고 이 각도 스케일에서 온도요동의 표준편차는 $35 \pm 2\,\mu$K이었다.

검출된 CMB 비등방성은 우주가 맑게 갤 시점에서 복사에너지가 약간의 요동이 있었다는 흔적이다. 이 시점까지는 광자-전자의 탄성산란, 전자-양성자의 쿨롱coulomb산란에 의해 복사와 물질이 서로 결합하기 때문에 동시에 물질의 밀도요동이 있었다고 생각된다. 즉 CMB의 온도요동을 통해 현재 구조의 기원이라 할 수 있는 밀도요동이 발견되었다고 말할 수

그림 1.18 COBE/DMR이 측정한 CMB 비등방성 전천도. 차분검출법을 이용해 CMB의 평균성분을 제거한 후의 온도분포(위). 태양계의 운동에 의한 2중극 성분을 제거한 후의 온도분포(가운데). 중앙에서 세로 방향의 띠 모양으로 넓어진 것은 은하면으로 그 영역은 CMB와는 관계가 없다. 은하면을 깎아내고, 은하로부터의 복사를 제외한 후의 온도분포(아래). 세 경우 모두 CMB의 평균온도보다 고온 영역은 엷은 색, 저온 영역은 진한 색으로 나타나 있다(단, 은하면은 제외). 그리고 천구면의 모든 방향을 평면에 투영하고 있기 때문에 지구 표면을 세계지도에 나타내는 것과 같은 원리로 타원형으로 표시된다(Bennett et al., 1996, ApJL, 464, 1).

있다. 이 업적으로 마더J. Mather와 스무트G. Smoot는 2006년 노벨 물리학상을 수상하였다.

1.4.3 온도요동의 공간분포

CMB 온도요동이 발견되고 나면 거기에서 어떠한 정보를 얻을 수 있는가

그림 1.19 WMAP(http://map.gsfc.nasa.gov/).

가 다음 과제가 된다. 유감스럽게도 COBE/DMR의 각도 분해능(7°)으로
는 상세한 우주론적 해석을 하기에는 충분하지 않았다. 지상망원경이나
기구氣球 등을 사용한 관측이 수없이 이루어졌지만 결정적인 전천全天 데이
터를 얻은 것은 2001년에 쏘아 올린 미국의 탐사기 WMAP(Wilkinson
Microwave Anisotropy Probe, 그림 1.19)에 의해서였다.

  WMAP는 5개의 주파수(23, 33, 41, 61, 94 GHz)에서 관측을 하고,
COBE의 45배의 감도와 33배의 각도 분해능(가장 해상도가 좋은 94 GHz
에서는 0.2°)을 달성할 수 있도록 설계되었다. COBE/DMR에서 성공을
거둔 차분검출법도 채용되었다. 온도분포에 덧붙여 직선편광도 동시에 측
정되어 정보량은 비약적으로 늘어났다.

  그림 1.20은 WMAP 첫해의 데이터로 바탕으로 온도요동을 표시한 전
천도이다. COBE의 결과(그림 1.18)와 비교하면 현격하게 해상도가 향상
된 것을 한눈에 알 수 있다. 그리고 중심 부근에 나타나는 은하면으로부터
의 복사가 고주파수일수록 약해지는 한편 그 외의 온도 무늬는 매우 유사
하다. 이것은 은하성분이 주파수와 더불어 감소하는 스펙트럼을 갖는 것

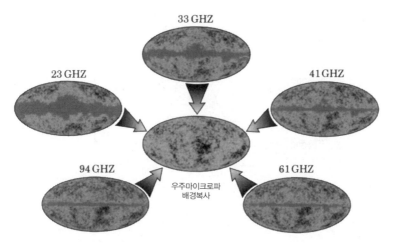

그림 1.20 WMAP 첫해의 전천도(http://map.gsfc.nasa.gov/). 2중극 성분만을 제외한 5개 밴드에서의 지도와 그것들을 조합해서 은하성분을 뺀 지도(중앙)(Bennett et al., 2003, ApJS, 148, 1).

에 대해 CMB에 의한 흑체복사 성분은 전체 주파수에서 같은 온도를 가지기 때문이다. 이러한 특성을 이용해서 은하복사 기여를 제거한 후 CMB 성분을 더한 결과가 중앙에 나타나 있다. 전자파로 관측이 가능한 가장 오래된 우주의 지도이다.

온도요동의 전천도를 정량적으로 해석하기 위해 2차원 구면상의 '파워 스펙트럼'이라는 통계량이 널리 사용된다. 이것은 천구면 상의 각 점(각도 좌표 θ, φ로 표현)에서 온도요동 $\delta T/T$를 구면조화함수 $Y_{lm}(\theta, \varphi)$를 써서

$$\frac{\delta T}{T}(\theta, \varphi) = \sum_{l=2}^{\infty} \sum_{m=-l}^{l} a_{lm} Y_{lm}(\theta, \varphi) \tag{1.17}$$

로 전개한 계수 a_{lm}을 사용해서 다음과 같이 정의된다.

$$C_l \equiv \frac{1}{2l+1} \sum_{m=-l}^{l} |a_{lm}|^2 \tag{1.18}$$

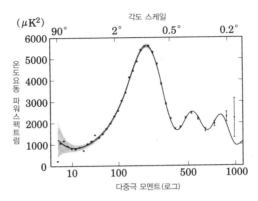

그림 1.21 WMAP 최초 3년 동안의 데이터로 표시한 CMB 온도요동 파워스펙트럼. 실선은 관측을 좀 더 잘 재현하기 위한 이론곡선(Spergel *et al.*, 2007, *ApJS*, 170, 377).

천구면 상의 2점 상관함수의 르장드르Legendre 변환(국소적으로 평면으로 근사되는 범위 내에서는 2차원 푸리에변환에 귀착한다)과도 등가이다. l은 다중극多重極 모멘트의 차수를 나타내며 천구면 상에서 각도간격 θ와 $l \sim \pi/\theta$의 관계에 있다. $l = 0$(단극성분)은 CMB 온도의 평균온도를 나타내고, $l = 1$(2중극 성분)은 태양계의 운동이 차지하고 있다고 생각되어 통상의 해석에서는 제외된다.

그림 1.21에 WMAP를 통해 얻은 C_l을 나타냈다. 우선 눈에 띄는 특징으로는 $l \sim 200$에서 높은 피크peak가 존재하는데, 이것은 온도 무늬가 평균 $\theta \sim 1°$의 간격으로 천구 상에 분포하는 경향이 있음을 나타낸다. 그 외에도 $l \sim 550$에서 낮은 피크를 갖는 것, $l < 10$에서 완만하게 감소하는 것 등 몇 가지 특징을 들 수 있다. 상세한 것은 4장에서 다루겠지만 이들은 모두 우주의 기하학적 성질이나 물질조성, 밀도요동의 초기분포 등을 반영하고 있으며 우주론의 매개변수 결정에 중요한 역할을 한다.

1.4.4 온도요동이 밝혀낸 것

CMB 관측의 큰 이점 중 하나는 데이터 해석에서 계통적 부정성不定性이 작다는 것이다. 적어도 WMAP이 조사한 각도 스케일과 주파수대에 있어서는 CMB 이외의 성분의 기여를 제거하는 데 비교적 용이하고 이론모델과 직접 비교할 수 있다. 그리고 요동의 크기가 ~10^{-5}로 매우 작기 때문에 그 거동을 이론적으로 정확하게 기술할 수 있다. 이것은 수많은 계통적 부정성이 개재하는 은하 서베이의 예(1.2절)와는 대조적이다. 물론 은하 서베이에서만 얻을 수 있는 정보도 많기 때문에 양자가 상호 보완적인 관계라는 것은 말할 것도 없다.

따라서 그림 1.21에는 이론적으로 예언된 파워스펙트럼이 그대로 겹쳐져 플롯되어 있다. 밀도요동의 진화과정은 우주의 기하학적 성질이나 물질조성 등에 의존하기 때문에 이론곡선에는 몇 가지 매개변수가 포함되어 있고, 이것들은 관측 데이터와의 비교에 의해 결정된다(표 1.5). 다만 극히 소수의 매개변수를 조정하는 것만으로 모든 데이터 점을 만족하게 재현할 수 있는지 여부는 확실하지 않다. 그림 1.21에 나타난 양자의 완전한 일치는 팽창우주에 있어 밀도요동의 진화이론이 옳음을 실증하는 것이다.

표 1.5는 WMAP 데이터와 이론의 비교로 직접 결정된 우주론 매개변수를 나타낸 것이다. 실제 해석에서는 그림 1.21에 나타난 온도요동의 파워스펙트럼에 덧붙여 편광 데이터도 사용하고 있다. 이러한 매개변수를 기초로 하면 우주연령이나 맑게 갬의 시각(표 1.1) 등도 이끌어 낼 수 있다. 여기에서 얻어진 h나 $\Omega_b h^2$의 값은 HST에 의한 근방 우주에서의 관측값 (1.1.1절), 경원소의 존재비에 의거한 측정값(1.1.2절)과도 각각 일치한다.

WMAP의 결론에서 중요한 것은 우주의 조성組成이다. 표 1.5를 보면 다음 식이 성립하는 것을 알 수 있다.

표 1.5 WMAP 최초 3년 동안의 데이터로 추정한 우주론 매개변수의 예.

기호	측정값	의미
$\Omega_\mathrm{m} h^2$	$0.1277^{+0.0080}_{-0.0079}$	물질밀도 매개변수와 허블상수
$\Omega_\mathrm{b} h^2$	0.02229 ± 0.00073	바리온밀도 매개변수와 허블상수
h	$0.732^{+0.031}_{-0.032}$	허블상수
n_s	0.958 ± 0.016	밀도요동의 원시 스펙트럼 지수
τ_e	0.089 ± 0.030	우주의 맑게 갬 상태부터 현재까지의 톰슨산란 대한 광학적 두께

여기에서는 평탄한 우주($\Omega_\mathrm{tot}=1$)를 가정하고 있다(4장에 기술한 대로 WMAP와 근방 우주에서의 관측 데이터의 조합으로 Ω_tot 값이 10% 정도 오차 범위 내에서 측정되어 평탄한 우주를 지지하고 있음을 확인할 수 있다).

$$\Omega_\mathrm{b} < \Omega_\mathrm{m} < \Omega_\mathrm{tot} \tag{1.19}$$

최초의 부등호는 우주에 존재하는 물질 중에 바리온은 일부를 차지하는데 지나지 않으며 바리온 이외의 물질 성분이 주성분으로 되어 있다는 것을 의미한다. 이것이 '(비바리온) 암흑물질'에 대응한다. 그리고 다음의 부등호는 암흑물질을 포함한 물질 외에도 우주의 에너지 밀도에 기여하는 성분이 새로이 존재하고 있다는 것을 나타내고 있다. (식 1.15)에서 확인할 수 있듯이 현재의 우주의 에너지 밀도에 대한 광자의 기여는 무시할 수 있다. 그래서 이 미지未知의 과잉성분을 '암흑에너지'라 부르고 있다. 아인슈타인이 도입한 우주상수(1.6.1절 참조)는 암흑에너지의 한 형태로 이해할 수 있다. 이러한 미지 성분의 실태에 관해서는 다음 절 이후에 보다 상세하게 설명하겠다.

한편 Ω_tot가 정밀하게 측정되었다는 것은 우주의 기하幾何에 추가하여 우주의 시간 진화의 큰 틀이 거의 정해졌다는 것을 의미한다. 표 1.1에 나타낸 것처럼 우주시각이 어느 정도 정확하게 정해질 수 있게 된 것은 이러한 이유 때문이다. 그리고 $\Omega_\mathrm{tot}=1$(우주의 평탄성)과 $n_\mathrm{s}=1$(스케일 불변의 원시요동 스펙트럼)이 어느 쪽도 오차의 범위 내에서 충족할 수 있었던 것은 우주 초기에 급격한 팽창기가 존재했다는 인플레이션 이론(제2권 6장 참조)을 강하게 지지하는 결과이다.

게다가 측정된 τ_e값은 CMB광자의 산란확률에 거의 대응하고 있어, 전 CMB광자의 1할 가까이가 우리들이 있는 곳으로 도달하는 도중에 자유전자에 의해 산란된 것을 의미한다. 이것은 한 번 맑게 갠 우주가 다시 전리된 것을 시사하고 있고, 1.3.3절에서 말한 건-피터슨 테스트 결과를 강력하게 뒷받침하고 있다. 재전리가 언제 일어났는지는 아직 정확하게 모르지만, $z \sim 10$일 가능성이 높다. 또한 재전리를 일으키는 요인으로는 우주초기에 탄생한 별이나 블랙홀로부터 복사된 자외선 광자가 유력시되고 있지만 관측적으로나 이론적으로 불분명한 점이 많아 아직 확정할 수는 없다.

1.5 암흑물질

앞 절에서 논한 CMB 온도요동의 관측은 우주에 존재하는 암흑물질의 총량을 높은 정밀도로 결정했지만, 사실은 암흑물질의 존재는 1930년대부터 여러 가지 관측 데이터를 근거로 지적되어 왔다. 암흑물질은 전자파를 복사·흡수하지 않기 때문에 역학적인 방법을 사용해서 그 질량이 측정되고 있다. 일반적으로 천체의 질량을 측정하는 것은 매우 어려운 작업이며, 개별적으로는 계통적 부정성不定性이 배제되지 않지만 다수의 독립된 측정들이 일관해서 그 존재를 시사해 온 사실은 주목할 만하다. 이 절에서는 이들 중에서 대표적인 방법은 무엇이고, 암흑물질의 실체에 대해 현재까지 밝혀진 것에 대해 설명하겠다.

1.5.1 은하에 부수하는 암흑물질

은하에 부수하는 암흑물질의 강력한 증거는 소용돌이은하의 회전곡선이
다. 소용돌이은하는 별이나 가스가 원반모양으로 회전함으로써 중력에 대
해 떠받쳐 있기 때문에 원반의 회전속도 V_c로부터 그 안쪽에 존재하는 역
학적 질량 M을 구할 수 있다. 은하중심부터의 거리를 r이라고 하면 중력
과 원심력과의 평형에 의해 다음 식이 성립된다.

$$V_c^2 = \eta \frac{GM}{r} \qquad (1.20)$$

여기서 G는 중력상수이고, η는 계의 형상에 의존한 계수로서 1 부근의 값
을 취한 것이다.

　회전속도는 소용돌이를 구성하는 별이나 가스를 분광관측해서 휘선이
나 흡수선의 도플러효과를 측정하여 구한다. 중성수소 가스의 21 cm 선
(수소원자의 전자 스핀과 원자핵 스핀에 기인하는 초미세구조 준위 사이의 전이에
의한 휘선)을 전파로 잡는 방법이 가장 일반적이다. 가스는 별보다 널리 퍼
져 분포해 있기 때문에 이 방법으로 별이 거의 존재하지 않는 은하의 외연
부外緣部까지의 질량이 측정된다. 만일 은하질량의 대부분이 별이라 하면
(식 1.20)에 의해서 V_c는 은하의 바깥쪽에서는 $r^{-1/2}$에 비례해서 감소하는
것이 기대된다. 그러나 실제로 관측된 회전속도는 가시광선에서 빛나는
은하면 크기의 몇 배나 되는 거리까지 거의 일정하며, M이 r에 거의 비례
해서 증가하는 것을 나타내고 있다(그림 1.22). 21 cm 선으로 관측 가능한
영역 내의 역학적 질량은 별과 가스의 총 질량의 수배에서 20배 정도까지
되며 일반적으로 어두운 은하일수록 암흑물질의 비율이 높다.

　한편 은하의 또 하나의 주요 형태인 타원은하에도 암흑물질이 존재하고

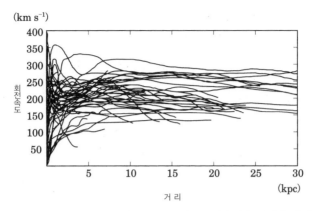

(km s^{-1})

회전속도

거리 (kpc)

그림 1.22 소용돌이은하의 회전곡선. 가로축은 은하중심으로부터의 거리, 세로축은 각 지점에서의 회전속도를 나타내며 다수의 소용돌이은하에 대한 측정 결과가 겹쳐져 있다(Sofue & Rubin 2001, *ARA&A*, 39, 137).

있다. 타원은하는 대부분 회전을 하고 있지 않는 계系이며 별은 랜덤으로 날아다니고 있어 중력과의 균형을 유지하고 있다. 따라서 원리적으로는 별의 운동에서 타원은하의 질량을 구할 수 있지만 실제로는 관측으로 이것이 가능한 것은 은하의 극히 중심부뿐이다. 다행히 타원은하에는 별이나 구상성단 외에 온도 10^7 K 정도의 가스가 부수해 있어 X선으로 빛나고 있으며, 이와 같은 고온가스를 가둘 수 있는 중력의 크기부터 그 질량을 평가할 수 있다. 구대칭 근사로 역학적 평형식은 다음과 같다.

$$-\frac{1}{\rho}\frac{dp}{dr} = \frac{GM}{r^2} \tag{1.21}$$

여기서 ρ는 가스밀도, p는 압력이다. 좌변은 X선 스펙트럼으로부터 가스온도와 조성, X선 강도로부터 가스밀도를 구함으로써 정해진다. 이 방법으로 추정된 총 질량은 별과 가스를 합한 질량의 5~10배가 된다.

1.5.2 은하단에 부수하는 암흑물질

은하보다 더욱 더 큰 계층인 은하단에도 암흑물질이 부수附隨하고 있다는 것이 적어도 3가지의 독립적인 방법으로 측정되었다.

우선 첫 번째는 앞에서 설명한 타원은하와 동일하게 X선 관측에 의한 방법이다. 은하단에도 온도 $10^7 \sim 10^8$ K의 가스가 수반하고 있어 X선으로 빛나고 있다. 그림 1.23에는 전천에서 가장 X선 광도가 큰 은하단 RX J1347.5 – 1145의 가시광선과 X선의 화상이 비교되어 있다. 매우 흥미롭게도 고온가스 양은 은하의 총합의 5배 이상이나 되기 때문에 은하단은 단지 은하의 집단이라기보다 오히려 거대한 가스 덩어리에 가깝다. 이 고온가스에 대해 구대칭, 역학적 평형을 가정하면 (식 1.21)이 적용된다. 예를 들면 은하단 RX J1347.5 – 1145에 대해서는 X선 위성 찬드라Chandra의 관측에 의해 반경 500 h^{-1} kpc 이내의 총 질량이 $M = (5.7^{+1.9}_{-1.2}) \times 10^{14}\, h^{-1}$ $M_\odot$으로 대략적으로 계산되었다. 이 값은 동일한 영역 내에 존재하는 고온가스와 은하를 합한 질량의 약 6배이다. 같은 방법으로 현재까지 100에 이르는 은하단의 질량이 X선 관측으로 구해지고 있는데 그 모두에서 암흑물질의 존재가 확인되고 있다.

두 번째는 렌즈효과를 사용하는 방법이다(2.3절 참조). 이것은 먼 천체의 빛이 우리에게 도달하는 도중에 있는 중력장에 의해 마치 렌즈를 통과한 것처럼 찌그러지는 성질을 이용한 것으로 렌즈가 되는 천체의 질량분포를 직접 알아내는 것을 가능하게 하고 있다. 기본적으로 중력장을 만들어 내는 천체의 질량이 크기 때문에 먼 곳에 존재할수록 강한 효과가 있기 때문에 $\sim 10^{15} M_\odot$의 거대한 질량을 가지고 있으며, $\sim$Gpc의 먼 곳에까지 존재하는 은하단은 이상적인 렌즈가 된다.

은하단이 일으키는 중력렌즈효과에는 주로 배후의 은하나 퀘이사의 상을 여러 개로 분리하는 '강한 중력렌즈'와 상을 왜곡되게만 하는 '약한

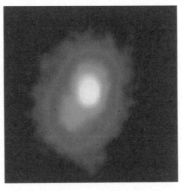

그림 1.23 　가시광선(왼쪽)과 X선(오른쪽)에서의 은하단 RX J1347.5-1145의 화상. 가시광선에서는 은하가, X선에서는 고온가스가 찍혀 있다. 둘 다 한 변의 길이는 약 600 kpc. 왼쪽 그림에서 은하 중심을 둘러싸고 있는 것처럼 보이는 여러 상은 강한 중력효과를 받은 배경은하이다(다나카 하지메田中肇, 오타 나오미太田直美 제공).

중력렌즈'의 두 가지가 있다. 강한 중력렌즈는 더욱 더 정확하게 천체의 질량을 결정할 수 있다. 그러나 분리된 상이 나타나는 각도 스케일이 은하단 전체의 넓은 범위보다도 작기 때문에 은하단의 일부분만 측정할 수 있다. 보다 넓은 영역에서의 질량을 구하려면 약한 중력렌즈 쪽이 적합하다. 약한 중력렌즈에서는 은하단 배후에 존재하는 다수의 은하의 형태의 왜곡된 모양이 장소마다 상관이 있다는 것을 이용해서 은하단의 질량분포를 재구축한다. 예를 들면 은하단 RX J1347.5 - 1145에 대해서는 약 3,000개의 은하를 사용한 통계해석에 의해 총 질량이 구해져 있으며, 앞에서 말한 X선에 의한 측정과 거의 일치한 결과가 보고되고 있다.

세 번째는 은하단 안에서 랜덤 운동하는 은하의 속도분산을 사용하는 방법이다. 실제로 1933년 츠비키F. Zwicky에 의해 처음으로 암흑물질의 존재가 지적되었는데 이 방법에 의해 이루어졌었다. 은하단이 역학적으로 충분히 완화한 계라고 가정하면 계의 총 운동에너지 K와 총 퍼텐셜 에너지 U 사이에 비리얼 정리 $2K + U = 0$이 성립한다(비리얼 평형에 있다고 한다). 이것으로부터 (식 1.21)과 유사한 다음의 관계식을 얻을 수 있다.

$$\sigma^2 = \frac{GM_V}{\kappa R_V} \tag{1.22}$$

여기서 σ는 은하단의 중심重心운동에 대한 은하의 속도분산, M_V와 R_V는 비리얼 정리가 성립되고 있는 영역의 총 질량과 반경, κ는 이 영역 내의 밀도 분포에 의존한 계수로 2 정도의 값을 가진다. 속도분산은 다수의 은하의 분광관측에 의해 그 시선성분을 구하고, 통상은 운동의 등방성을 가정해서 3차원 성분을 가진다. 이 방법에 의해 추정되는 총 질량도 전자파로 빛나는 성분의 질량을 일률적으로 상회하고 있다.

물론 위의 3가지 방법은 각각 부정성不定性을 내포하고 있다. 첫 번째 X선에 의한 방법의 제약은 구球대칭과 역학적 평형의 가정이다. 실제로 관측되는 은하단에는 구대칭과는 크게 벗어난 형태를 하고 있거나, 충돌 등 동적 진화의 징조를 나타내고 있어 평형상태에 있다고 생각하기 어려운 점이 있다. 두 번째의 약한 중력렌즈에 의한 방법은 은하단 배후의 은하까지의 거리에 대해 모델화가 필요하다는 것 외에 시선 방향으로 투영된 질량을 원리적으로 측정하고 있다는 점에 주의해야 한다. 세 번째의 속도분산을 사용한 방법도 평형으로부터의 벗어남, 은하운동의 비등방성 등이 부정성의 요인이 된다. 이 때문에 다른 방법으로 산출한 질량의 값이 서로 2~3배 정도 어긋나는 경우도 있다.

그러나 강조해야 할 것은 이러한 부정성은 각 방법마다 독립적으로 영향을 미치기 때문에 계통적으로 질량을 과대평가(더구나 모두 같은 정도로!)하게 했다고는 보기 어렵다는 점이다. 또 각 은하단마다 그 영향이 나타나는 방법이 다르기 때문에 질량을 측정하고 있는 은하단의 결과를 전부 뒤집는다는 것은 어렵다.

1.5.3 암흑물질의 총량

개개의 은하 및 은하단의 역학적 질량을 우주 전체에 더해 가면 우주의 질량밀도에 대한 이러한 천체의 기여를 구할 수 있다. 다만 전체의 은하와 은하단의 질량을 측정할 수 없어서 실제로는 질량이 측정되어 있는 은하와 은하단의 데이터를 바탕으로 질량과 광도의 비를 적당히 가정해서 광도의 합을 질량으로 환산한다. 이 결과 물질밀도의 매개변수 하한 $\Omega_m >$ 0.1−0.2을 얻을 수 있다. 근방에서의 관측으로 우주의 물질밀도를 추정하는 방법은 이 외에도 다수 있지만 거의 모두가 $\Omega_m = 0.2-0.4$를 지지하고 있으며, CMB 온도요동에 의한 측정결과(표 1.5)와도 정합整合한다.

한편 현재 우리가 전자파로 확실히 관측할 수 있는 물질은 은하의 별과 은하단의 고온가스가 대부분을 차지하고 있으며, 그 총량은 대략

$$\Omega_{lum} = 0.003 - 0.01 \tag{1.23}$$

으로 계산된다. 다시 말해 우주 전체를 합산해도 빛나는 물질을 훨씬 상회하는 양의 암흑물질이 필요하다는 결론을 얻게 된다.

1.5.4 암흑물질과 암흑 바리온

그렇다면 암흑물질의 실체는 무엇일까? 가장 자연스러운 것으로는 우리 주변에도 있는 양성자, 중성자와 같은 바리온일 것이다. 그러나 (식 1.19)가 보여주듯이 암흑물질 전부를 바리온으로 설명할 수는 없으며, 필연적으로 비바리온 물질을 생각하지 않을 수 없다.

그렇다고 해도 바리온 물질의 전부가 전자파로 검출되지는 않다는 점에도 주의해야 한다. (식 1.23)과 표 1.5로부터는, (식 1.19)에 더하면

$$\Omega_{lum} < \Omega_b \qquad\qquad (1.24)$$

가 시사된다. 즉 전자파로 검출되고 있는 그 이상의 바리온이 우주에 잠재하고 있다는 것이다. 이 과잉 성분을 암흑물질의 일부로 포함시키는 문헌도 있지만 최근에는 혼동을 피하기 위해 이들을 구별해서 미검출 바리온 물질을 암흑바리온, 비바리온 물질은 암흑물질이라고 하는 경우가 많다.

암흑바리온에는 적어도 2종류의 후보가 존재한다. 그 하나는 너무 어두워서 관측할 수 없는 천체, 즉 갈색왜성, 백색왜성, 중성자성, 블랙홀 등이다. 만일 이러한 천체(총칭해서 MAssive Compact Halo Object, MACHO)가 무수히 우리들의 은하를 둘러싸고 날아다닌다면 그것이 배경에 있는 별의 시선을 이따금 가로지르는 순간에 중력렌즈효과를 일으켜 별을 증광增光시키게 된다. 이 현상을 마이크로 렌즈라고 하며, 증광하는 방법이 시간대칭이라는 것과 파장에 의존하지 않는 것으로부터 통상의 변광성과는 구별된다. 현재까지의 MACHO 탐사로부터 MACHO가 은하의 전체 암흑물질을 설명할 수 없지만 암흑바리온의 총량에 대해서는 어느 정도 기여하고 있다는 것이 지적되고 있다.

보다 유력한 또 하나의 후보는 은하 간의 공간에 얇게 퍼진 $10^6 \sim 10^7\,\mathrm{K}$의 뜨거운 가스이다. 대규모 구조형성에 관한 수치유체數值流體시뮬레이션으로부터 우주의 바리온 대부분은 고립된 은하나 은하단의 내부가 아니라 그것들이 중력에 의해 서로 연결된 대규모구조 안에 있으며, 중력에너지의 해방이나 초신성폭발 등에 의해 가열되어 있다고 예상되고 있다. 그러한 예상의 일례가 그림 1.24이며 암흑바리온이 은하나 은하 간의 고온가스가 존재하고 있는 영역의 바깥쪽에 대량으로 존재하며, 필라멘트상狀을 이루면서 널리 퍼져 있음을 나타내고 있다. 이러한 뜨거운 가스는 밀도가 낮기 때문에 관측이 어렵지만 장래에는 X선이나 자외선 등에 의해 검출될

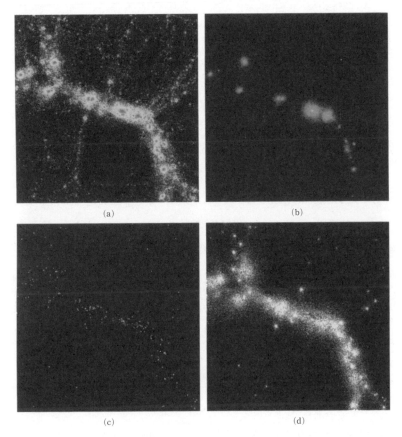

그림 1.24 수치 시뮬레이션에 의한 물질의 분포(화보 4 참조). 암흑물질(a), 은하(b), 은하단에 부수하는 고온가스(c), 미검출 암흑바리온(d)의 분포가 대비되고 있다(요시가와 코지吉川耕司 제공).

가능성이 높다.

1.5.5 비바리온 암흑물질의 제한

암흑물질은 (a) 광자와 거의 상호작용을 하지 않는다, (b) 질량을 가진다, (c) 우주연령 이상의 수명을 가진다, (d) 은하 스케일(~10 kpc) 이내에 편재偏在한다 등의 4가지 조건을 충족시킬 필요가 있다. 이러한 것들을 충족시키는 비바리온 입자는 소립자물리학의 표준이론 범위 내에서는 존재하지 않지만 표준이론을 확장한 이론에서는 그 존재가 예언되고 있다. 질량을 가진 뉴트리노, 초대칭성 입자, 액시온(axion, 제2권 5장 참조) 등이 후보가 될 수 있다. 이 중에서 현시점에 존재가 확인되고 있는 것은 뉴트리노뿐이다. 암흑물질의 실체를 특정特定하려면 소립자실험의 진천이 반드시 필요하지만, 우주관측으로도 그 성질을 어느 정도는 알아낼 수 있다.

우주의 진화 관점에서는 암흑물질은 입자의 속도가 큰 '뜨거운 암흑물질'(Hot Dark Matter, HDM)과 작은 '차가운 암흑물질'(Cold Dark Matter, CDM)로 분류된다. 보다 엄밀하게는 우주초기에 있어서 입자의 생성·소멸이 멈추고, 입자수가 고정된 단계에서의 평균속도의 대소에 의한 분류이다. 그 후 우주팽창과 함께 입자의 운동에너지는 감소하기 때문에 HDM이었다 해도 현재의 속도가 광속에 가깝다는 것이 아니다. 질량을 가진 뉴트리노는 HDM의 대표적인 예이며 초대칭성 입자나 액시온은 CDM에 속한다.

암흑물질 종류의 차이는 우주구조의 진화에 결정적인 차이를 초래한다. HDM의 경우에는 입자 자신이 랜덤으로 떠돌기 때문에 어느 일정 크기의 영역 안에서 밀도요동이 고르게 되므로 천체 형성을 저해하게 된다. 예를 들면 뉴트리노(첨자 ν로 표시)에 대해 이 영역의 질량 스케일을 계산하면

$$M_\nu \simeq 4 \times 10^{15} \left(\frac{\sum\limits_{i=e,\,\mu,\,\tau} m_{\nu,\,i}}{10\,\mathrm{eV}} \right)^{-2} M_\odot \qquad (1.25)$$

와 같다. 우변의 합은 뉴트리노의 전 세대에 대해서 취한다. 뉴트리노 질량 m_ν의 값은 일정하지 않지만 최근의 소립자 실험 결과로는 3세대의 뉴트리노가 모두 3 eV를 넘을 가능성이 낮은 것 같다. 따라서 (식 1.25) 우변의 값은 은하의 전형적인 질량($\sim 10^{12}\,M_\odot$), 은하단의 전형적인 질량

(~$10^{15} M_\odot$)을 모두 상회한다. 즉 뉴트리노가 암흑물질이라면 은하·은하단의 형성은 매우 어려워진다. 그리고 뉴트리노의 질량이 작다는 것은 당초에 우주의 물질밀도에 대해서 유의有意한 기여를 하지 못하는 것을 의미하고 있다. 밀도 매개변수에 환산하면 뉴트리노의 기여는

$$\Omega_\nu \simeq 0.1 \, h^{-2} \left(\frac{\sum\limits_{i=e,\,\mu,\,\tau} m_{\nu,\,i}}{10 \, \text{eV}} \right) \tag{1.26}$$

에 불과하다. 이렇게 어느 관점에서도 뉴트리노가 암흑물질의 주요성분이라는 가능성은 낮다.

한편 CDM의 경우에는 입자의 운동이 무시되기 때문에 작은 스케일에도 밀도요동이 존재하며, 구조형성은 작은 스케일부터 큰 스케일로의 '상향식'으로 진행되고 있다고 생각된다. CDM 모델에 의해 관측되는 은하지도가 잘 설명되는 것은 이미 설명했으며(1.2절), 더 나아가서 퀘이사 흡수선계(1.3절)와 CMB 온도요동(1.4절)의 관측결과도 동시에 재현되는 것이 알려져 있다.

이것을 정량적으로 나타내기 위해서는 밀도요동의 3차원 공간에서의 '파워스펙트럼'이라는 통계량을 사용하는 것이 편리하다. 이것은 우주의 임의 장소 x와 시각 t에서의 밀도요동 $\delta(x,\,t) = \rho(x,\,t)/\overline{\rho}(t) - 1$의 3차원 푸리에변환 $\delta_k(t)$의 제곱평균값으로 다음과 같이 정의된다.

$$P(k,\,t) = \langle |\delta_k(t)|^2 \rangle \tag{1.27}$$

여기서 $\overline{\rho}(t)$는 우주의 평균질량밀도, k는 파동수波動數로 실공간에서의 길이 스케일 x와 $k \sim 2\pi/x$로 되어 있다. 위 식의 평균 $\langle s \rangle$는 예를 들면 우주 안에서 복수의 독립된 영역을 선택하여 각각의 영역 내에서 계산한 물리

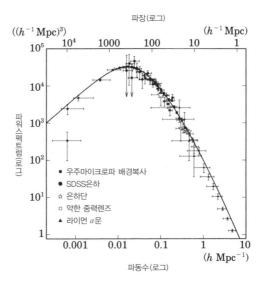

파장(로그)

그림 1.25 물질 밀도요동의 파워스펙트럼. 다른 관측시각의 데이터를 모두 $z=0$에서의 값으로 환산한 후 묘사된 그림이다. 실선은 CDM 모델에 의한 이론곡선(Tegmark *et al.*, 2004, *ApJ*, 606, 702).

량을 평균하는 조작이라고 생각하면 된다. $P(k, t)$는 각 스케일마다 어느 만큼의 밀도요동이 평균적으로 존재하는 가를 나타내는데 이것은 암흑물 질의 종류에 의해 크게 좌우된다. 따라서 $P(k, t)$가 관측적으로 측정되면 암흑물질의 종류에 대한 엄격한 제한이 따르게 된다.

그림 1.25에는 여러 가지 관측에서 얻은 파워스펙트럼의 측정결과가 정리되어 있다. 다른 시각의 데이터를 하나의 그림에서 비교할 수 있도록 시간에 대한 의존성을 보정하고 현재의 우주에서의 값에 맞추고 있다. CDM 모델에 의한 이론곡선이 아주 잘 재현되어 있다는 것을 알 수 있다. 한편 HDM 모델의 경우는 입자의 운동에 의해 작은 스케일(큰 k) 측의 $P(k, t)$가 삭제되어 전혀 관측과는 맞지 않는다.

그림 1.25에서 나타난 일치는 $z \sim 1{,}100$에서의 CMB 온도요동의 분포, $z \sim 3$에서의 퀘이사 흡수선계의 분포, $z \sim 0$에서의 대규모 구조의 분포가

CDM 모델이라는 작업가설 하에 아주 잘 통일되게 설명된다는 것을 의미하고 있다. CDM의 실체는 아직 불분명하지만 이 일치는 우주의 구조형성 관점에서 CDM 모델이 얼마나 매력적인지를 말하고 있다.

물론 암흑물질 문제의 최종적인 해결은 직접 검출하는 수밖에 없고, 이는 21세기 우주론의 가장 중요한 과제라 할 수 있다. CDM의 후보입자를 검출하기 위한 노력은 다양한 방법으로 진행되고 있지만 현재까지 이렇다 할 성과는 없다. 다만 초대칭성 입자의 존재 자체에 대해서는 2008년 이후 가동할 예정인 대형 하드론가속기(LHC)[2]에 의해 검증될 가능성이 있다. 가령 암흑물질 입자를 특정할 수는 없더라도 중요하게 시사하는 그 무엇인가는 있을 것이라 기대된다.

1.6 암흑에너지

1.6.1 아인슈타인의 우주상수

암흑에너지 문제의 역사는 오래되었다. 1910년대 후반 아인슈타인은 정적인 우주를 이론적으로 실현하기 위해 스스로 이끌어 낸 일반상대론의 기초방정식(아인슈타인 방정식)에 우주상수 Λ를 도입했다.

$$G_{\mu\nu} + \Lambda g_{\mu\nu} = \frac{8\pi G}{c^4} T_{\mu\nu} \tag{1.28}$$

여기서 $G_{\mu\nu}$는 아인슈타인 텐서, $g_{\mu\nu}$는 계량 텐서, $T_{\mu\nu}$는 에너지 – 운동량 텐

---

2 LHC(Large Hadron Collider)는 유럽물리입자연구소에서 세운 입자 가속 및 충돌기로, 스위스 제네바 근방에 있다. 2008년 9월 10일 목표치보다 낮은 에너지에서 가동을 시작하였다. 목표 에너지 수치는 7 TeV로 세계 최대, 최고 에너지의 입자 가속기이다(역주).

서라고 하며, 각각 16개의 성분을 가진다(자세한 것은 제2권 2장 참조). 좌변의 $G_{\mu\nu}$와 $g_{\mu\nu}$는 '시공의 기하학적 성질'을 지정하고, 우변의 $T_{\mu\nu}$는 그곳에 존재하는 '물질의 분포'를 나타낸다. 아인슈타인 방정식은 언뜻 보기에 무관하게 보이는 이들 2개의 개념이 사실은 밀접하게 관련되어 있으며, 한쪽이 정해지면 자동적으로 다른 쪽이 정해지는 것을 의미하고 있다. 예를 들면 $\Omega_{tot} = 1$과 평탄한 우주가 대응하는 등 우주의 에너지 총량과 우주의 기하학적 성질이 종종 같은 의미로 쓰이는 것도 이와 같은 이유에서다.

(식 1.28)을 균일등방한 우주에 대해서 적용하면 우변의 물질분포는 중력원으로서 항상 인력을 만들어 내기 때문에 $\Lambda = 0$으로 제한된 우주는 영원불변이 될 수 없다. 한편 Λ가 양(+)의 값을 가지면 중력과는 반대의 척력을 만들어 내기 때문에 그 크기를 잘 선택하면 중력을 완전히 없애는 것이 가능하게 된다. 아인슈타인은 바로 이 점에 주목해서 우주는 영원히 불변해야 한다는 신념을 바탕으로 정적 우주모델을 제창한 것이다.

그 후 허블의 우주팽창 발견(1.1.1절)에 의해 정적 우주모델은 부정되고, 아인슈타인 자신은 우주상수의 아이디어를 철회하였다(1931년). 그러나 동적인 우주일지라도 우주상수는 존재하고 있지 않았을 가능성은 여전히 연구자의 논의의 대상이었다.

1990년 이전에 논점이 되었던 것은 주로 우주의 연령문제이다. 당시 구상성단의 연령부터 추정된 우주연령의 하한값은 우주상수가 존재하지 않는 평탄한 우주모델에서의 예상값 $67\,h^{-1}$억 년보다도 훨씬 컸기 때문에 그 모순을 해소하기 위해 양(+)의 우주상수 존재를 선호했다. 일반적으로 우주초기의 팽창은 현재보다 훨씬 빠르고 그것이 중력에 의해 서서히 감속되어 왔다고 생각된다. 우주상수가 존재하면 중력에 대항해서 우주의 감속을 일으키는(그리고 가속시키는) 효과가 있기 때문에 현재 관측되는 팽창률에 이르기까지는 보다 긴 시간이 걸렸다고 볼 수 있다. 즉 현재의 팽창률이 같아도 우주의 연령은 길어지게 된다.

1990년 전후부터는 먼 은하의 개수 계측이나 퀘이사가 받는 중력렌즈 효과의 빈도 등을 설명하기 위해 우주상수가 도입되었지만, 어느 것이나 해석에 사용된 은하진화모델 등 계통적 부정성不定性이 커서 결정적인 결론에 이를 수 없었다.

상황이 크게 진전된 것은 1990년대 후반 이후에 발표된 두 종류의 관측 사실에 의해서였다. 하나는 1.4절에서 설명한 CMB 온도요동, 또 하나는 다음 절에서 소개하는 Ia형 초신성의 관측이다. 전자는 우주의 에너지 총량(엄밀하게는 우주의 기하)과 물질 총량을 각각 측정하고, 그것들의 차를 메우고 있는 에너지 성분이 존재하고 있음을 분명히 했다. 한편 후자는 현재의 우주가 가속팽창을 하고 있는 흔적을 알아내고 그것을 일으키고 있는 에너지원의 존재를 시사하고 있다. 어느 것이나 물질이나 복사와는 다른 미지의 에너지 형태라는 의미에서 암흑에너지라고 부르게 되었다.

암흑에너지는 우주상수를 일반화하게 한 개념으로 사용되고 있는데 그것은 (식 1.28)의 제2항을 우변으로 옮기면 이해하기 쉽다. 즉

$$G_{\mu\nu} = \frac{8\pi G}{c^4}\left(T_{\mu\nu} - \frac{c^4}{8\pi G}\Lambda g_{\mu\nu}\right) = \frac{8\pi G}{c^4}\tilde{T}_{\mu\nu} \qquad (1.29)$$

에 의해서 $\tilde{T}_{\mu\nu}$를 진짜 에너지–운동량 텐서로 재해석하면 Λ는 우주에 존재하는 에너지의 일부로 볼 수 있다. 가령 물질이 전혀 존재하지 않고 $T_{\mu\nu} = 0$이라도 Λ에 기인하는 에너지는 존재하기 때문에 '진공에너지'라고 부르는 경우도 있다. 그리고 Λ가 엄밀하게 상수가 아니고 물질이나 복사 등 다른 형태의 에너지와 같이 시간 변화하는 자유도도 가질 수 있다.

이에 따라 암흑에너지의 압력 p와 에너지 밀도 ρc^2과의 비

$$w \equiv p/\rho c^2 \qquad (1.30)$$

를 매개변수로 해서 그 값을 관측적으로 결정하려고 하는 시도가 이루어지고 있다. 특히 w가 상수라면 ρ의 시간 의존성은 우주의 스케일 인자 a를 사용해서 다음과 같이 나타낼 수 있다(스케일 인자에 관해서는 2.1절 참조).

$$\rho \propto a^{-3(1+w)} \qquad (1.31)$$

물질의 경우는 $w=0$, 복사의 경우는 $w=1/3$, 그리고 우주상수의 경우는 $w=-1$이고, (식 1.30)은 이것들을 일반화한 것으로 암흑에너지의 상태방정식에 대응하고 있다.

그리고 우주초기에 인플레이션이라고 하는 급격한 팽창이 일어났다고 한다면, 그것을 일으키기 위한 에너지가 필요하게 된다. 이 에너지는 현재의 우주를 가속시키는 암흑에너지와 유사한 성질을 가질 가능성도 있지만 이러한 것들의 크기에는 현격한 차이가 있다. 양자 간에 어떠한 관계가 있는지 어떤지는 아직 불분명하다.

1.6.2 Ia형 초신성 폭발과 우주의 가속팽창

우주론 매개변수의 측정에는 오래전부터 허블도圖가 이용되어 왔다. 이것은 천체까지의 거리 d와 적색편이 z와의 관계를 나타내는 그림이다. 우리들과 매우 가까운 근방에서는 허블의 법칙(식 1.2)에 의해 d와 z 사이에 비례관계가 성립되며 그 기울기로부터 허블상수 H_0를 구한다. 그러나 먼 우주까지 포함시키면 일반상대론적 효과에 의해 유클리드 공간으로부터 격차가 생겨서 양자의 관계는 H_0뿐 아니라 Ω_m이나 Ω_Λ에 복잡하게 의존한다. 이 의존성을 역으로 이용함으로써 Ω_m이나 Ω_Λ의 측정이 가능하다.

천체의 적색편이 z는 스펙트럼에 나타난 도플러효과를 이용하여 비교적 정밀하게 측정할 수 있지만, 거리 d는 측정하기가 매우 어렵다. 특히 Ω_m이나 Ω_Λ를 결정하려면 $z\sim0.5$를 넘는 먼 곳까지의 거리측정이 필요하다. 근방에서만 관측할 수 있는 세페이드 변광성 등은 사용할 수 없다.

그래서 중요해진 것이 Ia형 초신성이다. 초신성은 별의 진화의 마지막 단계에서의 폭발현상으로, 그 스펙트럼에 수소휘선이 나타나지 않는 I형과 나타나는 II형으로 분류된다. I형은 다시 스펙트럼이나 광도곡선의 양상에 따라 Ia, Ib, Ic형 등으로 분류된다. 이 중에서 Ia형은 최대 광도가 은하 그 자체에 필적할 정도로 밝으며 또한 절댓값이 거의 일정하다는 것이 경험적으로 알려져 있다(엄밀히 말하면 광도곡선의 형태에 약간은 의존하지만 그 효과는 보정할 수 있다). 그림 1.26의 사진에서 Ia형 초신성이 어느 정도 밝은지 한눈에 알 수 있다. 그리고 그림 1.27은 Ia형 초신성의 광도곡선이며 피크는 최대 광도를 나타낸다.

이와 같은 특성 때문에 Ia형 초신성은 먼 곳에서도 관측이 가능하며 또한 최대 광도의 겉보기 밝기(정확하게는 플럭스) F로부터

$$F = \frac{L}{4\pi d_L^2} \tag{1.32}$$

의 관계를 사용해서 거리 d_L(정확하게는 광도거리)을 결정할 수 있다. 여기서 절대 광도 L은 거리가 별도로 측정되는 우리 근방의 Ia형 초신성에 대한 d_L과 F로부터 같은 관계를 사용해서 미리 정해 놓는다. 실제의 해석으로는 F와 L을 겉보기등급 m과 절대등급 M에 각각 치환한 다음 식이 많이 사용되고 있다.

$$m - M = 5\log(d_L/\mathrm{Mpc}) + 25 \tag{1.33}$$

그림 1.26 소용돌이은하 NGC 4526 안에서 폭발했던 Ia형 초신성 SN 1994d. 원래 그림의 왼쪽 아래
에는 아무것도 보이지 않았는데 돌연 은하 전체에 필적할 만한 밝기의 초신성이 나타났다
(http://hubblesite. org/).

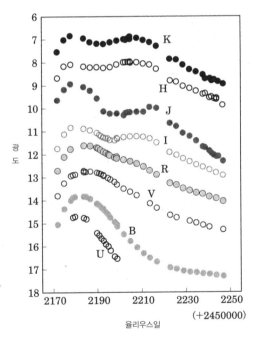

그림 1.27 Ia형 초신성 SN 2001el의 광도곡선. 세로축은 여러 가지 밴드에서의 광도, 가로축은 날 수
를 나타낸다(Krisciunas et al., 2003, AJ, 125, 166).

좌변의 $m-M$은 거리지수라고 하며 d_L이 커질수록 증대한다. 그리고 Ia형 초신성은 쌍성계 중 백색왜성이 폭발한 것으로 생각되고 있는데 그 메커니즘은 완전하게는 해명되지 않았다. 최대 광도가 일정하다는 사실은 가까운 근방에서의 경험법칙이며 이 방법의 가장 본질적인 가정이 되고 있다.

그림 1.28은 Ia형 초신성을 관측하고 그린 허블도이다. $\Omega_A=0$의 예상에 비해 먼 곳에서 관측되는 Ia형 초신성의 겉보기 밝기는 똑같이 어두워지고 있다. 이것을 우주의 기하학적 성질에 의한다는 것으로 해석하면 상대적으로 큰 우주가 필요하게 되고, 척력의 역할을 하는 암흑에너지의 존재를 지지하게 된다(자세한 것은 2장 참조). 척력이 없으면 물질이 만들어 내는 만유인력에 의해 우주는 항상 감속할 뿐이지만 여기서 시사된 암흑에너지의 양은 우주를 감속에서 가속으로 전환시키는 데 충분한 크기를 가진다. 이로 인해 우주의 '가속팽창'이 검출되었다는 표현도 쓰이고 있다.

한편 먼 곳의 초신성이 다른 이유, 예를 들면 은하 간 공간에서의 흡수 등으로 계통적으로 어두워지고 있다는 가능성도 완전히 부정할 수는 없다. 다만 흡수에 의한 효과에 관해서는, 특히 $z>1$에서는 우주의 기하와는 다른 움직임을 보인다고 생각할 수도 있기 때문에 더 먼 곳에서의 데이터가 축적하면 그 영향을 구별할 수 있을 것으로 기대하고 있다.

Ia형 초신성의 관측데이터가 우주의 기하학적 성질에 의한다고 할 경우에 Ω_A나 Ω_m에 대해 얻어지는 제한을 정리한 것이 그림 1.29이다. 여기에서는 $w=-1$(우주상수)이 가정되어 있다. 시사하고 있는 Ω_A 값은 Ω_m과 함께 변화하고 있지만 항상 양($+$)의 값을 취한다는 것은 흥미롭다. 한편 CMB 온도요동에 의한 측정결과는 이 그림에서는 $\Omega_m+\Omega_A=1$의 선에 거의 일치한다. 따라서 Ia형 초신성을 사용한 우주론 매개변수의 측정은 방법론에 있어서도, 또한 결과에 있어서도 CMB 온도요동과는 서로 보완

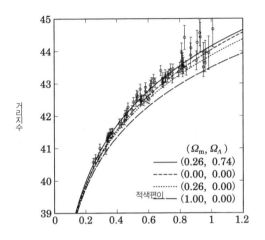

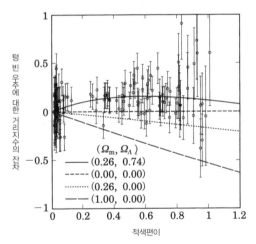

그림 1.28 Ia형 초신성의 밝기와 적색편이의 관계. 아래 그림은 우주가 텅 비었을 경우의 밝기를 0으로 해서 위의 그림을 고쳐 그린 것. 선은 각각 그림 내에 표시된 Ω_m, Ω_Λ의 값에 대응하는 이론곡선. $\Omega_\Lambda > 0$인 경우에 관측데이터가 가장 잘 재현되고 있다(Astier et al., 2006, A&A, 447, 31의 그림을 고쳐 그림).

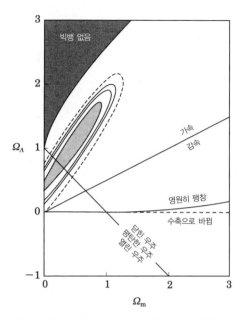

그림 1.29 Ia형 초신성의 데이터로 얻은 Ω_m, Ω_Λ에의 제한영역. 타원은 안쪽부터 각각 68%, 90%, 95%, 99%의 신뢰도를 나타낸다. $\Omega_m + \Omega_\Lambda = 1$인 실선은 평탄한 우주, $\Omega_\Lambda = 0$인 점선은 우주상수가 없는 우주를 나타낸다. 그 외의 3개의 실선은 위로부터 순서대로 빅뱅이 존재했는지의 여부, 가속 팽창이 가능한지의 여부, 우주가 영원히 팽창을 계속할지의 여부에 대한 경계에 각각 대응한다(Knop et al., 2003, ApJ, 598, 102).

적이라고 할 수 있다. 양자의 교점은 $\Omega_\Lambda = 0.7 \sim 0.8$을 나타내고 있다.

현재 상황에서는 Ω_Λ과 Ω_m에 더해서 w값까지를 정밀하게 결정하는 것은 어렵지만, 예를 들면, $\Omega_m + \Omega_\Lambda = 1$을 가정한 경우에는 $w < -0.6$, 나아가서는 은하 서베이와 CMB 온도요동의 데이터도 해석에 쓰일 경우에는 $w = -1.1 \pm 0.3$ 정도가 보고되고 있다. 어느 것이나 오차의 범위 내에서는 암흑에너지가 우주상수라는 것과 모순되지 않는다. 다만 다른 종류의 데이터를 혼합 해석할 때에는 각 데이터의 가중치에 따라 결과가 크게 변할 수 있기 때문에 그 해석에는 여전히 주의가 필요하다.

1.7 현상의 정리와 남겨진 과제

지금까지 살펴본 바와 같이 근래 관측기술의 진보는 우주의 생성과 진화에 대한 우리의 인식을 비약적으로 확대시켰다. 지금까지 얻은 식견과 그 근거를 정리하면 다음과 같다.

(1) 우리의 우주는 고온·고밀도의 빅뱅이라고 하는 상태로부터 시작되고, 시간과 더불어 현재에 이르렀다. 그 직접적인 흔적을 나타내는 것이 우주팽창, 경원소의 존재비, CMB 흑체복사 스펙트럼의 3가지 관측사실이다.

(2) 현재의 대규모 구조를 비롯한 여러 천체는 우주초기에 존재한 밀도요동이 중력 불안정성에 의해 증폭한 결과로 형성되었다. 이것은 CMB 온도요동, 고적색편이 천체, 근방의 대규모 구조의 관측데이터가 통일적으로 설명되는 것에 기초하고 있다.

(3) 우주가 거의 평탄하다는 것이 CMB 온도요동의 관측에 의해 제시되었다. 이 사실과 밀도요동의 원시 스펙트럼의 측정결과는 우주초기에 인플레이션이 일어났다고 생각하는 것으로 자연히 설명된다.

(4) 우주의 조성은 그림 1.30에 나타난 것과 같이 미지의 암흑물질과 암흑에너지가 대부분을 차지하고 있다. 암흑물질의 존재는 CMB 온도요동, 은하·은하단의 질량측정 등 여러 관측에 의해 독립적으로 입증되고 있다. 암흑에너지의 존재는 CMB 온도요동과 Ia형 초신성의 데이터에 의해 지지되고 있다.

(5) 암흑물질의 정체는 불분명하지만 적어도 은하 이상의 스케일에 있어서는 CDM이 여러 가지의 관측데이터를 매우 잘 재현한다. 뉴트리노가 암흑물질의 주성분이라는 가능성은 우주의 구조형성이나 소립자 실험의 어느 관점에서 봐도 낮다.

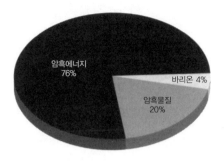

그림 1.30 WMAP의 최초 3년 동안 데이터(Spergel *et al.*, 2007, *ApJS*, 170, 377)에서 얻은 우주의 에너지 조성비.

(6) $z \simeq 1,100$에서 한 번 중성화 한 우주는 $z > 6$에서 재전리한 것이 CMB 온도요동과 퀘이사의 흡수선계의 관측으로 각각 시사되고 있다.

이러한 것들에 의해 '현대우주론의 표준 모델'이라고 할 수 있는 통일적 묘사가 확립되어 가고 있다고 해도 좋을 것이다. 앞에서 언급한 모든 것에 대해서 단일한 관측 데이터에만 의존하는 것이 아니라 독립된 여러 개의 측정결과로 상호검증이 진행되어 왔다. 이것은 우주관측에 있어서 최대 장애인 계통오차를 배제하기 위해 빠져서는 안 되는 과정이다.

동시에 본질적인 과제를 내재하고 있다는 것도 부각되었다. 암흑물질과 암흑에너지의 존재는 지상과는 전혀 다른 물질과 에너지로 우주가 채워져 있다는 것을 의미하고 있으며, 우리의 우주상도 그야말로 근간부터 바꾸려 하고 있다. 그러나 현시점에서는 그러한 양이 간접적으로 측정된 것에 불과하며 어느 것이든 직접 검출될 때까지는 '가설'의 영역에 있을 수밖에 없다. 암흑물질과 암흑에너지의 실체를 분명히 하는 것은 앞으로의 최대 과제라 말할 수 있다. 가령 실체가 분명해졌다고 해도 '왜 관측된 양을 갖는가?'라는 보다 근원적인 물음에 답할 수 있을 때까지는 참된 의미의 우주론이 완성되었다고 할 수 없을 것이다.

한편으로는 무엇인가를 간과해서 암흑물질이나 암흑에너지가 존재한다고 멋대로 착각했을 가능성도 배제할 수 없다. 다시 말해 기존에 알고 있던 자연법칙에 뭔가 허점이 생겼을 가능성이다. 어떤 의미에서는 오래된 학문체계에 기초하여 에테르^{aether3}가 도입되고 결과적으로 새로운 물리학이 대두되어 그것을 부정하게 되었을 때의 상황에 비유할 수 있을지도 모르겠다. 실제로 다차원 우주론을 비롯해 일반상대론을 초월한 구상으로 암흑에너지의 도입 없이 우주의 가속팽창을 설명하려고 한 제법 야심적인 시도도 진행되고 있다. 어쨌든 여러 가지 독립된 관측데이터를 종합하고 조합함으로써 암흑물질과 암흑에너지에 관한 가설을 철저하게 검증하는 것이 중요하다. 우주 관측이 더욱 정밀화되었을 때에 조금이라도 확실한 모순이 발견된다면 그것은 새로운 자연법칙을 발견하는 첫걸음이 될지도 모른다.

또 우주 전체의 진화의 큰 틀이 결정되었다고 해도 그 안에서 천체 각각의 계층 형성·진화, 나아가 생명의 발현 등 좀 더 복잡한 과정에 대한 연구는 아직 극히 초기 단계에 머물고 있을 뿐이다. 이 또한 필연적으로 21세기 우주론의 중요한 연구과제가 될 것이다. 우주의 진화와 생명의 기원에 대한 관련 등 지금까지 단순한 철학적 문답 혹은 SF로만 다루어졌던 여러 가지의 과제가 자연과학의 연구대상으로서 새로이 확립될 날도 멀지 않을 것으로 기대된다.

---

3 '물리학에서 빛을 전달하는 에테르'라고도 하며, 19세기에 음파가 공기와 같은 탄성 매질에 의해 전달되듯이 전자기파(예를 들면 빛과 X선)의 전달매질로 작용한다고 믿었던 이론상의 우주 물질(역주).

제2장
관측적 우주론의 기초

앞 장에서는 우주의 구조와 진화에 대해 현재까지 알려져 있는 것과 미해결 문제를 대략적으로 살펴보았다. 이 장 이후는 앞 장에서 논한 우주론의 각 사항에 대해서 보다 상세하게 해설할 것이다. 이 장에서는 우주의 팽창이나 연령을 정하기 위한 이론적인 기초와 그 응용에 대해 알아보겠다.

2.1 팽창우주의 매개변수와 기본원리

2.1.1 팽창우주의 매개변수

아인슈타인은 일반상대론을 제창한 직후 우주에는 어디에도 특별한 장소는 없으며(균일성), 어느 방향도 동등하며(등방성), 시간적으로 변화하지 않는(정적)다는 조건을 지도원리(완전우주원리)로 우주모델을 만들었다. 그 후 우주가 팽창하고 있다는 사실이 허블에 의해 발견되어 완전우주원리에서 정적이라는 조건을 제외시킨 것이 우주원리라고 하게 되었다.

1장에서 기술했던 것처럼 오늘날에 있어서는 우주원리는 원리가 아니라 관측사실이다. SDSS로 대표되는 대규모의 은하 서베이는 은하의 분포가 100Mpc 정도의 영역에서 평균하면 거의 균일하며 COBE나 WMAP 등의 우주마이크로파 관측위성에 의한 온도요동의 관측으로부터 우주는 매우 우수한 정밀도로 등방적이라는 것이 밝혀져 있다. 일반상대론에서 시공의 성질은 계량(메트릭), 혹은 그것으로부터 만들어지는 근방의 두 사상事象 간의 선소線素로 나타나는데 우선 그것부터 설명하겠다.

지금 공간에 적당한 좌표계가 부착되어 있고 다수의 은하가 공간에 흩뿌려져 있는 상황을 생각해 보자. 우주가 팽창함에 따라 은하 사이의 거리는 멀어지지만 각 은하의 공간좌표 값은 변하지 않는다고 하자. 이러한 좌표계를 공동共動좌표계라고 한다. 실제로 은하 사이는 상호거리가 가까우면 중력으로 맞당겨 우주팽창에 의한 운동(허블류流, Hubble flow) 이외의 운동(특이운동, peculiar motion)을 한다. 한편 은하끼리는 은하군, 은하단이라고 하는 집단을 이루고, 집단의 멤버 은하끼리는 서로의 중력으로 속박되어 있어 우주팽창의 영향을 받지 않는다. 여기서는 우주 전체의 구조를 생각하기 때문에 그러한 것은 무시한다. 혹은 은하 분포의 들쑥날쑥함이 충분히 무시될 수 있는 100 Mpc 정도의 스케일로 물질분포를 평균한 상황을 생각하고 있다고 해도 된다.

이제 공동(공간)좌표계를 x^i라고 하고, 근방의 2개 은하 사이의 좌표의 차를 Δx^i로 표기한다. 이 좌표의 차는 시간이 지나도 변하지 않지만 실제 거리는 팽창과 더불어 변화한다. 그것을 나타내기 위해 실제의 거리를 다음과 같이 나타내자.

$$d^i(t) = a(t)\Delta x^i \tag{2.1}$$

이 $a(t)$는 물리적인 거리를 정하고 있기 때문에 스케일 인자라고 한다. 여기서 공간은 등방적으로 팽창하고 있다고 하였다. 그렇지 않으면 각 방향의 팽창속도가 다르기 때문에 위와 같이 간단히 쓸 수 없으며 스케일 인자는 3차원의 텐서가 되어 방향의존성을 가지게 된다. 이렇게 씀으로써 허블의 법칙이 다음과 같이 도출된다.

$$v = \dot{d}(t) = \dot{a}\Delta x = \frac{\dot{a}}{a}a\Delta x = H(t)d \tag{2.2}$$

따라서 허블 매개상수 H는 시간의 함수이며 스케일 인자를 사용해서 다음과 같이 나타낼 수 있음을 알 수 있다.

$$H(t) = \frac{\dot{a}}{a} \tag{2.3}$$

현재를 t_0, $a_0 \equiv a(t_0) = 1$이라 하고, $a(t)$를 $|t-t_0| \ll 1$로 해서 테일러 전개하면 다음과 같다.

$$a(t) = 1 + H_0(t-t_0) - \frac{1}{2}q_0 H_0^2 (t-t_0)^2 \qquad (2.4)$$

여기에서 H_0와 q_0는 현재의 허블 매개변수와 감속 매개변수이며 각각을 허블상수와 감속상수라고 하고, 현재의 우주팽창 상태를 나타내는 기본상수이다. 이들은 다음과 같이 정의된다.

$$H_0 = \frac{\dot{a}}{a}\Big|_{t=t_0}, \qquad q_0 = -\frac{a\ddot{a}}{\dot{a}^2}\Big|_{t=t_0} \qquad (2.5)$$

이 스케일 인자와 공간좌표로 공동좌표를 사용함으로써 4차원의 선표는 다음 식으로 나타낼 수 있다.

$$ds^2 = -c^2 dt^2 + a^2(t)\gamma_{ij}\,dx^i\,dx^j \qquad (2.6)$$

여기에서 시간좌표는 일정한 공간좌표에 있는 관측자가 재는 고유시간이고, γ_{ij}는 시간축에 직교하는 3차원 공간의 계량이다. 일단 등방의 공간은 어느 곳에서나 곡률이 일정하다는 등곡률공간이 되고 동경좌표動徑座標로서 반경 r인 구의 표면적이 $4\pi r^2$이 되는 좌표와 극좌표를 사용해서 다음과 같이 쓸 수 있다는 것이 알려져 있다.

$$\gamma_{ij}\,dx^i\,dx^j = \frac{dr^2}{1-Kr^2} + r^2\,d\Omega^2 \qquad (2.7)$$

여기서 $d\Omega^2 = d\theta^2 + \sin^2\theta\,d\phi^2$는 2차원 단위 구면상의 선소이다. 등방적

이기 때문에 극좌표를 사용하는 것이 편리하다. K는 공간곡률의 부호를 나타내며, $K=1$이 닫힌 공간(3차원 구), $K=0$이 평탄한 공간, 그리고 $K=-1$을 열린 공간이라고 한다. 닫힌 공간은 가상적인 4차원 유클리드 공간 안의 3차원 구로서 감각적으로 이해할 수 있다. 그러나 열린 공간은 4차원 유클리드 공간에는 집어넣을 수 없어 시각화가 어렵지만 4차원 민코프스키 공간 안의 쌍곡면으로 정의할 수 있다.

결국 균일·등방 팽창우주의 선소로서 다음의 로버트슨-워커Robertson-Walker 계량(RW계량)을 얻을 수 있다.

$$ds^2 = -dt^2 + a^2(t) \left[\frac{dr^2}{1-Kr^2} + r^2 (d\theta^2 + \sin^2\theta \, d\phi^2) \right] \qquad (2.8)$$

혹은 새로운 동경좌표로서

$$\chi = \int \frac{dr}{\sqrt{1-Kr^2}} \qquad (2.9)$$

를 사용하면 RW계량은 다음과 같이 쓸 수도 있다.

$$ds^2 = -c \, dt^2 + a(t)^2 [d\chi^2 + r(\chi)^2 \, d\Omega^2] \qquad (2.10)$$

$\chi(r)$는 위의 정의에서 $\sin^{-1} r (K=1)$, $r (K=0)$, $\sinh^{-1} r (K=-1)$이 된다. 곡률의 부호에 따라 스케일 인자 $a(t)$의 시간발전이 변하는 모습을 그림 2.1에 나타냈다.

그리고 우주론적 관측의 기초가 되는 것은 적색편이이다. 멀리 있는 천체로부터의 빛(전자파)은 우주의 팽창 때문에 파장이 길어지면서 우리에게 도달한다. 얼마만큼 길어졌는가를 나타내는 것이 적색편이 z이며, 적색

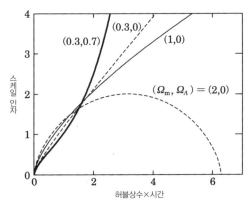

그림 2.1 스케일 인자의 시간발전(식 2.23). 전형적인 우주론 매개변수(Ω_m, Ω_Λ)의 조합(식 2.27) 참조)에 대해 $a(t)$의 변화 모습을 나타낸다. (Ω_m, Ω_Λ)=(1, 0)과 (0.3, 0.7)인 경우는 $K=0$, (0.3, 0)인 경우는 $K<0$, (2, 0)인 경우는 $K>0$에 대응한다.

편이가 크면 클수록 먼 곳의 천체라고 할 수 있다.

$$z = \frac{\lambda_o - \lambda_e}{\lambda_e} \tag{2.11}$$

여기서 λ_e는 천체가 방출한 했을 때의 파장, λ_o는 그것을 받았을 때의 파장이다. 지금 잇따르는 두 시각 t_e와 $t_e + \Delta t_e$에서 천체가 빛을 냈다고 하고, 이를 시각 t_o와 $t_o + \Delta t_o$에서 받았다고 하자. 각각의 빛에 따라 $ds^2 = 0$이 성립하기 때문에 빛의 진행 방향을 동경 방향으로 해서 빛의 경로를 따라 $c\,dt = -a(t)d\chi$(마이너스 부호는 우리가 있는 장소를 공간좌표의 원점으로 잡기 때문에 빛의 경로에 따라 시간좌표와 동경좌표의 진행이 반대가 되기 때문임)가 성립한다. 따라서 우선 최초의 빛의 경로에 따라서 적분하면 다음 식을 얻을 수 있다.

$$c \int_{t_e}^{t_o} \frac{dt}{a(t)} = \int_{\chi_e}^{\chi_r} d\chi \tag{2.12}$$

동일하게 다음 빛의 경로에 따라서 적분하면 다음과 같다.

$$c \int_{t_e + \Delta t_e}^{t_o + \Delta t_o} \frac{dt}{a(t)} = \int_{\chi_e}^{\chi_r} d\chi \tag{2.13}$$

여기서 χ_r과 χ_e는 각각 빛을 받았을 때와 냈을 때의 동경좌표의 값이다. 양쪽의 식에서 우변이 같게 된 것은 공동좌표를 사용했기 때문이다. 시간간격 Δt_e와 Δt_o를 무한소라고 하면 다음과 같이 된다.

$$\frac{\Delta t_e}{a(t_e)} = \frac{\Delta t_o}{a(t_o)} \tag{2.14}$$

여기서 진동수는 시간간격에 반비례하는 것과 적색편이의 정의를 고려하면 다음과 같이 된다.

$$1 + z = a(t_o)/a(t_e) = 1/a(t_e) \tag{2.15}$$

이 식에 의해, 예를 들면 우주의 크기가 반일 때 나온 빛은 파장이 2배, 적색편이 1로 관측된다. 2007년 시점에서 관측되어 있는 가장 먼 천체는 적색편이가 6.964이며, 우주의 크기가 현재의 8분의 1일 때의 천체이다.

2.1.2 팽창우주의 기본방정식

우주팽창 상태는 스케일 인자의 시간발전으로 표현된다. 이 시간발전을 정하는 방정식을 프리드먼 방정식이라고 하며 RW계량을 아인슈타인 방정식에 대입하면 다음 식을 얻을 수 있다.

$$R_{\mu\nu} - \frac{1}{2} R g_{\mu\nu} + \Lambda g_{\mu\nu} = \frac{8\pi G}{c^4} T_{\mu\nu} \tag{2.16}$$

$R_{\mu\nu}$는 리치 텐서Ricci tensor, $R = g^{\mu\nu} R_{\mu\nu}$는 리치 스칼라이며 RW 계량 텐서 $g_{\mu\nu}$(이 경우 RW 계량)로부터 계산된다.[1] Λ는 우주상수, 아인슈타인 방정식 중에서 우주상수를 포함하는 항을 우주항이라 하고, 1917년 아인슈타인에 의해 정적우주를 만들기 위해 도입된 것이다. $T_{\mu\nu}$는 물질이나 복사의 에너지-운동량 텐서이다. 아인슈타인 방정식을

$$R_{\mu\nu} - \frac{1}{2} R g_{\mu\nu} = \frac{8\pi G}{c^4} \left(T_{\mu\nu} - \frac{\Lambda c^4}{8\pi G} g_{\mu\nu} \right) \tag{2.17}$$

로 씀으로써 $-(\Lambda c^4/8\pi G) g_{\mu\nu}$를 물질에 부수하지 않는 공간고유의 에너지-운동량 텐서로 간주할 수도 있다.

물질의 에너지-운동량 텐서로서 우주 전체의 팽창을 생각할 때는 물질 분포의 불균일성이 무시될 수 있는 스케일로 평균했다고 생각하여 다음과 같은 완전 유체의 형태가 사용된다.

$$T_{\mu\nu} = (\rho c^2 + P) u_\mu u_\nu + P g_{\mu\nu} \tag{2.18}$$

여기서 u_μ는 유체의 4원元속도로서 지금 생각하고 있는 상황에서는 유체는 공간에 고정되어 있기 때문에 $u^\mu = (1, 0, 0, 0)$이다. ρ는 유체의 에너지 밀도, P는 압력이다. 유체의 성질은 상태방정식 $P = P(\rho)$를 지정하는 것으로 나타내는데, 특히 다음 형태의 상태방정식이 사용된다.

$$P = w \rho c^2 \tag{2.19}$$

복사(입자의 속도가 광속도)의 경우는 $w = 1/3$이 되고 밀도는 스케일 인자

---

[1] 1.6.1절에 이미 나온 아인슈타인 텐서 $G_{\mu\nu}$는 $G_{\mu\nu} = R_{\mu\nu} - g_{\mu\nu} R/2$이 된다.

의 4제곱에 반비례하는 것을 알 수 있다. 한편 입자의 속도가 광속도에 비해 충분히 작은 비상대론적 물질의 경우는 압력이 에너지 밀도에 비해 무시할 수 있기 때문에 $w=0$이 되며 밀도는 스케일 인자의 3제곱에 반비례한다. 비상대론적 물질을 가리켜 먼지dust 유체라 부르기도 한다.

우주항을 공간고유의 에너지-운동량 텐서로 간주한 경우 완전 유체의 에너지-운동량 텐서의 형태에서 그 에너지 밀도 ρ_A와 압력 P_A는 다음과 같이 쓸 수 있음을 알 수 있다.

$$\rho_A = \frac{\Lambda c^2}{8\pi G}, \qquad P_A = -\frac{\Lambda c^4}{8\pi G} \tag{2.20}$$

따라서 우주항은 $P = -\rho c^2$이라는 상태방정식을 가진 완전유체로 간주할 수 있으며, 그 에너지 밀도는 스케일 인자에 의존하지 않게 된다. 정리하면 다음과 같다.

$$\rho_\gamma(a) = \frac{\rho_{\gamma,0}}{a^4}, \quad \rho_m(a) = \frac{\rho_{m,0}}{a^3}, \quad \rho_A = 상수 \tag{2.21}$$

첨자 γ, m은 각각 복사, 물질을 나타내며 0은 현재(t_0)의 값을 나타내고 있다. 그리고 현재의 스케일 인자의 값은 1로 하고 있다($a(t_0)=1$). 이 식에서 우주초기에는 복사가 우세하고, 다음으로 물질, 그리고 최후는 우주상수가 팽창에 중요한 역할을 하고 있다는 것을 알 수 있다. 이 책에서는 주로 우주가 맑게 갬 이후를 다루기 때문에 앞으로는 복사의 우주팽창에의 영향은 무시한다.

보다 일반적으로

$$P_A = w\rho c^2 \tag{2.22}$$

이며, $w < -1/3$인 상태방정식을 가진 유체를 암흑에너지라고 한다. w는 일반적으로는 시간에 의존한다. 아래 식에서 도출하는 우주팽창 식에서 알 수 있듯이 이와 같은 상태방정식을 가진 유체는 팽창을 가속시키는 작용을 한다. 우주상수는 암흑에너지의 일종으로 $w = -1$을 갖는(시간적으로 변화하지 않는다는 의미로) 특별한 것이라고 할 수 있다.

그러면 아인슈타인 방정식으로부터 다음의 두 식이 도출된다.

$$\left(\frac{\dot{a}}{a}\right)^2 = \frac{8\pi G\rho}{3} - \frac{Kc^2}{a^2} + \frac{\Lambda c^2}{3} \qquad (2.23)$$

$$\frac{\ddot{a}}{a} = -\frac{4\pi G}{3c^2}\left(\rho c^2 + 3P\right) + \frac{\Lambda c^2}{3} \qquad (2.24)$$

최초의 식을 프리드먼 정식이라고 하는 경우가 많다. 이러한 두 식 혹은 에너지-운동량 텐서의 보존법칙으로부터 다음 식이 도출된다.

$$\dot{\rho} + 3\frac{\dot{a}}{a}\left(\rho + \frac{P}{c^2}\right) = 0 \qquad (2.25)$$

상태방정식을 적당히 가정함으로써 이 식으로부터 에너지 밀도가 스케일 인자의 함수로서 구해지며 그것을 각각 (식 2.23)과 (식 2.24)에 사용하면 스케일 인자의 시간발전을 구할 수 있게 된다.

(식 2.23)~(식 2.25)에서 허블 매개변수와 감속 매개변수의 표식表式을 얻을 수 있다. 그 때문에 우선 임계밀도 $\rho_{cr,0}$을 도입하자.

$$\rho_{cr}(t) = \frac{3H^2}{8\pi G} \qquad (2.26)$$

현재의 임계밀도를 $\rho_{cr,0}$라고 쓴다. 그리고 에너지 밀도를 이 임계밀도로 규격화한 것을 밀도 매개변수로 정의한다. 복사를 무시하면 밀도 매개변수로서 물질에 의한 것(Ω_{m})과 우주상수에 의한 것(Ω_{Λ})이 있다.

$$\Omega_{\mathrm{m}}(t) = \frac{\rho_{\mathrm{m}}(t)}{\rho_{\mathrm{cr}}}, \quad \Omega_{\Lambda}(t) = \frac{\rho_{\Lambda}}{\rho_{\mathrm{cr}}} = \frac{\Lambda c^2}{3H^2} \tag{2.27}$$

이러한 밀도 매개변수의 현재 값에 대해서는 $\Omega_{\mathrm{m},0}$과 같이 첨자 0을 붙여 명시하거나 혹은 간단히 표기하기 위해 첨자를 생략하는 일이 있다. 아래 식에서는 후자에 따라서 기술하겠다.

그러면 위의 우주팽창 (식 2.23)과 (식 2.24)는 밀도 매개변수를 사용해서 다음과 같이 나타낼 수 있다.

$$H^2(z) = H_0^2 \left[\Omega_{\mathrm{m}}(1+z)^3 - \frac{Kc^2}{H_0^2}(1+z)^2 + \Omega_{\Lambda} \right] \tag{2.28}$$

$$q(z) = \frac{H_0^2}{H(z)^2} \left[\frac{\Omega_{\mathrm{m}}}{2}(1+z)^3 - \Omega_{\Lambda} \right] \tag{2.29}$$

여기서 적색편이 z와 스케일 인자와의 관계 $1+z=1/a(t)$을 사용하였다. 이것들이 임의의 시각에서의 우주팽창 모습을 결정하는 매개변수 간의 관계이다. 허블 매개변수의 식을 다음과 같이 써 놓으면 편리하다.

$$H(z) = H_0\, E(z) \tag{2.30}$$

$$E(z) = \left[\Omega_{\mathrm{m}}(1+z)^3 - \frac{Kc^2}{H_0^2}(1+z)^2 + \Omega_{\Lambda} \right]^{1/2} \tag{2.31}$$

현재 $z=0$에서의 관계식으로부터 다음 식을 얻을 수 있다.

$$\frac{Kc^2}{H_0^2} = \Omega_{\mathrm{m}} + \Omega_{\Lambda} - 1 \tag{2.32}$$

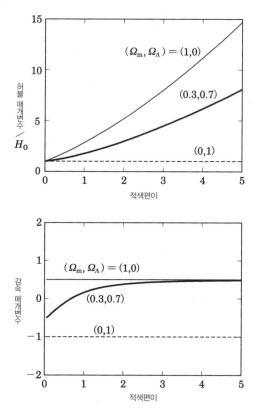

그림 2.2 허블 매개변수와 감속 매개변수의 적색편이 의존성을 전형적인 우주론 매개변수(식 2.27)에 조합시켜 $(\Omega_{\mathrm{m}}, \Omega_\Lambda)$=(1, 0), (0.3, 0.7), (0, 1)에 대해 나타냈다.

$$q_0 = \Omega_{\mathrm{m}}/2 - \Omega_\Lambda \qquad (2.33)$$

$H(z)$와 $q(z)$의 적색편이 의존성을 그림 2.2에 나타냈다.

2.1.3 거리–적색편이 관계

거리와 적색편이와의 관계는 우주론에 있어서 관측의 기초이기 때문에 여기서 상세하게 다루겠다. 우선 통상 두 점 사이의 거리라고 하면 두 점을 동시에 잰 고유거리proper distance이다. 그러나 우리가 먼 곳의 천체를 관측할 때 그 전자파는 과거에 방출되었고 현재 수신하게 된다. 그리고 그동안 공간은 팽창하고 있기 때문에 고유거리는 관측과 직접 결부된 개념이 아니다. 따라서 관측에 결부된 거리를 정의하는 것이 필요하게 된다. 그 대표적인 것이 광도거리luminosity distance와 각지름거리angular diameter distance이다.

광도거리 d_L

광도거리는 진정한 밝기가 알려져 있는 천체가 어느 정도 어둡게 보이는 가로 정의되는 거리이다. 표준광원의 광도를 L, 관측되는 겉보기 밝기(플럭스)를 f라고 하면 광도거리는 다음과 같이 정의된다.

$$d_L = (L/4\pi f)^{1/2} \tag{2.34}$$

플럭스 f는 단위시간, 단위면적당 통과하는 에너지로서 정의되는데 우주 팽창에 의해 파장이 길어졌기 때문에 에너지가 a배로 작아지고, 한편 단위시간은 적색편이와 스케일 인자와의 관계를 도출할 때 계산했던 바와 같이 $1/a$배 길어진다. 따라서 받는 에너지는 $a^2 = (1+z)^{-2}$만큼 작아진다는 것을 알 수 있다. 여기서 $A(r)$을 빛이 퍼진 영역의 표면적이라고 하면, $f = L/[A(r)(1+z)^2]$이 되고, RW계량에서 $A(r) = 4\pi r^2$이므로 다음과 같이 쓸 수 있다.

$$d_L = (1+z)r \tag{2.35}$$

그 후 동경좌표 r을 적색편이의 함수로 나타내면 된다. 그것에는 동경방향으로 나아가는 빛의 경로에 따라 $ds = 0$, 즉(RW계량에서) $cdt = -ad\chi$(마이너스 부호는 빛이 나아가는 시간에 따라 시간이 진행하는 방향과 동경좌표가 커지는 방향이 반대가 되기 때문임)가 성립되므로 다음과 같이 된다.

$$\chi = \int_0^\chi d\chi = \int_{t_e}^{t_0} \frac{c\,dt}{a(t)} = \frac{c}{H_0} \int_0^z \frac{dz}{E(z)} \tag{2.36}$$

여기서 r과 χ의 관계는 곡률의 부호에 따라 정해진다. 예를 들면 우주상수가 없이 평탄한 우주인 아인슈타인-드 지터Einstein-de Sitter 모델의 경우는 $K = \Lambda = 0$이기 때문에

$$d_L(z) = (1+z) \frac{c}{H_0} \int_0^z \frac{dz}{(1+z)^{3/2}} = \frac{2c}{H_0} \left[1 + z - \sqrt{1+z} \right] \tag{2.37}$$

이 되며, 우주상수가 존재하고 평탄한 경우는 $\Omega_m + \Omega_\Lambda = 1$이기 때문에 다음과 같다.

$$d_L(z) = \frac{c}{H_0} (1+z) \int_0^z \frac{dz}{\left[\Omega_m (1+z)^3 + 1 - \Omega_m \right]^{1/2}} \tag{2.38}$$

각지름거리 d_A

각지름거리는 크기를 알고 있는 천체가 어느 정도의 크기로 관측되는지로 정의되는 거리이다. 따라서 표준이 되는 길이를 y, 측정되는 각도를 $\delta\theta$라고 하면 각지름거리는 다음 식으로 정의된다.

$$d_A = y/\delta\theta \tag{2.39}$$

길이 y는 RW계량을 사용해서 $y = a(t_e) r\,\delta\theta$로 나타낼 수 있기 때문에 $d_A = r/(1+z) = d_L/(1+z)^2$이 되고, 각지름거리는 광도거리를 $(1+z)^2$

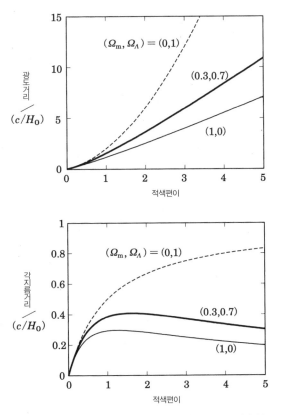

그림 2.3 광도거리와 각지름거리의 적색편이 의존성을 전형적인 우주론 매개변수(식 2.27)에 조합시켜 $(\Omega_m, \Omega_\Lambda) = (1, 0)$, $(0.3, 0.7)$, $(0, 1)$에 대해 나타냈다.

으로 나눈 것이다.

이러한 거리의 적색편이의존성을 그림 2.3에 나타냈다.

2.1.4 우주연령과 적색편이의 관계

우주연령과 적색편이와의 관계도 용이하게 도출할 수 있다. (식 2.30)에 의
해 다음 식이 된다.

$$t(z,\ \Omega_{\mathrm{m}},\ \Omega_{\Lambda}) = \int_0^t dt = \int_0^1 \frac{da}{Ha} = \frac{1}{H_0} \int_z^{\infty} \frac{dz}{(1+z)E(z)} \quad (2.40)$$

아인슈타인 – 드 지터 모델에서는

$$t(z) = \frac{2}{3H_0} \frac{1}{(1+z)^{3/2}} \quad (2.41)$$

우주상수가 존재하고 평탄한 모델에서는

$$t(z) = \frac{1}{H_0} \int_z^{\infty} \frac{dz}{(1+z)(\Omega_{\mathrm{m}}(1+z)^3 + 1 - \Omega_{\mathrm{m}})^{1/2}} \quad (2.42)$$

가 되지만, 우주팽창에 대한 물질의 기여와 우주상수의 기여가 같은 정도
가 되는 적색편이를

$$1 + z_{\Lambda} = \left(\frac{\Omega_{\Lambda}}{\Omega_{\mathrm{m}}}\right)^{1/3} = \left(\frac{1 - \Omega_{\mathrm{m}}}{\Omega_{\mathrm{m}}}\right)^{1/3} \quad (2.43)$$

으로 정의하면 우주연령은 다음과 같이 적분된다.

$$t(z) = \frac{2}{3H_0\sqrt{1 - \Omega_{\mathrm{m}}}} \ln\left[\left(\frac{1 + z_{\Lambda}}{1 + z}\right)^{3/2} + \sqrt{1 + \left(\frac{1 + z_{\Lambda}}{1 + z}\right)^3}\right] \quad (2.44)$$

현재의 연령은 $z = 0$을 대입해서

$$t_0 = \frac{2}{3H_0\sqrt{1 - \Omega_{\mathrm{m}}}} \ln\left[\frac{1 + \sqrt{1 - \Omega_{\mathrm{m}}}}{\sqrt{\Omega_{\mathrm{m}}}}\right] \quad (2.45)$$

가 되며, 예를 들면 $\Omega_{\mathrm{m}} = 0.24$, $H_0 = 73 \ \mathrm{km\ s^{-1}\ Mpc^{-1}}$을 대입하면 약

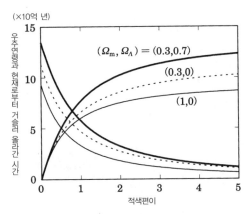

그림 2.4 우주연령 $t(z)$의 적색편이 z 의존성(z 대x에서 소小가 되는 선)과 현재로부터 거슬러 올라간 시간 $t_0-t(z)$의 z 의존성(z 대에서 대가 되는 선)을 전형적인 우주론 매개변수의 조합인 $(\Omega_m,\ \Omega_\Lambda)=(0.3,\ 0.7)$, $(0.3,\ 0)$, $(1,\ 0)$에 대해서 나타냈다. 허블상수는 $H_0=70\,\mathrm{km\,s^{-1}\,Mpc^{-1}}$으로 하고 있다.

137억 년이 된다.

우주연령과 현재부터 거슬러 올라간 시간의 적색편이 의존성을 그림 2.4에 나타냈다.

2.2 거리 – 적색편이 관계의 응용

2.2.1 세페이드 변광성을 활용한 거리 결정

우주팽창의 빠르기를 나타내는 허블상수 H_0는 우주의 크기나 연령, 나아 가서는 평균밀도의 대략적인 값을 알려 주기 때문에 우주론에 있어 매우 중요한 양이다. 따라서 허블상수 값을 구하는 것이 우주팽창의 발견 이래 많은 연구자에 의해 수행되어 왔다. 그러나 먼 은하까지의 거리를 어림잡 기가 어렵기 때문에 1990년대에 이르기까지 $50\,\mathrm{km\,s^{-1}\,Mpc^{-1}}$ 정도를 주장하는 그룹과 $100\,\mathrm{km\,s^{-1}\,Mpc^{-1}}$ 정도를 주장하는 그룹 간에 긴 논쟁

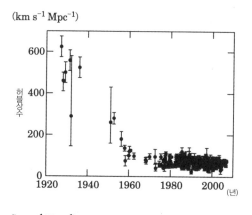

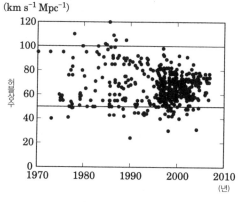

그림 2.5 H_0의 결정값 변천

(J. Huchra의 홈페이지, http://www.cfa.harvard.edu/~huchra/hubble/index.htm을 개정).

이 있었다. 그림 2.5에 H_0의 결정값 변천이 나타나 있다. 최근에는 70 km s^{-1} Mpc^{-1} 전후에서 값이 수렴하는 것으로 알려졌다.

먼 은하까지의 거리를 측정하는 전통적이면서 유효한 방법은 세페이드 Cepheid 변광성의 주기 – 광도 관계를 사용하는 것이다. 세페이드 변광성은 평균광도가 밝을수록 변광주기가 긴 성질이 있다. 이 관계는 1910년대에 대소 마젤란성운에 있는 세페이드 변광성의 관측에 의해 확립되었다. 이 관계를 실제 은하까지의 거리를 재는 데 이용하려면 영점zero point, 즉 평균절대등급과 변광주기의 관계를 확립할 필요가 있다. 이 때문에 연주시차와 같은 다른 방법으로 거리가 확실히 알려져 있는 태양계에 비교적 가까운 세페이드 변광성에 대해 주기-광도 관계를 관측하면 된다.

이 방법에 의해 최초의 관측으로 허블은 허블상수 값을 약 $500 \, \text{km s}^{-1} \, \text{Mpc}^{-1}$으로 어림잡았다. 그러나 1940년대에 세페이드 변광성에는 2종류가 있으며, 허블이 먼 쪽의 은하로 관측한 세페이드 변광성과 은하계 은하 내의 태양계 근방에서 관측된 세페이드 변광성은 타입이 다르다는 것이 밝혀졌다. 이에 따라 허블상수 값은 $100 \, \text{km s}^{-1} \, \text{Mpc}^{-1}$ 정도로 대략 계산하게 되었다.

은하는 허블흐름을 따라 서로 멀어짐과 동시에 상호 중력에 의해 특이운동을 하고 있다. 정확한 허블상수 값을 알려면 특이속도보다 허블흐름의 속도가 커지는 거리에 있는 은하까지 관측을 넓히지 않으면 안 된다. 특이운동 속도는 수 $100 \, \text{km s}^{-1}$ 혹은 $1{,}000 \, \text{km s}^{-1}$이 될 때도 있기 때문에 만일 허블상수가 $100 \, \text{km s}^{-1} \, \text{Mpc}^{-1}$ 정도라면 $10 \, \text{Mpc}$ 정도 이상의 은하를 관측하지 않으면 특이속도에 방해되지 않고 허블흐름을 정확하게 측정할 수 없다.

그러나 1990년대 이전에는 수 Mpc보다 먼 은하에 대해서는 세페이드 변광성을 관측하지 못했기 때문에 그러한 은하까지의 거리는 다른 방법으로 추정하지 않을 수 없었다. 세페이드 변광성 이외의 방법은 은하 그 자체를 표준광원으로 하는 것이 표준적이며, 예를 들면 원반은하의 회전속도와 절대광도의 관계인 툴리-피셔 관계Tully-Fisher Relationship 등이 있지만 어느 것이나 경험적인 법칙이라 상당한 애매함이 있다. 이 때문에 $10 \, \text{Mpc}$ 정도 은하까지의 거리는 불확정하며 상기한 바와 같은 허블상수는 불확정적이었다.

1990년대에 들어 허블우주망원경이 등장하자 상황이 완전히 달라졌다.

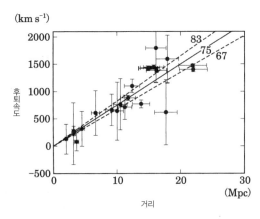

그림 2.6 HST 키 프로젝트에 의해 세페이드 변광성이 관측된 가까운 은하에 대한 후퇴속도와 거리의 관계(Freedman *et al.*, 2001, *ApJ*, 553, 47).

경이적인 분해능에 의해 10 Mpc 이상의 먼 은하에 있는 세페이드 변광성 관측이 가능하게 되었던 것이다. 이렇게 해서 허블우주망원경에 의해 먼 곳에 있는 다수의 은하의 세페이드 변광성을 관측하는 프로젝트(HST key project)가 진행되어 그림 2.6에 나타난 바와 같이 약 20 Mpc까지의 거리에 있는 은하에 대해서 직접 거리가 정해졌으며, 후퇴속도와 거리의 관계를 구하였다. 이 그림에서는 허블상수로 75 ± 10 km s^{-1} Mpc^{-1}을 얻었다.

그런데 그림 2.6에서 보는 바와 같이 은하계부터 20 Mpc까지의 근거리에서는 은하끼리의 국소적인 중력상호작용이 원인으로 은하의 운동이 우주팽창에 의한 후퇴속도로부터 벗어난 운동, 즉 특이운동의 영향이 크다. 따라서 보다 확실한 허블상수를 얻기 위해서는 은하의 특이운동의 영향이 적은 더 먼 은하를 사용할 필요가 있다. 따라서 세페이드 변광성의 관측에 의해 정확하게 거리가 정해진 은하에 대해 툴리-피셔 관계, 초신성의 밝기, 표면휘도의 요동과 같은 먼 은하까지의 거리결정에 이용할 수 있는 여러 가지 경험법칙을 정해 놓는다. 그런 후 이러한 경험법칙을 세페이드 변

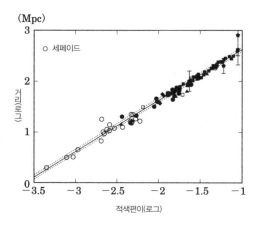

그림 2.7 세페이드 변광성에 의해 거리를 정한 은하(흰 동그라미)와 다른 여러 가지 방법으로 거리를 정한 은하(그 밖의 마크)에 대한 거리(세로축, 단위는 Mpc)와 적색편이(가로축)의 관계. 직선은 $H_0 = 72\,\mathrm{km\,s^{-1}}$ $\mathrm{Mpc^{-1}}$, 점선은 10% 오차의 영역을 나타낸다(Freedman et al., 2001, ApJ, 553, 47).

광성 관측이 불가능한 더 먼 은하에 적용해서 거리를 구할 수 있다.

이와 같이 해서 여러 가지 경험법칙에 기초한 후퇴속도와 거리의 관계가 1장 그림 1.3에 이미 나타낸 허블도에 대응한다. 우주팽창에 의한 후퇴속도와 비교해서 특이운동이 충분히 작다는 것을 알 수 있다. 이것을 세페이드 변광성을 사용해서 거리를 정한 은하도 포함시켜 구성하면 그림 2.7과 같이 된다. 이것에서 근거리에 있는 은하와 원거리에 있는 은하 모두가 전체적으로 동일한 거리-적색편이 관계에 있다는 것이 확인되었다. 이러한 결과에서 허블상수로서 $72 \pm 8\,\mathrm{km\,s^{-1}\,Mpc^{-1}}$이라는 값이 얻어졌고 HST 키 프로젝트key project의 최종 결과가 되었다.

2.2.2 Ia형 초신성을 이용한 거리결정

먼 은하까지의 거리를 사용하려면 절대광도를 알고 있는 천체를 관측해야 한다. 그래서 이용하는 것이 바로 Ia형 초신성이다. 이 유형의 초신성은 백

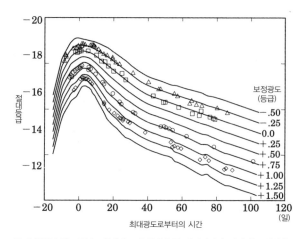

그림 2.8 Ia형 초신성의 광도곡선. 최대광도가 밝을수록 감광시간이 길어지는 양상을 보인다(Riess *et al.*, 1995, ApJL, 438, 17).

색왜성과 거성巨星으로 된 쌍성계로 거성에서 흘러내려 쌓인 물질이 백색 왜성의 표면에서 폭주적으로 핵반응을 일으켜 그것이 계기가 되어 폭발이 일어나 생긴 것이라 생각된다. 폭발의 메커니즘이 알려져 있기 때문에 절 대적인 최대광도(절대등급 M)를 좋은 정밀도라 추정할 수 있다. 이에 따라 겉보기 등급 m과의 차에서 광도거리 d_L을 알 수 있게 된다.

$$m - M = 5 \log \left(\frac{d_L(z,\, \Omega_m,\, \Omega_\Lambda)}{10\,\mathrm{pc}} \right) \qquad (2.46)$$

상세한 관측에 의하면 Ia형 초신성은 최대광도가 밝을수록 거기서부터 감 광해서 어둡게 되는 시간(감광시간)이 길어지는 성질이 있음을 알게 되었 다. Ia형 초신성의 광도곡선을 그림 2.8에 나타냈다. 따라서 이 감광시간 을 측정함으로써 보다 좋은 최대광도를 추정할 수 있으며 정밀도가 좋은 표준광원으로 사용할 수 있다. 초신성의 최대광도는 은하 1개의 광도와도 필적하기 때문에 적색편이가 1 정도인 먼 곳에서도 관측이 가능하다.

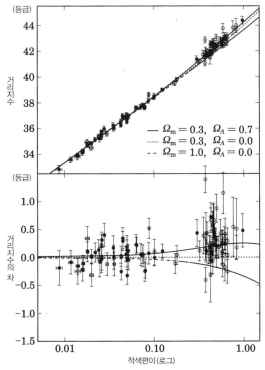

그림 2.9 la형 초신성의 관측부터 얻은 적색편이와 거리지수의 관계. 아래 그림은 $\Omega_m = 0.3$, $\Omega_\Lambda = 0$일 때의 거리지수를 기준으로 해서 나타내고 있다(Riess 2000, *PASP*, 112, 1284). 적색편이가 1에 가까운 la형 초신성의 관측 결과를 재현하려면 우주항(i)이 있는 우주모델이 무엇보다도 적합하다.

적색편이가 다른 초신성을 다수 관측함으로써 겉보기 등급과 절대등급의 차(거리지수)에 대한 적색편이 의존성이 정해진다. 이것을 그림 2.9에 나타냈다. 적색편이가 1에 비해 충분히 작을 때 광도거리는 주로 허블상수에 의존하기 때문에 비교적 근거리의 초신성 관측으로 허블상수 값이 정해진다. 한편 광도거리의 Ω_m이나 Ω_Λ에 대한 의존성은 적색편이가 클수록 커지기 때문에 적색편이가 1에 가까운 초신성의 관측으로 이들의 우주론 매개변수에 대한 제한을 구한다.

그림 2.9의 아래 그림에는 열린 우주인 경우($\Omega_m = 0.3$, $\Omega_\Lambda = 0$)일 때의 거

리지수를 기준으로 해서 거리지수와 적색편이와의 관계를 나타낸 것이며, 적색편이가 1에 가까운 초신성이 있기 때문에 어두운 쪽(그림에서 위 쪽)으로 벗어나 있는 것을 알 수 있다. 이것은 주어진 적색편이에 대해 이 열린 우주의 경우보다 초신성까지의 거리가 멀다는 것을 의미하며, 그러기 위해서는 우주상수의 존재가 요구된다. 구체적으로 Ia형 초신성의 관측으로 얻어진 Ω_m과 Ω_Λ에 대한 제한은 1장의 그림 1.29에 이미 나타나 있으며 우주상수가 존재하는 것이 강하게 시사되어 있다. 4장에서 설명하는 바와 같이 우주마이크로파 배경복사의 온도요동 관측과도 이 결과는 모순되지 않고 있다. 현재의 표준적 우주모델은 $\Omega_\Lambda = 0.76$, $\Omega_m = 0.24$라는 우주상수가 존재하고 평탄한 모델이다.

2.3 중력렌즈와 우주론에의 응용

일식 때의 별 빛의 휘어짐이 일반상대론의 검증에 사용되었다는 것은 유명한 이야기이다. 일반상대론에 의해서 비로소 빛의 휘어짐을 정확하게 예언할 수 있게 된 것이다. 일식 때의 빛의 휘어짐의 관측을 지휘한 에딩턴A.S. Eddington에 의해 이미 1919년에는 먼 곳의 별 빛이 앞에 있는 별의 중력에 의해 휘어져 복수 상像이 생기는 가능성이 지적되고 있었다. 그 후 여러 사람들에 의해 별에 의한 중력렌즈의 가능성이 논의되었는데 1930년대 미국의 천문학자 츠비키F. Zwicky는 광원과 렌즈의 역할을 하는 천체가 둘 다 은하일 경우 중력렌즈가 일어날 확률이 무시할 수 없을 정도로 커지는 것을 지적하였다. 이 평가를 바탕으로 츠비키는 중력렌즈 현상을 찾았지만 실패로 끝났다.

　실제로 중력렌즈가 발견된 것은 1979년의 일이다. 최초의 중력렌즈 천체는 Q 0957＋561A,B라는 2개의 퀘이사이며, 천구 상에서 6초각밖에

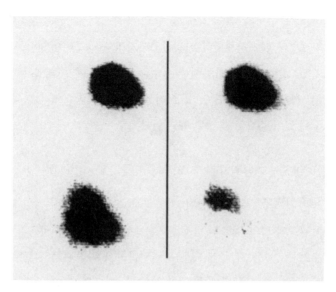

그림 2.10 중력렌즈 Q 0957+561(Stockton 1980, *ApJL*, 242, 141). 왼쪽 그림은 실제로 관측된 2중상의 모습이다. 오른쪽 그림의 아래 상像은 위의 상을 제거한 나머지를 나타내고 있으며, 바로 앞에 있는 렌즈 은하 상만을 추려낸 것이다. 위의 퀘이사 상은 이미지 A, 아래의 상은 이미지 B라고 한다.

떨어져 있지 않고(그림 2.10), 분광관측을 해보면 그 스펙트럼이 딱 맞게 일치하고 있다. 이 발견 이래 다수의 중력렌즈계가 관측되고 있다. 중력렌즈는 광원의 다중상이 만드는 강한 렌즈현상과 광원의 형태를 약간 비뚤게 하는 약한 렌즈현상으로 나눌 수 있다. 예를 들면 은하단에 의한 배경은하의 중력렌즈에서는 중심부에 강한 중력렌즈에 의한 아크상狀의 상像이 관측되며 주변부에 약한 렌즈현상이 관측된다. 은하단의 (암흑물질을 포함한) 질량의 태반은 주변 부분이 차지하기 때문에 약한 중력렌즈에 의한 질량분포 측정도 중요하다. 그리고 우주의 대역적大域的 구조에 의해 발생하는 약한 중력렌즈도 관측되고 있으며 우주 전체의 질량분포의 스케일 의존성에 대해서 중요한 정보를 가지고 있다. 중력렌즈는 물질의 조성이나 상태에 대해서 아무 가정도 하지 않고 질량분포를 알 수 있는 유일한 방법이다. 그리고 복수 상像 간의 각도 차 등의 관측 양은 배경천체까지의 (각지름)거리 $D_s{}^2$와 렌즈천체부터 배경천체까지의 거리 D_{ds}의 비 D_{ds}/D_s에 의존하고 있으며, 그것을 사용해서 우주론 매개변수에 대해 다른 방법과는 독립된 제한을 구할 수도 있다. 이러한 이유로 중력렌즈는 현대천문학과 우주론에 있어 중요한 역할을 하고 있다.

2.3.1 중력렌즈의 기본원리

중력렌즈의 기초방정식은 간단한 기하학적 고찰로 구할 수 있다. 그림 2.11에서 관측자 O와 렌즈의 중심을 잇는 선에 수직이며 렌즈와 광원을 포함하는 2차원 면을 각각 렌즈면, 광원면이라고 한다. O를 기준으로 해서 렌즈천체의 중심 방향에서 측정한 상까지의 각도를 θ, 만일 렌즈천체가 없다고 하면 광원이 보이는 각도를 β, 그리고 휘어진 각도를 $\hat{\alpha}$라고 한다. 이들 각도는 모두 미소한 것으로 본다. 휘어진 각도는 일반상대론에서 빛(전자파)의 파장에 의하지 않고 (뉴턴) 퍼텐셜 Φ를 사용해 다음과 같이 쓸 수 있다.

$$\hat{\alpha} = \frac{2}{c^2} \int dz \nabla_{\perp} \Phi \tag{2.47}$$

여기서 $\nabla_{\perp}$는 빛의 진행 방향에 수직인 방향의 미분연산자이다. 광원으로부터의 빛은 직진하여 렌즈면에서 휘어진 후 관측자에게 바로 도달한다고 근사적으로 생각할 수 있다. 그래서 이때 휘어진 각도를, 렌즈천체의 질량밀도를 렌즈면에 투영한 면面밀도 Σ를 사용해서 쓰는 것이 편리하다.

---

2 2.1.3절에서는 각지름거리의 표시로 (잘 사용되는) 소문자 d를 쓰고 있지만 중력렌즈의 분야에서는 D를 사용해서 쓰는 문헌이 많기 때문에 이 절에서는 이에 따라 기술하겠다.

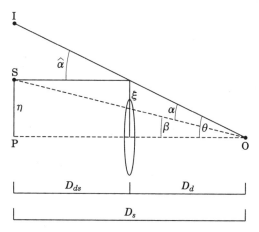

그림 2.11 중력렌즈의 배치. 관측자 O가 S 위치에 있는 광원의 빛을 볼 때 관측자로부터 거리 D_d 위치에 있는 렌즈천체의 중력 때문에 광선의 경로가 각도 α만큼 휘어져 있는 상태를 나타낸다.

$$\hat{\alpha} = \frac{4G}{c^2} \int d^2x' \frac{x-x'}{|x-x'|} \Sigma(x')$$

(2.48)

여기서 렌즈면의 좌표를 x로 했다. 특히 구대칭인 질량분포의 경우 휘어진 각도는 다음과 같이 쓸 수 있다.

$$\hat{\alpha} = \frac{4GM(\ell)}{c^2\ell}$$

(2.49)

여기서 ℓ는 충돌 매개변수, 즉 렌즈면에서 렌즈의 중심과 광원까지의 거리이고, $M(\ell)$은 거리 ℓ 안에 포함되는 렌즈면에 투영된 질량이다.

그리고 광원면에서 $\overrightarrow{PI} = \overrightarrow{PS} + \overrightarrow{SI}$가 성립한다. 관측자와 광원까지의 각지름거리를 D_s, 렌즈와 광원까지의 각지름거리를 D_{ds}라고 하면, $\overrightarrow{PI} = D_s\theta$, $\overrightarrow{PS} = D_s\beta$, $\overrightarrow{SI} = D_{ds}\hat{\alpha}$이기 때문에 다음 식이 성립한다.

$$\beta = \theta - \alpha(\theta) \qquad (2.50)$$

이것이 중력렌즈방정식이다. 단 $\alpha = \hat{\alpha} D_{ds}/D_s$로서 규격화된 각도를 정의하였다. 휘어진 곳의 각도가 뉴턴 퍼텐셜의 기울기로 주어지기 때문에 이 규격화된 각도도 다음과 같이 2차원 렌즈 퍼텐셜의 기울기로 나타낼 수 있다.

$$\alpha = \nabla_\theta \psi(\theta) \qquad (2.51)$$

여기서 ∇_θ는 이미지각 θ에 관한 기울기 연산자gradient operator이며, ψ는 다음과 같다.

$$\psi(\theta) = \frac{1}{\pi} \int d^2\theta' \ln|\theta - \theta'| \kappa(\theta') \qquad (2.52)$$

κ는 컨버전스convergence라고 하며 다음과 같이 정의된다.

$$\kappa(\theta) = \frac{\Sigma(\theta)}{\Sigma_{cr}} \qquad (2.53)$$

Σ_{cr}은 임계면밀도라 하며 다음과 같이 정의된다.

$$\Sigma_{cr} = \frac{c^2 D_s}{4\pi G D_d D_{ds}} \sim 0.35 \left(\frac{D}{1\,\mathrm{Gpc}}\right)^{-1} \ [\mathrm{g\,cm^{-2}}] \qquad (2.54)$$

D는 $D \equiv D_d D_{ds}/D_s$로 정의되는 거리의 기준이다. 임계면밀도는 강한 렌즈현상을 일으키느냐 또는 약한 렌즈현상을 일으키느냐의 기준이 된다.

　가상적인 상像이 나타나는 2차원 면을 이미지 면(또는 렌즈면)이라 하고 휘어진 각도를 상의 각도 θ의 함수로 나타냄으로써 렌즈방정식은 이미지면부터 광원면에의 사상寫像을 주게 된다. 이 사상의 국소적 성질은 사상의 야코비 행렬Jacobian matrix $A(\theta)$로 주어진다.

$$A(\theta) = \frac{\partial \boldsymbol{\beta}}{\partial \theta} = \left(\delta_{ij} - \frac{\partial^2 \psi}{\partial \theta_i \, \partial \theta_j}\right) \qquad (2.55)$$

이 야코비 행렬은 위에서 정의한 컨버전스와 아래에서 정의되는 시어(shear, 비틀림을 뜻함) γ_1, γ_2를 이용해 다음과 같은 형태로 쓸 수 있다.

$$A(\theta) = \begin{pmatrix} 1-\kappa-\gamma_1 & -\gamma_2 \\ -\gamma_2 & 1-\kappa+\gamma_1 \end{pmatrix} \qquad (2.56)$$

$$= (1-\kappa) \begin{pmatrix} 1 & 0 \\ 0 & 1 \end{pmatrix} - \begin{pmatrix} \gamma_1 & \gamma_2 \\ \gamma_2 & -\gamma_1 \end{pmatrix} \qquad (2.57)$$

이 형태에서 κ는 형태를 바꾸지 않고 면적을 변화시키고, γ_1, γ_2는 면적을 바꾸지 않은 채 형태를 변화하는 것을 알 수 있다. 그리고 다음과 같이 된다.

$$\gamma_1 = \frac{1}{2} \left(\psi_{,11} - \psi_{,22}\right) \qquad (2.58)$$

$$\gamma_2 = \psi_{,12} \qquad (2.59)$$

이 행렬의 고윳값은 $\lambda_\pm = 1 - \kappa \pm |\gamma|$ ($|\gamma| = \sqrt{\gamma_1^2 + \gamma_2^2}$)이며, 이 비가 상의 비뚤어짐의 정도를 나타낸다. 그리고 이 행렬의 역행렬 행렬식은 광원의 퍼짐과 이미지의 퍼짐과의 비를 나타내기 때문에 중력렌즈에 의한 증광률 ($\mu\theta$)을 나타내고 있다.

$$(\mu\theta) = \det \left(\frac{\partial \theta}{\partial \boldsymbol{\beta}}\right) = \frac{1}{\lambda_+ \lambda_-} = \frac{1}{(1-\kappa)^2 - |\gamma|^2} \qquad (2.60)$$

이미지면 상에서 증광비율이 무한대가 되는 폐곡선을 임계곡선critical curve, 거기에 대응하는 광원면에서의 곡선을 코스틱스caustis라고 한다. 즉 코스틱스에 광원이 있으면 (점광원의 경우는) 무한히 증폭된 이미지가 나타난다.

특히 구대칭 렌즈의 경우 광원과 렌즈 및 관측자가 일직선으로 나란히 있을 때 렌즈를 중심으로 한 어떤 반경의 원형태의 상이 생긴다. 이것을 아인슈타인 링Einstein Ring이라 한다. 아인슈타인 링의 반경은 렌즈방정식

$$\beta = \theta - \frac{D_{ds}}{D_d D_s} \frac{4GM(\theta)}{c^2\theta} \qquad (2.61)$$

이며, $\beta = 0$이라 하면 다음 식을 풀 수 있게 된다.

$$\theta_E = \left[\frac{M(\theta_E)}{\pi D_d^2 \Sigma_{cr}} \right]^{1/2} \qquad (2.62)$$

질량분포를 정하면 구체적인 아인슈타인 반경이 정해진다. 아인슈타인 반경 내에서 면밀도를 평균하면 임계면밀도를 얻을 수 있다.

$$\langle \Sigma(\theta_E) \rangle = \frac{1}{\pi\theta_E^2} \int_0^{\theta_E} d\theta\theta \int_0^{2\pi} d\phi \Sigma(\theta) = \Sigma_{cr} \qquad (2.63)$$

이 성질을 이용하면 은하단의 질량을 평가할 수 있다. 은하단 안에서는 거대한 아크상의 상이 관측된다. 이 아크상이 아인슈타인 각도(아인슈타인 반경에 대응하는 각도)에 나타난다고 하면, 아크가 관측되는 각도 이내에 포함되는 질량은 다음과 같이 평가된다.

$$M(\theta_{arc}) = \Sigma_{cr}\pi(D_d\theta)^2 \sim 1.1 \times 10^{15}\, M_\odot \left(\frac{\theta_{arc}}{30''} \right)^2 \left(\frac{D}{1\,\text{Gpc}} \right) \qquad (2.64)$$

구체적인 사례로 자주 사용되는 3가지 예를 들어보자.

예1_질점

질량이 한 점에 집중해 있는 렌즈를 질점이라고 하며 블랙홀이나 별에 의한 중력렌즈의 모델이 된다. 이 경우 $M(\ell) = M$(일정)이기 때문에 중력렌즈의 방정식은 다음과 같이 된다.

$$\beta = \theta - \frac{\theta_{\rm E}^2}{\theta} \tag{2.65}$$

이 경우 아인슈타인 각도는 다음과 같다.

$$\theta_{\rm E} = \left[\frac{4GM}{c^2} \frac{D_{ds}}{D_s D_d} \right]^{1/2} \sim 1 \times 10^{-3} \, {\rm arcsec} \, \left(\frac{M}{M_\odot} \right)^{1/2} \left(\frac{D}{10 \, {\rm kpc}} \right)^{-1/2} \tag{2.66}$$

따라서 이 렌즈의 2차원 퍼텐셜은 $\psi = \theta_{\rm E}^2 \ln|\theta|$가 된다.

이 렌즈에서는 2개의 상이 생기는데 그 각도는 다음과 같다.

$$\theta_\pm = \frac{1}{2} \left(\beta \pm \sqrt{\beta^2 + 4\theta_{\rm E}^2} \right) \tag{2.67}$$

이 렌즈로 어느 정도 광원이 확대되는 가는 광원면에 광원의 (동경 방향의 미소한) 퍼짐 $\delta\beta$를 생각하면 된다. 이에 대응하는 이미지의 퍼짐 $\delta\theta$는 렌즈방정식으로부터 다음과 같이 결정된다.

$$\delta\beta = \delta\theta + \frac{\theta_{\rm E}^2}{\theta^2} \delta\theta \tag{2.68}$$

따라서 광원과 이미지의 동경 방향과 접선 방향의 확대 비율은 다음과 같다.

$$\text{동경 방향} : W(\theta_\pm) = \frac{\delta\theta}{\delta\beta} = \frac{1}{1+(\theta_E/\theta_\pm)^2} < 1 \qquad (2.69)$$

$$\text{접선 방향} : L(\theta_\pm) = \frac{\theta}{\beta} = \frac{1}{1-(\theta_E/\theta_\pm)^2} \qquad (2.70)$$

이렇게 해서 이 렌즈는 동경 방향을 반드시 축소한다. 접선 방향은 이미지의 위치에 따라 축소·확대한다. 그리고 증광률(이미지와 광원의 면적비)은 다음과 같이 된다.

$$\mu(\theta_\pm) = \frac{\theta\delta\theta}{\beta\delta\beta} = \frac{1}{1-(\theta_E/\theta_\pm)^4} \qquad (2.71)$$

(식 2.69)~(식 2.71)에서 광원의 위치 β를 지정하면 동경 방향과 접선 방향의 축소(확대)율 및 증광률을 각각의 이미지 $\theta_\pm$에 대해서 계산할 수 있다.

예2_등온구等溫球

은하 등의 퍼진 천체에 의한 중력렌즈의 모델로 잘 사용되는 것이 특이 등온구(Singular Isothermal Sphere, SIS)이다. 통상의 기체에서는 기체분자의 랜덤운동이 압력을 가하게 되고 그 운동은 거시적으로는 온도로 관측된다. 마찬가지로 이 모델에서도 중력으로 대항하는 압력이 구성천체(은하이면 별, 은하단이면 은하)의 랜덤운동에 의해 주어지는 것으로 한다. 운동은 구성천체의 속도분산에 의해 주어지지만 등온이라는 것은 어떤 장소에서도 속도분산이 동일하다는 것을 뜻한다. 이와 같은 상황에서 밀도분포는 다음과 같이 주어진다.

$$\rho(r) = \frac{\sigma^2}{2\pi G r^2} \tag{2.72}$$

여기서 σ는 분산속도이다. 이로부터 렌즈면에 투영된 질량은

$$M(\theta) = \frac{\pi \sigma^2}{G} D_d \theta \tag{2.73}$$

휘어진 각도는

$$\alpha = 4\pi \left(\frac{\sigma}{c}\right)^2 \sim 1.4'' \left(\frac{\sigma}{220 \text{ km s}^{-1}}\right)^2 \tag{2.74}$$

가 되며 충돌 매개변수 값에 의하지 않고 일정하게 된다. 이때의 렌즈방정식은

$$\beta = \theta - \theta_E \tag{2.75}$$

이며, 아인슈타인 각도는

$$\theta_E = \frac{D_{ds}}{D_s} 4\pi \left(\frac{\sigma}{c}\right)^2 \tag{2.76}$$

가 된다. 렌즈 퍼텐셜은 $\psi = \theta_E |\theta|$가 된다.

광원의 위치가 $\beta < \theta_E$를 만족시킬 때 2개의 이미지가 $\theta_\pm = \theta_E \pm \beta$인 장소에 생기며, $\beta > \theta_E$일 때는 $\theta = \theta_E + \beta$인 장소에 하나의 이미지가 생긴다. 동경 방향과 접선 방향의 확대율과 증광률은 질점의 경우와 동일하게 계산되며 다음과 같다.

$$W(\theta) = \frac{\delta\theta}{\delta\beta} = 1 \tag{2.77}$$

$$L(\theta) = \frac{\theta}{\beta} = \frac{1}{1-(\theta_E/\theta_\pm)} \tag{2.78}$$

$$\mu(\theta) = L(\theta) \tag{2.79}$$

중심밀도가 무한대가 되지 않는 등온구 모델의 예로서 중심부에 유한한 밀도와 크기의 코어를 가진 등온모델이 있으며, 그 경우 렌즈 중심부에 제3의 감광된 이미지가 나타난다. 제3의 이미지의 감광 정도는 중심부의 밀도분포에 민감하게 의존하기 때문에 이 이미지를 관측하거나 광도의 상한을 정함으로써 렌즈천체의 중심부의 질량분포를 구할 수 있다. SIS의 경우 광원면에 있어서의 코스틱스는 중심의 한 점으로, 광원이 이 장소에 있으면 아인슈타인 링이 만들어지기 때문에 이 코스틱스를 접선 코스틱스 tangential caustics라고 한다. 코어가 있는 경우에는 접선 코스틱스 외에 코스틱스로서 렌즈의 밀도분포와 렌즈, 광원의 적색편이에 의해 정해지는 어떤 반경의 원이 나타난다. 이 원 상에 광원이 있으면 동경 방향으로 길게 된 아크상 이미지가 생기기 때문에 이 코스틱스를 동경 코스틱스radial caustics라고 한다.

예3_타원렌즈

은하나 은하단 등 면적이 있는 질량분포는 일반적으로 구대칭이 아니고 더 복잡하다. 이것을 렌즈면에 투영된 타원형의 질량분포로 모델화하는 경우가 많다. 중심부에 있는 코어의 반경이 비교적 작은 타원렌즈에서는 그림 2.12의 왼쪽 그림(광원면)에 나타난 것처럼 다이아몬드 형태를 한 접선 코스틱스가 넓어진다. 왼쪽 그림에서 광원이 접선 코스틱스 안쪽에 있으면 오른쪽 그림(이미지면)에 5개의 이미지가 나타나고, 광원이 접선 코스

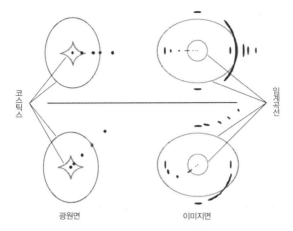

코스틱스 광원면 임계곡선 이미지면

그림 2.12 타원렌즈에 있어 광원면에서의 코스틱스가 왼쪽 그림에, 이미지 면에서의 임계곡선이 오른쪽 그림에 나타나 있다. 왼쪽에 각 광원의 위치에 대응하는 이미지의 위치가 오른쪽 그림에 그려져 있다. 위의 2쌍의 그림은 광원을 오른쪽에서 접근시킨 경우이며 아래 그림의 2쌍의 그림은 광원을 오른쪽 위에서 접근시킨 경우이다(Hattori *et al.*, 1999, *Prog. Theor. Phys. Suppl.*, 133, 1).

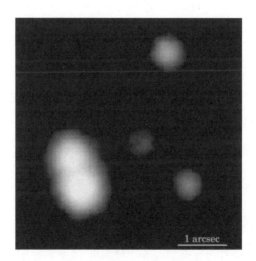

1 arcsec

그림 2.13 4중 퀘이사 PG 1115+080

(일본 국립천문대 제공. 스바루 홈페이지의 공개 화상, http://www. naoj.org/Gallery/j-pressrelease.html).

틱스와 동경 코스틱스(왼쪽 그림에서 바깥쪽의 타원)의 사이에 있으면 3개의 이미지, 광원이 동경 코스틱스 바깥쪽에 있으면 1개의 이미지가 나타난다. 실제로 관측되는 4개의 이미지를 가진 렌즈계(그림 2.13)는 이 모델로 잘 재현된다. 다섯 번째 이미지가 관측되지 않는 것은 감광뿐만 아니라 렌즈의 중심부에 생기므로 렌즈 본체의 밝기 때문에 감추어지기 때문이다.

2.3.2 시간차에 기초하는 H_0의 결정

중력장에서의 빛의 경로는 최소시간의 원리(페르마의 원리, Fermat's principle)를 기초로 해서 결정될 수 있다. 광원으로부터 나온 빛은 가능하면 렌즈천체의 중력으로부터 떨어져 있는 장소를 지나려고 한다. 그러나 너무 먼 곳을 지나가면 경로가 길어져 시간이 더 걸리게 된다. 이것을 나타낸 것이 다음 식이다.

$$t(\theta, \beta) = \frac{1+z_d}{c} \frac{D_d D_s}{D_{ds}} \left[\frac{1}{2} (\theta - \beta)^2 - \psi(\theta) \right] \qquad (2.80)$$

z_d는 렌즈의 적색편이이다. 우변의 제1항은 기하학적인 시간의 지연, 제2항은 중력에 의한 시간의 지연이다. θ에 관한 변분變分을 취함으로써 이 식에서 중력렌즈방정식을 얻을 수 있다. 광원의 위치 β를 고정했을 때 $t(\theta, \beta)$는 이미지면 상의 곡면이 되고, 이 곡면 상의 극치極値에 이미지가 나타난다. 이 곡면 상의 2개의 극치 간의 높이 차는 광원으로부터 각각의 극치에 빛이 도달할 때까지의 시간차time delay를 주게 된다. 이것을 이용해서 허블상수를 측정할 수 있다.

위의 식에 따라서 광원의 밝기가 변했을 때 그 변화는 시간차를 두고 각각의 이미지에 나타난다. 중력렌즈의 모델과 광원의 위치를 이미지의 위치나 밝기 등으로 정확하게 정할 수 있으며, 이 시간차의 관측으로 거리의

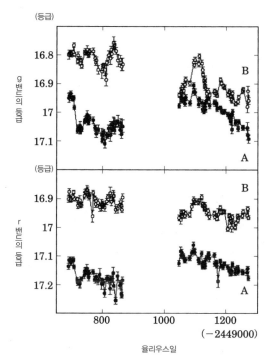

그림 2.14 Q0957+561(그림 2.10)의 이미지 A와 B의 밝기에 대한 시간 변화(Kundić *et al.*, 1997, *ApJ*, 482, 75). 세로축에 관측한 날짜, 가로축에 g밴드의 등급(위 그림)과 r밴드의 등급(아래 그림)이 나타나 있다. 이 그림에서 이미지 A와 B 간의 시간차가 417±3일임을 알았다.

비 $D_d D_s / D_{ds}$를 정할 수 있는데, 이 비는 허블상수에 의하기 때문에 결국 허블상수 값을 정할 수 있다.

이미 수 개의 중력렌즈계에서 이 시간차가 관측되고 있어(그림 2.14) 대부분의 경우 다른 방법으로 얻은 허블상수 값과 모순되지 않는 값을 얻었다. 이 방법에서는 '거리 사다리'[3]를 사용하지 않고 단일의 중력렌즈계 관

---

3 가까운 천체까지의 거리부터 시작해서 그것을 표준광원으로 해서 보다 먼 천체에 적용해서 순차적으로 거리를 정하는 방법을 가리키며, 사다리를 하나씩 쌓아 가는 것과 같이 거리를 정한다고 해서 '거리 사다리'라고 한다. 각 단계마다 거리측정의 오차가 축적되는 결점이 있다.

측만으로 허블상수를 정하는 것이 원리적으로 가능하며, 일반상대론만을 기초로 하고 있기 때문에 경험적인 법칙을 사용하지 않는 등 다른 방법에 비해 유리한 점이 있다. 그러나 정확한 중력렌즈 모델을 만드는 것은 쉽지 않으며 정확한 허블상수 값을 얻을 수 있는 데까지는 이르지 못하고 있다.

2.3.3 렌즈통계

중력렌즈의 응용으로 통계적인 중력렌즈효과가 있다. 예를 들면 다수의 퀘이사 샘플 중에서 중력렌즈를 받아 여러 개의 이미지를 가진 것이 몇 개 있거나 그것들의 이미지 간의 각도 분포 등이 포함된다. 이와 같은 퀘이사를 사용한 통계적인 효과는 우주론 매개변수, 특히 우주상수에 강하게 의존한다.

중력렌즈 통계의 기본식은 쉽게 도출할 수 있다. 적색편이 z_s에 있는 광원이, 광원과 우리들 사이에 개수밀도 $n(z_d)$의 렌즈천체에 의해 중력렌즈를 받는 확률은 광원으로부터 온 빛이 적색편이가 z_d부터 z_d+dz_d 사이에 렌즈 주위의 어떤 면적을 통과하면 중력렌즈가 일어난다고 생각하여 다음과 같이 쓸 수 있다.

$$dp(z_d) = \pi(z_d)\sigma_L(z_d,\ z_s)\left|\frac{c\,dt}{dz_d}\right|dz_d \qquad (2.81)$$

여기서 σ_L은 렌즈의 단면적이며 광원과 렌즈의 적색편이의 함수이다. 이것은 중력 렌즈의 모델에 의해 주어지며, 어떤 렌즈현상을 갖는지를 고려하면 계산할 수 있다. 예를 들면 SIS모델에서는 광원의 빛이 아인슈타인 반경 내를 통과하면 2개의 이미지가 나타나기 때문에 2개의 이미지를 주는 단면적은 다음과 같이 주어진다.

$$\sigma_L = \pi (D_d \theta_E)^2 = 16\pi^2 \left(\frac{\sigma}{c}\right)^4 \left(\frac{D_d D_{ds}}{D_s}\right)^2 \tag{2.82}$$

그리고

$$\left|\frac{cdt}{dz_d}\right| = \left|\frac{cdt}{da}\frac{da}{dz}\right| = \frac{c}{Ha}\frac{1}{(1+z)^2} \tag{2.83}$$

으로부터 (식 2.81)의 확률은 다음과 같이 쓸 수 있다.

$$\frac{dp}{dz_d}(z_d,\ z_s) = F \left(\frac{D_d D_{ds}}{R_H D_s}\right)^2 \frac{(1+z_d)^2}{E(z_d)} \tag{2.84}$$

여기서 $H(z)=H_0 E(z)$이며 $R_H=c/H_0$은 허블거리이다. 그리고

$$F = 16\pi^3 n_d(0) \left(\frac{\sigma}{c}\right)^4 R_H^3 \tag{2.85}$$

은 렌즈의 세기를 나타내는 매개변수라고 생각할 수 있다. 여기서 간단하기 위해 렌즈천체의 수는 보존하는 것으로 했다. 즉 $n_d(z)=n(0)(1+z)^3$으로 한 것이다. 그림 2.15는 적색편이 $z_s=3$에 있는 광원에 대한 중력렌즈 확률분포인 z_d의 의존성을 나타내고 있다. 이 분포를 렌즈천체의 적색편이에 대해 0부터 광원의 적색편이 z_s까지 적분하면, z_s점에 있는 광원이 받는 다음과 같은 중력렌즈의 확률분포를 알 수 있다.

$$p(z_s) = \int_0^{z_s} dz_d \frac{dp}{dz_d} \tag{2.86}$$

이 확률이 우주상수 등의 우주론 매개변수, 특히 우주상수에 강하게 의

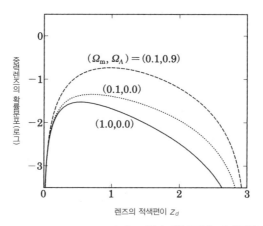

그림 2.15 적색편이 $z_s=3$에 있는 광원에 대한 중력렌즈의 확률분포.

존하고 있다. 그러나 실제 관측과의 비교를 하려면 중력렌즈에 의한 증광에 의해 본래 관측되지 않아야 할 퀘이사가 샘플에 포함되어 있기 때문에 위의 식은 실제의 확률을 과소평가하고 있다는 것을 고려해야 한다. 그리고 수밀도 $n(0)$는 렌즈천체(퀘이사 통계의 경우는 타원은하나 렌즈상狀 은하 등의 조기형 은하)의 광도함수로부터 평가된다. 광도함수나 렌즈모델의 속도분산과 같은 매개변수를 SDSS(Sloan Digital Sky Survey)와 같은 대규모 은하 서베이로 정하면 다른 방법으로 얻은 우주상수의 값과 모순되지 않는 값을 얻게 된다.

2.3.4 약한 중력렌즈와 그 응용

중력렌즈효과의 응용에 있어서 약한 중력렌즈를 이용한 은하단의 질량분포 측정과 대규모 구조의 관측이 있다. 여기서는 대규모 구조에 의한 약한 중력렌즈효과를 설명하기로 한다.

먼 은하로부터 방출된 빛은 우주의 대규모 구조에 의해 경로가 휘어져 본래의 형상과는 약간 다른 형상이 된다. 그러나 본래의 형상은 관측할 수 없기 때문에 한 개의 은하만을 관측하면 아무런 정보도 얻을 수 없다. 그러나 다수의 은하를 관측하면 도중의 질량분포를 반영해 조직적인 변형이 나타난다. 이것을 코스믹 시어cosmic shear라고 한다. 이 조직적인 변형에서 대규모 구조의 질량분포를 재현할 수 있다.

실제 관측으로는 배경은하의 형상을 타원에 맞춘다. 은하의 장축 길이를 a, 그 방향을 일정 방향에서 잰 각도를 ϕ, 단축 길이를 b라고 하여 다음과 같이 타원율을 정의한다.

$$e = e_1 + ie_2 = \frac{a^2 - b^2}{a^2 + b^2} e^{2i\phi} \qquad (2.87)$$

그러면 중력렌즈방정식부터 관측된 타원율 $e^{(obs)}$와 렌즈효과를 받고 있지 않는 타원율 $e^{(s)}$와의 사이에는 다음과 같은 관계가 있는 것을 도출할 수 있다.

$$e^{(obs)} = e^{(s)} + 2\gamma \qquad (2.88)$$

단, $\gamma = \gamma_1 + i\gamma_2$이며, 이 관계는 $\kappa \ll 1$, $|\gamma| \ll 1$인 경우에 성립되는 근사식이다. 렌즈 효과를 받고 있지 않는 배경은하의 장축 방향은 특별한 이유가 없는 한 랜덤으로 여겨도 좋을 것이다. 따라서 충분한 수의 배경은하가 포함된 영역을 생각하고 그 영역 내의 은하에 대해서 이 각도로 평균하면 다음과 같다.

$$\left\langle e^{(obs)} \right\rangle = 2\langle \gamma \rangle + O\left(\frac{\sigma_\varepsilon}{\sqrt{N}}\right) \qquad (2.89)$$

여기서 σ_ϵ은 렌즈효과를 받고 있지 않았을 때의 타원율의 표준편차, N은 평균화한 배경은하의 수이다. σ_ϵ은 0.2부터 0.3 정도, 은하단에 의한 시어의 크기는 $10\sim20\%$, 대역적大域的 구조에 의한 시어의 크기는 수 $\%$ 이하이기 때문에 은하단의 시어를 관측하려면 최저 10개 정도, 대규모 구조에 의한 시어를 관측하기 위해서는 수십 개의 배경은하의 타원율을 평균화할 필요가 있다. 따라서 관측부터 곧바로 (평균화한) 시어를 구할 수 있게 된다.

시어와 컨버전스의 푸리에변환 사이에는

$$\hat{\gamma}(\boldsymbol{k}) = \frac{k_1^2 - k_2^2 + 2ik_1k_2}{\boldsymbol{k}^2}\hat{\kappa}(\boldsymbol{k}) \qquad (2.90)$$

가 성립되기 때문에 시어와 컨버전스의 2점 상관함수는 일치한다.

$$\langle \hat{\gamma}(\boldsymbol{k})\hat{\gamma}^*(\boldsymbol{k}') \rangle = \langle \hat{\kappa}(\boldsymbol{k})\hat{\kappa}^*(\boldsymbol{k}') \rangle \qquad (2.91)$$

컨버전스의 통계적 성질은 물질의 밀도요동의 통계적 성질로 나타낼 수 있다. 컨버전스와 규격화된 휘어진 각도 α 사이에는 $\kappa = 1/2\nabla_\theta\alpha$의 관계가 있기 때문에 우선 휘어진 각도를 대역적 구조의 밀도분포로 나타내기로 한다. 휘어진 각도는 질량분포가 연속적이기 때문에 중력 퍼텐셜을 광원부터 우리들에 이르기까지 적분해서 구할 수 있다.

$$\alpha = \frac{2}{c^2} \int_0^{\lambda_s} d\lambda' \frac{r(\lambda' - \lambda_s)}{r(\lambda_s)} \nabla_\perp \Phi \qquad (2.92)$$

퍼텐셜과 밀도요동 $\delta(\boldsymbol{x}, t) = (\rho(\boldsymbol{x}, t) - \bar{\rho}(t))/\bar{\rho}(t)$($\bar{\rho}$는 평균밀도)의 관계는 다음과 같은 푸아송 방정식으로 주어진다.

$$\nabla_r^2 \Phi = 4\pi G \rho_m \delta \tag{2.93}$$

여기서 ∇_r은 고유좌표 $(\mathbf{r})$에서의 미분연산자이다. 이것을 공동共動좌표 $(\mathbf{x})$로 나타내면 $\nabla_x = a\nabla_r$이므로 다음 식이 된다.

$$\nabla_x^2 \Phi = 4\pi G a^2 \rho_m \delta = \frac{3H_0^2 \Omega_m}{2a} \delta \tag{2.94}$$

이렇게 해서 배경은하의 공동동경動徑좌표를 λ_s로 해서 컨버전스 κ는 다음 과 같이 나타낼 수 있다는 것을 알 수 있다.

$$\kappa(\theta, \lambda_s) = \frac{3H_0^2 \Omega_m}{2c^2} \int_0^{\lambda_s} d\lambda' \frac{r(\lambda')r(\lambda_s - \lambda')}{r(\lambda_s)} \frac{\delta[r(\lambda')\theta, \lambda']}{a(\lambda')} \tag{2.95}$$

실제로는 배경은하는 어느 특정 거리에 있는 것이 아니며, 여러 가지 거 리에 걸쳐 분포하고 있으므로 적색편이 분포 $p(\lambda(z))$를 고려하면 다음과 같다.

$$\kappa(\theta) = \frac{3H_0^2 \Omega_m}{2c^2} \int_0^{\infty} d\lambda g(\lambda) r(\lambda) \frac{\delta[r(\lambda)\theta, \lambda]}{a(\lambda)} \tag{2.96}$$

단,

$$g(\lambda) = \int_{\lambda}^{\infty} d\lambda' p(\lambda') \frac{r(\lambda' - \lambda)}{r(\lambda')} \tag{2.97}$$

은 배경은하의 적색편이 분포에서 가중치를 곱한 거리의 비 D_{ds}/D_s로서, 이 비는 우주상수 혹은 보다 일반적으로 암흑에너지에 강한 의존성을 나 타낸다.

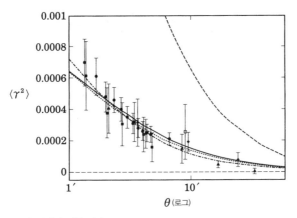

그림 2.16 코스믹 시어의 관측 결과(Schneider et al., 2006, Gravitational Lensing: Strong, Weak, And Micro, Springer-Verlag).

밀도요동의 통계적 성질은 3장에서의 설명과 같이 다음과 같은 식으로 정의되는 파워스펙트럼 $P_\delta(k, \lambda)$를 사용해서 기술된다(3.2절 참조).

$$\left\langle \hat{\delta}(\boldsymbol{k}, \lambda)\hat{\delta}^*(\boldsymbol{k}', \lambda) \right\rangle = (2\pi)^3 \delta(\boldsymbol{k}-\boldsymbol{k}')P_\delta(k, \lambda) \qquad (2.98)$$

이것을 사용하여 밀도요동의 시선방향의 상관은 무시할 수 있으면 컨버전스의 파워스펙트럼 (P_κ), 밀도요동의 파워스펙트럼 (P_δ)로 다음과 같이 나타낼 수 있다.

$$P_\kappa(\boldsymbol{\ell}) = \frac{9H_0^4\Omega_m^2}{4c^4} \int_0^\infty d\lambda \frac{g^2(\lambda)}{a^2(\lambda)} P_\delta\left(\frac{\boldsymbol{\ell}}{r(\lambda)}, \lambda\right) \qquad (2.99)$$

코스믹 시어는 우주마이크로파 배경복사의 관측으로는 얻어지지 않는 비교적 적색편이의 작은 영역($z \lesssim 1$)이나, 비선형 성장이 중요하게 되는 작은 스케일에서의 (암흑물질을 포함한) 물질밀도에 관한 정보를 얻을 수 있기 때문에 매우 중요하다. 그리고 코스믹 시어의 관측으로 얻는 정보는 우주마이크로파 배경복사의 온도요동 관측과는 독립이기 때문에 이들을 조합하는 것으로 보다 정확한 우주론 매개변수 값을 얻을 수 있게 된다. 특히 암흑에너지의 성질(상태방정식)은 적색편이가 1 이하인 우주팽창에 영향을 주기 때문에 코스믹 시어의 관측이 중요하게 된다.

중력렌즈 현상의 발견과 전개

중력렌즈 현상이 처음 관측된 것은 1979년의 일이며 그것은 아인슈타인이 태어난 후 정확히 100년 만의 일이었다. 이후 현재까지 여러 가지 종류의 중력렌즈계가 여러 개 발견되었고, 중력렌즈 현상은 관측적 우주론에 있어 중요한 분야가 되어 왔다.

일식에 의한 빛의 휘어짐 관측이 행해진 1919년의 시점에서 중력에 의해 먼 곳의 별이 여러 개로 보일 가능성이 이미 지적되고 있었다. 아인슈타인 자신은 1936년에 광원인 별과 렌즈 역할을 하는 별 그리고 관측자가 일직선상에 나란히 서면 고리 형태의 상像이 생기는 것을 지적하고 있었지만 실제로 이와 같은 일이 일어나는 확률은 극히 작으며 현실에서는 일어나지 않을 것이라고 말했었다. 한편 같은 시기에 스위스의 천문학자 츠비키는 광원과 렌즈천체가 모두 은하인 경우 중력렌즈가 일어날 확률이 무시할 수 없을 정도로 커지는 것을 지적하고, 실제로 그와 같은 렌즈현상을 발견하고자 관측도 했지만 성공하지 못했다.

그 후 40년 이상의 세월이 지나고 나서 중력렌즈가 실제로 관측되었다. 이 발견 이후 중력렌즈의 관측성과는 눈부신 것이었다. 본문에서 설명했던 강한 중력렌즈는 본래 약한 중력렌즈 현상도 수없이 관측되어 있고, 암흑물질의 분포에 대해서 중요한 깨달음을 주었다. 일본에서도 스바루 망원경의 등장으로 중력렌즈 연구가 활발히 진행되고 있다. 특히 스바루 망원경의 특징인 주초점 카메라(Subaru Prime Focus Camera, Suprime-Cam)는 천구 상에 거의 보름달 크기의 영역을 1쇼트shot로 촬상撮像할 수 있는 다른 8~10 m급의 망원경에 없는 광시야 관측이 가능하다. 이것을 활용해 은하단 주위나 우주 대규모 구조에 의한 약한 중력렌즈효과가 연구되고 있다.

2007년부터 스바루 망원경에 부착할 새로운 주초점 카메라를 개발하기 시작했다. 통칭 Hyper Suprime-Cam이라고 하는 이 카메라는 현재 Suprime-Cam의 우수한 결상結像 성능은 그대로 잇고 있으면서 시야를 10 배 이상 넓혀 수년에 걸쳐 1,000평방도平方度 정도, 약 1억 개의 은하를 관측한다. 그 데이터를 토대로 바리온 진동이나 약한 중력렌즈효과 등에 의한 암흑에너지에 대한 연구를 수행할 계획으로 지금도 진행되고 있다. 최근 약 129억 광년 떨어져 있는 은하 SDX – NB1006 – 2를 발견하는 등 획기적인 활동을 하고 있다(역주).

2.4 기타 방법론

팽창우주의 매개변수를 결정하는 방법은 그 외에도 많이 존재하는데, 크게 역학적 측정과 기하학적 측정 2가지로 구분된다. 역학적 측정은 우주에 있는 물질의 양이 나 역학적 상태를 기초로 하고, 기하학적 측정은 은하 등의 천체를 랜드마크로 해서 우주 안의 거리관계나 체적을 바탕으로 한 것이다. 각각의 방법에는 일장일단이 있기 때문에 일반적으로는 여러 방법을 조합하여 종합적으로 판단한다.

2.4.1 역학적 측정방법

은하단 수밀도

은하단은 은하가 수십 개부터 수천 개 모인 자기중력계이며, 비리얼 평형이 성립하고 있는 역학계치고는 우주에 있어 매우 질량이 무겁고 크기도 크다. 이와 같은 거대한 계를 만들려면 우주팽창을 뿌리치면서 은하가 서로의 중력으로 모일 필요가 있으며, 따라서 우주에 있어서 작은 것이 합체해서 큰 구조가 만들어진다는 계층적 합체과정과 밀접한 관계가 있다.

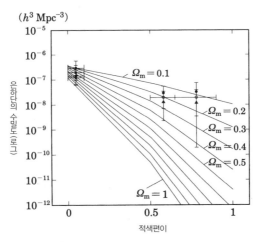

그림 2.17 은하단의 수밀도 관측값(오차막대가 딸린 데이터 점)과 합체이론의 예측(실선)과의 비교. 이론의 예측선은 우주항이 들어간 평탄한 우주를 가정하고 있으며 위로부터 $\Omega_m = 0.1$, 0.2, …, 1에 대응하고 있다(Bahcall & Fan 1998, *ApJ*, 504, 1).

이 합체이론(프레스-셰흐터 이론, 3.4.2절의 설명 참조)을 이용하면, 현재의 은하단 수는 밀도 매개변수 Ω_m과 선형밀도요동인 $8\,h^{-1}$ Mpc에 있어서의 진폭 σ_8의 조합에 대해 $\sigma_8\Omega_m^{0.5} \simeq 0.5$의 형태로 의존한다는 것이 알려져 있다. 즉 σ_8와 Ω_m은 축퇴하고 있기 때문에 현재의 은하단 수에서 분리할 수 없게 되어 있다.

한편 은하단의 수는 시간과 함께 변하고 있는 것을 고려하면 이러한 매개변수의 축퇴가 풀리게 된다. 밀도 매개변수 Ω_m이 큰 우주에서는 급속한 합체과정이 일어나기 때문에 은하단 수의 시간변화도 빠른 것에 반해, Ω_m이 작은 우주에서는 이 수의 시간변화는 완만하게 된다. 따라서 적색편이가 0보다 큰 원거리에 있어 은하단의 수(혹은 수밀도)를 측정하면 Ω_m에 대해 일정한 제한을 가하는 것이 가능하게 된다.

그림 2.17에는 적색편이가 0.5보다도 큰 영역에서 얻은 은하단의 수밀도와 현재의 것이 나타나 있다. 양자의 차이는 한 자릿수 정도이고, 급속

한 시간변화는 볼 수 없지만, 이 결과와 실제의 이론예측(실선)과 비교하면 $\Omega_m \sim 0.2$인 우주가 허용되고, $\Omega_m = 1$과 같은 고밀도 우주는 기각되는 것을 알 수 있다.

질량–광도비

천체가 내는 복사에 대해 그 단위 광도당의 질량을 질량·광도비라 하며 이것은 천체의 질량을 평가하는 일정한 지표이다. 그러면 우주에 존재하는 은하·은하단으로부터의 전체 광도를 구하고 단위체적당의 광도(광도밀도)와 은하·은하단의 평균적인 질량–광도비를 조합해서 우주의 질량밀도 즉 밀도 매개변수 Ω_m을 정할 수 있다. 개개의 은하는 여러 가지 광도 L을 갖는데, 은하 빈도분포를 L의 함수로 나타낸 것이 광도함수 $\Phi(L)$이며, 종종 셰흐터Schechter 함수 $\Phi(L)dL = \Phi^*(L/L^*)^\alpha \exp(-L/L^*)dL/L^*$의 형태로 적합適合된다. 여기서 (Φ^*, L^*, α)는 매개변수이며 실제의 은하 빈도분포와 비교해서 정할 수 있다. 그러면 광도밀도 ρ_L은 $\rho_L = \int L\Phi(L)dL$로 구할 수 있다. 그리고 은하의 질량밀도 ρ_m은 은하의 평균적인 질량–광도비 $\langle M/L \rangle$에서 $\rho_m = \rho_L \langle M/L \rangle$로 나타낼 수 있기 때문에 Ω_m을 구할 수 있다. 전형량典型量을 넣으면 $\Omega_m \sim 6 \times 10^{-4} h^{-1} \langle M/L \rangle$(여기서 $h \equiv H_0/100 \text{ km s}^{-1} \text{ Mpc}^{-1}$)가 된다.

그림 2.18에는 은하, 은하군, 은하단이라는 여러 가지 공간 스케일의 계에 있어서 질량–광도비를 나타냈다. 수 10 kpc 이내의 은하가 빛나 보이는 영역에서는 M/L은 10 정도의 값을 갖지만, 은하의 주위에 있는 반경 100 kpc 이상의 헤일로 공간에서 암흑물질이 지배하고 있다고 생각되는 영역에서는 M/L은 100자릿수가 되고, 공간 스케일이 커짐에 따라 M/L 값이 커지는 것을 알 수 있다. 그런데 공간 스케일이 수 100 kpc부터 1 Mpc이 되면 질량–광도비의 증대가 한계점에 이르고, 수 100 정도의

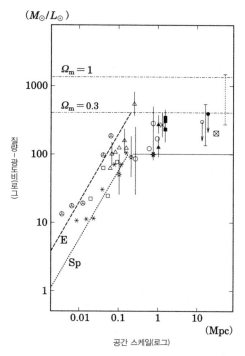

$(M_\odot / L_\odot)$

$\Omega_m = 1$

1000

$\Omega_m = 0.3$

질량-광도비(로그)

100

E

Sp

10

1

0.01   0.1   1   10

공간 스케일(로그)

(Mpc)

그림 2.18 여러 계층에서의 질량-광도비를 공간 스케일 R에 대한 의존성으로 나타내고 있다. $\Omega_m = 1$ 과 0.3에 대응하는 질량-광도비의 선도 표시되어 있다(Bahcall *et al.*, 1995, *ApJL*, 447, 81).

값 이상이 되지 않는다. 그리고 대응하는 밀도 매개변수로 하면 $\Omega_m \sim 0.3$ 정도가 되어 우주는 저밀도라는 것이 시사된다.

은하 속도장速度場

은하단의 주위나 초은하단에 있는 은하의 집단은 비리얼 평형이 성립될 수 있는 역학평형이 아니기 때문에 다른 방법을 이용한다. 이와 같은 은하 는 우주팽창에 의한 후퇴속도 외에 은하나 초은하단과 같은 밀도요동의 영역에서 중력을 받아 특이 속도 V_{pec}을 갖게 되며, 그것은 선형해석으로 $V_{pec} = 2fg/(3H_0 \Omega_m)$로 나타낸다. 여기서 g는 중력가속도, $f \sim \Omega_m^{0.6}$이다.

이와 같은 밀도요동의 영역이 반경 R인 구상球狀이라 하고, 은하가 주위에 모여 있다고 하면 $V_{pec}=\frac{1}{3}H_0 R \Omega_m^{0.6}\langle \delta\rho/\rho\rangle$로 표시된다. 여기서 $\langle \delta\rho/\rho\rangle$는 생각하는 우주의 영역에 있어서의 질량밀도의 요동량量이며 이것이 특이속도를 일으킨다. 이 밀도의 요동량은 직접 관측가능한 양이 아니지만 통상은 실제로 관측되는(빛나고 있는 부분) 은하 개수의 요동량 $\langle \delta N/N\rangle$과 거의 같다고 가정해서 미지의 양 Ω_m을 도출한다.

예를 들어 은하계를 포함하는 처녀자리 초은하단 주변을 생각해 보면 $V_{pec}\sim 250\,\mathrm{km\,s}^{-1}$, $H_0 R\sim 1200\,\mathrm{km\,s}^{-1}$, $\langle \delta\rho/\rho\rangle \simeq \langle \delta N/N\rangle \sim 2$라고 하면 $\Omega_m \sim 0.2$가 된다. 물론 질량밀도의 요동량은 관측되는 은하 개수의 요동량과 반드시 같지는 않으므로 이것이 부정성不定性의 주요 요인이 된다.

은하의 특이속도를 사용해서 보다 구체적인 방법으로 은하분포의 균일 분포에서 벗어남을 나타내는 2점 상관함수를 은하의 적색편이(시선에 평행한 방향)와 천구면 상의 위치(시선에 수직인 방향)와의 함수로서 정량화하고, 그 함수의 형태가 앞에서 설명한 것과 같이 팽창우주의 밀도 매개변수에 의존하고 있는 것을 사용하는 것이 있다(3장 참조). 이 방법을 최근의 대규모 은하적색편이 서베이에 적용함으로써 $\Omega_m \sim 0.3$이라는 값이 얻어지고 있다.

2.4.2 기하학적 측정방법

천체의 크기

어느 일정한 크기를 가진 천체의 겉보기 각도는 천체까지의 거리(각지름 거리 d_A)와 함께 변하는데, 이 변화 방법은 우주의 기하에 의존하고 있다. 따라서 그러한 '기준'이 되는 천체를 이용하여 팽창우주 매개변수인 Ω_m과 Ω_Λ에 제한을 둘 수 있다.

그림 2.19에는 퀘이사나 활동은하 중심핵 등에 있는 콤팩트한 공간 크

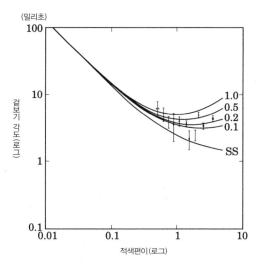

그림 2.19 콤팩트한 연속전파원의 크기와 그 적색편이의 의존성(Gurvits *et al.*, 1999, *A&A*, 342, 378). 실선은 길이가 22.7h^{-1}pc(여기서 $h = H_0/100\,\mathrm{km\,s^{-1}\,Mpc^{-1}}$)에 대해, $\Omega_A = 0$인 우주에서의 감속상수를 $q_0 = 1.0$, 0.5, 0.2, 0.1로 변화시킨 경우를 나타낸다. 그림 안에서 SS란 정상 우주모델에 대응한다.

기를 가진 연속 전파원을 사용해서 그 겉보기 각도를 적색편이마다 나타낸 것이다. 실선은 $\Omega_A = 0$을 가정해서 여러 가지 감속상수 q_0에 있어서 각지름거리로 구한 이론선이다. 데이터의 분산이 크고 어쩌면 전파원의 진화효과도 포함되기 때문에 확실한 결과를 얻을 수 없는 현상이다.

은하계수법

팽창우주의 매개변수인 Ω_m과 Ω_A는 우주의 기하를 정하는 중요한 양이며, 어떤 적색편이 z에 있는 은하까지의 거리나 체적의 값을 좌우한다. 이 경우 Ω_m이 작거나 Ω_A가 커지면 주목하고 있는 은하까지의 거리가 커지며 그 은하까지에 포함되는 우주의 체적도 커진다. 그렇게 되면 어느 하늘의 영역에서 일정한 겉보기 등급 m까지 관측되는 은하의 총수 $n(m)$(은하계수)도 체적과 함께 증가한다. 즉 은하계수 $n(m)$은 우주의 기하를 정하는

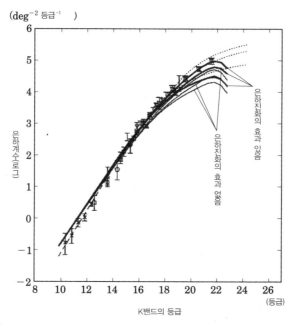

(deg^{-2} 등급$^{-1}$)

은하계수(로그)

K밴드의 등급

(등급)

은하진화의 효과 있음

은하진화의 효과 없음

그림 2.20 K밴드 은하계수의 관측값(데이터 점)과 이론예측(실선)의 비교. 이론예측은 은하진화의 효과를 고려한 것(굵은 실선)과 고려하지 않는 것(가는 실선)에 대해서 위부터 (Ω_m, Ω_Λ) = (0.2, 0.8), (0.2, 0), (1, 0)인 경우를 나타낸다. 점선은 은하검출 때의 선택효과를 고려하지 않는 경우에 대응하고 있다(Yoshii & Peterson 1995, *ApJ*, 444, 15).

중요한 지표가 된다.

　그림 2.20에는 K밴드에서 얻은 은하계수의 관측결과가 데이터 점으로 나타나 있다. 어두워질수록 은하의 수가 증가하는 경향을 알 수 있다. 실선은 이론예측이며 굵은 실선은 과거에 은하가 밝았다는 은하진화 효과를 고려한 예측에 대해서, 가는 실선은 이와 같은 효과를 포함하지 않은(비현실적인) 경우를 나타내며 채용한 우주론 매개변수로서 위에서부터 (Ω_m, Ω_Λ) = (0.2, 0.8), (0.2, 0), (1, 0)의 경우를 나타내고 있다. 밝은 영역에서는 그렇게 우주론 매개변수에 따르지 않지만 어두운 영역, 즉 먼 은하에 대응하는 영역이 되면 우주의 기하의 차이가 나타나는 것을 잘 알 수 있

다. 그리고 우주항 (Ω_Λ)가 없는 경우는 어두운 은하의 계수가 낮게 잡혀서 관측되는 계수를 재현하기 위해 우주항을 도입해야 하는 것을 알 수 있다. 최근의 관측적 우주론에서는 우리들이 사는 우주에는 우주항과 같은 가속 팽창을 일으킬 수 있는 것이 필요하다는 인식이 높아지고 있는데, 이 은하 계수법에 기초하는 은하관측의 결과가 우주항 존재의 인식을 주게 한 경위가 있다.

2.5 우주연령의 제한

우주의 연령은 어떤 천체의 연령보다 반드시 오래되지 않으면 이치에 맞지 않는다. 따라서 천체의 연령을 결정하는 것은 우주연령에 대한 하한이되고, 그리고 팽창우주의 매개변수에 대해 일정한 제한을 달게 된다.

2.5.1 구상성단의 연령

구상성단은 은하계 중 가장 오래된 천체로 알려져 있으며 은하계 중심부에서 헤일로halo에 이르기까지 널리 분포하고 있다. 전형적인 구상성단의하나인 M 68의 색 – 등급도(가로축에 2개의 파장으로 구한 색지수, 세로축에하나의 파장에 대한 등급을 나타낸 그림)를 그림 2.21에 나타냈다. 전향점이나적색거성분지分枝의 상태에서 진화가 진행된 항성계라는 것을 알 수 있으며, 그리고 이러한 별들은 일정 시기에 동시에 형성되고 어떤 별도 연령과금속량이 같다는 것을 알 수 있다. 따라서 별의 진화모델과 비교함으로써구상성단의 연령을 결정할 수 있기 때문에 우주연령에 대해 제한을 둘 수있다. 그림 2.21에는 110, 120, 130억 년에 대응하는 등시等時곡선도 실선으로 나타나 있으며 대강 120억 년으로 추측되고 있다.

이러한 구상성단의 연령평가에 중요한 양은 주계열에서의 구부러진 점

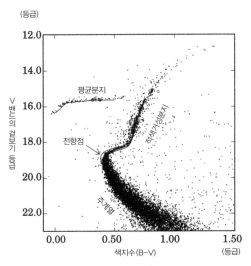

(등급)

V 밴드의 겉보기 등급

색지수(B-V)

(등급)

그림 2.21 구상성단 M68의 색−등급도와 연령결정. 주계열에서 적색거성분지로 넘어가는 각 곡선은 연령이 일정한 등시곡선이며, 위부터 110억 년, 120억 년, 130억 년을 나타낸다(Salaris *et al.*, 1997, *ApJ*, 479, 665).

(전향점)의 절대등급 M_V의 결정이며, 그러기 위해서는 성단까지의 거리를 가능한 정확하게 정할 필요가 있다. 구상성단까지의 거리를 정하는 방법에는 다음과 같은 것이 있다. (1) 그림 2.21의 $V = 16$등 부근에 수평으로 뻗은 영역(수평분지)에 거문고자리 RR형 변광성이 분포하고 있는데, 이 변광성의 평균 광도가 일정하다는 것 때문에 표준 광원으로 쓸 수 있으며, 실제의 구상성단에서 보이는 수평분지의 겉보기 등급과 비교해서 거리를 정할 수 있다. (2) 거리가 알려져 있는 태양 근방의 준왜성(금속량이 적은 주계열 성)을 골라서 그들의 색−등급도 상의 위치와 구상성단의 주계열성과 합침으로써 성단의 거리를 정할 수 있다. 어떤 방법이든 기준이 되는 별(거문고자리 RR형 변광성, 준왜성)의 절대등급을 정확하게 정할 필요가 있으며 태양 근방에 있어 연주시차⁴가 직접 측정될 수 있는 것이 이용된다.

세계 최초의 위치천문위성 히파르코스(High precision parallax collecting

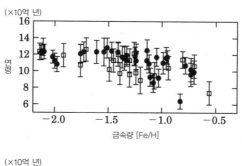

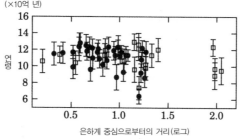

그림 2.22 구상성단의 연령 분포를 성단의 금속량(위)과 은하계 중심으로부터의 거리(아래)의 함수로 나타낸다(Salaris & Weiss 2002, *A&A*, 388, 492).

satellite, Hipparcos)는 다수의 태양 근방의 별에 대해 1밀리 초의 정밀도로 연주시차를 측정하는 데 성공하였다. 그 중에는 구상성단까지의 거리결정에 중요한 기준성(거문고자리 RR형 변광성, 준왜성)도 적지 않게 포함돼 있어 지금까지 없었던 정밀도로 구상성단의 연령을 평가할 수 있게 되었다. 그림 2.22는 이렇게 해서 구한 55개 구상성단의 연령을 그들의 금속량이나 은하계 중심으로부터의 거리와 비교해서 도시한 것이다. 구상성단은 주로 금속량에 의존해서 연령분포에 수십억 년의 편차가 인정되고 있지만, 최고 연령은 130억 년 전후로 평가된다.

4 지구가 태양 주위를 1년에 걸쳐 공전하는 동안에 근거리에 있는 항성의 겉보기 위치가 변하는 현상을 볼 수 있는데 그 변한 각도의 반을 연주시차라고 한다. 연주시차에서 항성까지의 거리는 삼각측량의 원리에 의해 결정된다.

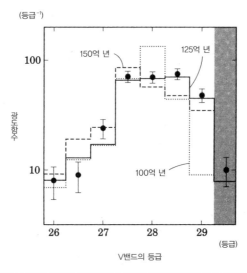

(등급⁻¹)

광도함수

V밴드의 등급

(등급)

그림 2.23 구상성단 M4에서 관측된 백색왜성의 광도함수(데이터 점)와 이론예언(각 히스토그램, 실선: 125억 년의 연령, 점선: 100억 년, 파선: 150억 년)과의 비교(Hansen et al., 2002, ApJ, 574, 155).

　구상성단 등의 항성계의 연령을 정하는 데는 계系 속에 포함된 백색왜성의 광도 함수를 사용하는 방법도 있다. 백색왜성이란 질량이 태양 질량의 7배 이하의 별이 맞이하는 항성진화의 최종단계이다. 그 내부는 고밀도 상태이며, 강한 자기중력으로 찌부러지지 않는 것은 축퇴한 전자가스의 압력으로 받쳐져 있기 때문이다. 이러한 백색왜성의 내부에서는 전자에 의한 열전도로 열이 흘러, 그 표면부터 천천히 열이 떨어져 서서히 차가워져 어두워진다. 이 차가워져 어두워지는 빠르기는 중심핵의 온도가 내려갈수록 늦어지고, 그 결과 어두운 백색왜성일수록 많이 남는다. 그리고 어느 정도 어두워지면 백색왜성의 수가 급격히 감소하며, 그렇게 되는 광도는 백색왜성이 되는 별이 태어 난 시기가 오래될수록 어두워진다. 따라서 백색왜성의 광도함수로부터 항성계가 태어난 시기, 즉 연령을 평가할 수 있게 된다.

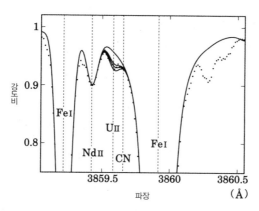

그림 2.24 헤일로 별 CS31082-001에 있어서의 U Ⅱ 흡수선 부근의 스펙트럼(Cayrel *et al.*, 2001, *Nature*, 409, 691).

그림 2.23은 M 4라는 구상성단 내에서 허블우주망원경으로 발견된 백색왜성의 광도함수(검은 동그라미)와 냉각시간을 매개변수로 한 이론예언(10억 년 단위의 숫자를 붙인 히스토그램)과의 비교를 나타내고 있다. V밴드에서 29.5등급의 위치에서 광도함수가 급격하게 감소하고 있으며, 그것을 잘 재현하기 위해서는 이 구상성단의 연령이 125억 년이어야 할 필요가 있다.

2.5.2 원자핵 연대학

별이나 운석 중에는 우라늄(U)이나 토륨(Th) 등의 긴 수명을 가진 방사성 원소가 있는데, 이러한 원소와 안정된 원소와의 존재비를 사용해서 별이나 운석이 만들어 진 시기를 특정하는 것이 가능해진다. 그리고 별로서 은하초기에 형성되었던 금속결핍 별을 살펴봄으로써 은하의 연령을 결정할 수 있다.

그림 2.24는 태양의 근처에 있는 금속결핍 별인 CS 31082-001의 고분산 스펙트럼을 나타내고 있다. 이 별에서는 U기원의 흡수선(U Ⅱ)의 바로

옆에 있는 CN분자 흡수선이 다행히 약하기 때문에 U의 양을 정확하게 구하는 것이 가능하게 된다. U에는 ^{238}U과 ^{235}U가 있는데 ^{238}U의 반감기가 45억 년인 것에 비해 ^{235}U의 반감기는 7억 년이어서 이 별의 수명에 비해 충분히 짧기 때문에 무시해도 된다. 여기서 수소(H)의 양을 $\log \varepsilon(H) = 12$로 규격화해서 나타낸 기호 ε을 도입하면 그림 2.24에 있는 U기원의 흡수선 해석으로 $\log \varepsilon(U) = -1.70 \pm 0.10$의 값을 구할 수 있다. 그리고 Th$_{II}$의 흡수선도 많이 검출되고 있으며 이들로부터 반감기가 140억 년인 ^{232}Th의 존재량 $\log \varepsilon(Th) = -0.96 \pm 0.03$과 U와의 존재비 $\log \varepsilon(U/Th)$ $= -0.74 \pm 0.15$를 얻는다.

이 관측된 방사성 원소의 존재비와 비교하지 않으면 안 될 양은 이러한 원소가 생성되었을 때의 존재비, 즉 초기량量이며 이 비교로 별의 연령을 결정할 수 있다. 일반적으로는 원소비의 초기량은 빠른 과정(r process)이라는 중성자 포획을 동반하는 원소합성이론에서의 예언치를 기초로 한다. 따라서 이론값과의 비교에 의해 CS31082-001의 연령이 125 ± 30억 년이라는 값으로 결론지었다. 더욱이 이 값에는 이론모형의 부정성不定性은 포함되어 있지 않아 이론치도 최종적인 값으로 정할 수 없다는 점에 주의해야 할 것이다.

운석에 포함된 방사성원소의 존재비와 조합하는 방법도 있다. 운석에 포함된 U/Th비는 0.270 ± 0.004로 평가되며 운석이 만들어진 시기(태양계가 형성된 시기), 즉 45.67억 년으로 거슬러 가면 이 비는 0.438 ± 0.006이 된다. 이 시기에 있어서의 방사성원소의 존재비는 은하계 초기부터 그 시기까지의 원소생성의 시간변화, 즉 은하계의 화학진화에 의해 정해지며, 태양 근방에서 관측되는 별의 금속량 분포로부터 도출할 수 있다. 즉 진화모델과 비교함으로써 은하계 초기의 U/Th비를 은하계의 연령에 의존하는 형태로 구할 수 있게 된다. 따라서 이 방법과 앞에서 설명한 금속결핍

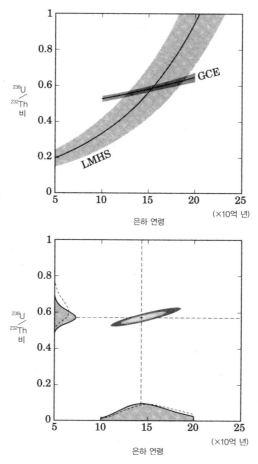

그림 2.25 운석과 금속결핍 별의 데이터를 기초로 한 U/Th비의 생성값과 은하계 연령의 관계(Dauphas 2005, Nature, 435, 1203). 운석에 함유된 U/Th비와 태양 근방의 화학진화로 기대되는 관계(GCE로 표기된 영역)와 금속결핍 별에서 구한 U/Th비에서 기대되는 관계(LMHS로 표기된 영역)를 나타낸다(위). GCE와 LMHS 양쪽의 성질을 동시에 설명할 수 있는 U/Th비의 생성값과 은하계 연령의 기댓값 분포를 나타낸다(아래). 이 그림을 통해 은하계 연령은 145^{+28}_{-22}억 년(오차범위는 1σ, 즉 신뢰영역 68%)으로 파악할 수 있다.

별에서 얻은 U/Th비의 결과를 조합함으로써 은하계의 연령이 145^{+28}_{-22}억 년이 된다는 것이 나타나 있다(그림 2.25).

어느 방법에서든 얻어진 은하계의 연령은 구상성단의 연령과 거의 같은 결과를 나타내며 대체로 약 125억 년 전후로 생각되고 있다.

2.5.3 고적색편이 은하의 연령

구상성단의 연령이나 방사성원소비로 결정된 은하계의 연령은 적색편이가 0인 현재의 우주연령에 제한을 준다. 한편 과거에 어떤(즉 적색편이가 높은) 천체의 연령을 알 수 있으면 그 시점에서의 우주연령에 대해서도 제한을 부여할 수 있다. 그러기 위해서는 고적색편이로부터의 미약한 빛의 스펙트럼을 정밀하게 측정할 수 있어야 한다.

그림 2.26에 적색편이 1.55에 있는 은하 LBDS 53W091의 관측으로부터 얻은 스펙트럼을 나타내고 있다. 가로축(x축)에는 이 은하의 정지靜止파장을 취하고 있고, 자외선을 보고 있는 것을 알 수 있다. 이러한 자외선은 일정한 진화를 거친 항성의 종류 가운데 전향점 부근의 주계열성이 주로 떠맡고 있는데, 이와 같은 색−등급도 상의 위치는 시간이 경과함에 따라 어두워지는 데다 적색으로 되기 때문에 자외선 전체의 플럭스flux도 감소한다. 따라서 자외선 스펙트럼의 플럭스는 항성계가 형성된 후의 시간 즉 은하연령의 지표가 될 수 있다. 그리고 그림 2.26에는 은하 전체의 별이 어느 시기에 한꺼번에 태어나고 그 후는 별의 진화만으로 은하의 스펙트럼이 변하는 모습이 별 형성시기부터의 경과시간마다 나타나 있다(점선, 실선, 파선). 시간이 경과할수록 자외선의 스펙트럼 강도가 감소하고 있는 것을 알 수 있으며, 실제의 은하 스펙트럼과 비교하면 대체로 35억 년의 연령이라는 것을 알 수 있다. 즉 적색편이 1.55에서의 우주연령이 35억 년보다 오래되지 않으면 이치에 맞지 않게 된다. 그리고 최초의 별 형성 이후에도 새로운 별이 태어나 있으면 자외선의 플럭스가 그렇게 감소하지 않게 되고, 관측되는 은하 스펙트럼에 맞추기 위해서는 한층 더 시간의 경과가 필요하기 때문에 35억 년이라는 연령은 애당초 하한이 된다는 것을 알

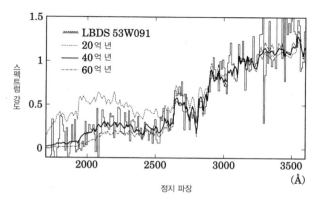

그림 2.26 적색편이 1.55에 있는 은하 LBDS 53W091의 스펙트럼(히스토그램)과 모델은하의 스펙트럼(점선: 연령 20억 년, 실선: 40억 년, 파선: 60억 년)의 비교(Spinrad et al., 1997, ApJ, 484, 581).

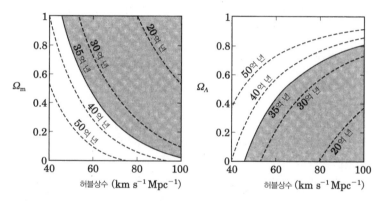

그림 2.27 은하 LBDS 53W091의 연령으로부터 얻은 팽창우주 매개변수에 대한 제한. 이 은하의 적색편이 1.55에서의 우주연령이 일정한 선을 우주항이 없는 우주모델($\Omega_\Lambda=0$)은 왼쪽에, 우주항이 있고 평탄한 우주모델($\Omega_m+\Omega_\Lambda=1$)은 오른쪽에 나타냈다. 회색 영역은 금지 영역이다(Spinrad et al., 1997, ApJ, 484, 581).

수 있다.

이 연령평가로 얻어지는 우주론 매개변수에 대한 제한을 그림 2.27에 나타냈다.

왼쪽 그림은 우주항이 없는 우주모델($\Omega_\Lambda=0$), 오른쪽 그림은 평탄한 공간에서 만들어지는 우주모델($\Omega_m+\Omega_\Lambda=1$)에 대응하고, 회색 영역은 금지 영역이다. 이 그림을 통해 다음 사항을 알 수 있다.

(1) $\Omega_m = 1$인 모델에서는 H_0는 $45\,\mathrm{km\,s^{-1}\,Mpc^{-1}}$보다 작아야 한다,
(2) 평탄한 우주모델에서는 $H_0 = 70\,\mathrm{km\,s^{-1}\,Mpc^{-1}}$ 정도일 경우에
$\Omega_\Lambda \simeq 0.6$이 가능하다, (3) $H_0 = 50\,\mathrm{km\,s^{-1}\,Mpc^{-1}}$, $\Omega_m = 0.2$인 우주모델
을 가정하면, 이 은하의 연령이 35억 년 이상이라는 것으로부터, (적색편이
로 환산해) 이 은하가 형성된 적색편이는 5 이상의 과거가 아니면 안 된다.

이와 같이 적색편이가 큰 은하의 연령을 결정함으로써 팽창우주의 매개
변수나 은하형성시기에 관한 중요한 정보를 얻을 수 있다.

은하의 크기

은하계나 안드로메다 은하와 같은 소용돌이은하는 가장 밝게 빛나는 은
하원반 부분이 대체로 반경 $10 \sim 15\,\mathrm{kpc}$ 정도의 크기를 가지고 있다. 이러
한 은하원반 내부는 성간가스가 충만해 있어 새로운 항성이 태어나거나 항
성이 초신성 폭발을 일으켜 수명을 다하거나 해서 바리온의 물질순환이 활
발하게 일어나고 있는 장소이다. 한편 이러한 밝은 은하의 주위에 광대한
암흑헤일로가 존재하고 있는데, 이것은 은하원반의 내부부터 원반 주위에
걸쳐서 분포하는 성간가스(중성수소가스)의 회전운동, 그리고 구성성단이나
그 외의 헤일로 천체(헤일로 별, 반#은하)의 공간운동으로부터 강하게 시사
되고 있다. 헤일로천체는 도대체 어디까지 뻗어 있는 것일까?

성간가스는 항성보다도 넓은 영역에 걸쳐 분포해 있다고 해도 은하중심
으로부터 겨우 $20 \sim 25\,\mathrm{kpc}$까지의 거리의 범위에 그친다. 따라서 헤일로
공간 내를 크게 공간운동을 하는 헤일로 천체를 알아냄으로써 암흑헤일로
의 크기에 대한 실마리를 얻을 수 있게 된다. 최근의 상세한 해석에 의하면
은하계의 암흑헤일로의 크기는 반경이 적어도 $200\,\mathrm{kpc}$ 이상이 아니면 은
하계 헤일로 내에서 고속도로 움직이는 천체를 중력으로 속박할 수 없다는
것을 알게 되었다.

한편 암흑물질의 중력불안정성 이론에 의하면 은하계와 같은 약 $10^{12} M_\odot$

질량의 헤일로이고, 대략 200~300kpc 정도의 반경(비리얼 반경)으로 역학 평형을 이루고 있을 필요가 있으며, 이것은 관측과도 모순되지 않는다. 즉 우리들이 아름다운 천체사진 등에서 볼 수 있는 밝게 빛나는 은하의 부분은, 진짜 은하의 크기(암흑헤일로의 크기)로 말하면 기껏 10분의 1 또는 그보다 좁은 극히 중심부분이 된다. 즉 빙산의 일각만 보고 있는 것이다.

은하의 본래 크기는 밝게 보이고 있는 부분의 10배 이상이나 된다. 그와 같은 광대한 암흑헤일로가 합체·강착을 반복하면서 어떻게 해서 만들어 졌는가가 그 중심에서 빛나 보이는 부분의 형성, 즉 은하형성 과정을 크게 좌우하는 것이다.

제3장
구조형성론의 기초

우주에는 여러 가지의 구조가 충만해 있다. 이 장에서는 빅뱅에 의해 시작된 팽창우주에 대해 그 진화과정에 있어서 어떻게 우주의 구조가 형성되어 왔는지에 대해서 기초적인 사항을 다루기로 한다.

3.1 팽창우주에서의 중력불안정성

3.1.1 구조형성과 암흑물질

우주는 그 초기에 있어서 극히 균일하였다. 한편 현재 우리가 살고 있는 우주는 극히 복잡한 양상을 보이고 있으며, 소립자나 생명체 등 미소한 스케일 구조부터 별이나 은하 등의 거대한 스케일 구조에 이르기까지 여러 가지 스케일에 걸쳐 있는 계층 구조가 존재하고 있다. 이러한 구조는 우주가 진화하는 과정에서 형성되었다고 생각되는데, 구체적으로 그것은 어떻게 일어났을까?

만일 우주가 그 초기에 있어 완전히 균일했으면 그 안에서는 구조가 생길 리가 없다. 구조가 생기기 위해서는 어떤 불균일성이 초기에 필요한 것이다. 만일 초기 단계에서 우주의 밀도의 공간분포에 조금이라도 요동이 있으면 중력의 효과에 의해 그 요동은 성장하여 커질 수 있다. 왜냐하면 주위에 비해 밀도가 큰 장소에는 중력에 의해 주위의 물질이 모이게 되므로 보다 밀도가 커지기 때문이다. 역으로 밀도가 작은 장소에서는 주위의 물질에 끌려가서 밀도는 더욱 작아진다. 이 때문에 밀도의 불균형성은 보다 크게 확대되는 것이다. 이와 같은 상황에서 구조는 안정된 형상으로 머물지 않는다. 이것은 중력이 인력으로만 작용한다는 성질에 의한 것이다. 이와 같이 중력에 의해 초기의 얼마 안 되는 불균일성이 확대되는 성질을 가리켜 중력불안정성이라고 한다.

따라서 우주초기에 거의 균일하지만 약간의 요동이 존재하는 우주가 이와 같은 중력불안정성에 의해 크게 불균일하게 되어 여러 가지 구조를 만든다는 시나리오가 자연스럽게 생각되는 것이다. 그러나 이 시나리오가 현실의 우주에서 옳은지 그렇지 않은지를 정하기 위해서는 관측사실과 모순이 없는지 어떤지를 충분히 확인해야 한다. 실제로 초기의 우주에 약간의 요동이 존재하지 않으면 안 되지만 이것을 확인하는 일이 필요하다.

아직 우주에 두드러진 구조가 만들어지기 전의 우주의 상태는 우주의 배경복사를 관측함으로써 알아 낼 수 있다. 우주배경복사는 우주의 크기가 현재의 1,000의 1이었던 무렵의 우주상태를 반영하고 있는데 하늘의 전천全天에 걸쳐 거의 같은 온도로 다가온다. 그 무렵의 우주 밀도에 약간이라도 불균일성이 있었다면 이 배경복사의 온도에도 약간의 비등방성이 관측되어야 할 것이다. 그러나 이 우주배경복사는 대부분 균일하며 오랫동안 우주배경복사 중에는 전혀 온도의 비등방성이 발견되지 않는 상황이 계속되고 있었다. 특히 현재의 구조가 만들어 지기 위해서 필요한 비등방성이 이론적으로 계산되어 있지만 이것이 밝혀지지 않았던 것이다. 이 때문에 중력불안정성 이외의 구조형성 시나리오가 생각되는 등 구조형성 이론은 혼미했다.

그런데 1992년에 인공위성 COBE를 활용한 배경복사의 정밀한 비등방성 관측으로 마침내 초기 요동이 확인되었다. 그 요동의 크기는 현재의 우주의 구조를 설명하기에는 너무 작았지만, 만일 우주가 우리가 알고 있는 원자와 같은 바리온만이 아니라 암흑물질이라는 미지의 질량으로 채워져 있다고 한다면 모순 없이 현재의 구조를 설명할 수 있다는 사실도 명확해졌다. 당시 암흑물질의 존재는 은하나 은하단이라는 국소적 우주의 성질에서도 필요해졌다는 것이 밝혀진 것이다. 이 때문에 우주의 구조형성은 눈에 보이지 않는 암흑물질의 중력불안정성에 의해 진화되고 있다는 시나리오가 사실로 확인된 것이다.

그 후에도 우주의 관측은 정밀도를 높여 갔지만 이 시나리오는 현재에 이르기까지 살아남아 있다. 다만 암흑물질이라는 물질의 정체는 아직 명확하지 않다. 그러나 암흑물질을 가정하지 않으면 우주의 구조형성을 비롯해 우주의 다양한 구조 양상을 이해하기 곤란해진다. 일단 암흑물질을 가정하면 이러한 양상들은 매듭이 풀리듯이 이해할 수 있게 된다. 바로 이것이 암흑물질의 정체를 명확히 밝히지 못했음에도 그 존재를 상당 부분 확신하는 이유다.

이와 같이 현재 표준적인 시나리오로 여겨지는 암흑물질이 중력불안정성에 지배되는 구조형성에 대해 지금부터 살펴보겠다.

3.1.2 진스불안정성

앞에서 설명한 것과 같이 우주에 존재하는 물질의 공간적인 분포에 약간이라도 불균일성이 있으면 중력불안정성에 의해 그 불균일성은 점점 커지려고 한다. 팽창우주의 경우 이와 같은 불균일성의 성장을 생각한다. 이 때문에 필요한 기초방정식을 우선 설명하겠다. 우주의 물질분포에 있어 시간적인 성장은 지평선의 충분히 내측에서의 뉴턴 유체로서 취급할 수 있다. 이 유체는 자기 자신이 만들어 내는 중력장에 의한 힘을 받으면서 운동한다. 시간적 및 공간적으로 변동하는 밀도장 ρ가 만들어 내는 중력 퍼텐셜 ϕ는 다음의 푸아송 방정식으로 주어진다.

$$\triangle \phi = 4\pi G\rho \tag{3.1}$$

그리고 속도장 v와 압력장 p는 유체의 운동방정식인 다음의 오일러 방정식을 따른다.

$$\frac{\partial \boldsymbol{v}}{\partial t} + (\boldsymbol{v} \cdot \nabla)\boldsymbol{v} = -\frac{\nabla p}{\rho} - \nabla \phi \tag{3.2}$$

그리고 질량보존을 나타내는 다음과 같은 연속식이 성립한다.

$$\frac{\partial \rho}{\partial t} + \nabla \cdot (\rho \boldsymbol{v}) = 0 \tag{3.3}$$

이러한 식은 물리적인 스케일을 사용한 좌표계에서 성립되는 식이지만, 팽창우주에 응용할 때 공동共動좌표계로 나타낼 필요가 있다. 물리적인 스케일을 사용한 좌표계를 r이라 할 때 공동좌표 $\boldsymbol{x} = r/a$에 따라 위의 방정식계系를 바꾸어 쓰면 된다. 이를 위해 우선 공동좌표에서 속도장의 표현을 생각해 보자. 점 「·」를 시간미분을 나타내는 것으로 하고, 물리적인 스케일에 의한 속도장은 유체소편素片의 위치좌표를 사용해 $\boldsymbol{v} = \dot{\boldsymbol{r}}$으로 나타낸다. 여기서 공동좌표의 속도장을 유체소편의 공동좌표를 사용해서 $\boldsymbol{u} = \dot{\boldsymbol{x}}$으로 정의한다. 그러면 양자의 관계는

$$\boldsymbol{v} = \dot{\boldsymbol{r}} = \dot{a}\boldsymbol{x} + a\dot{\boldsymbol{x}} = a(H\boldsymbol{x} + \boldsymbol{u}) \tag{3.4}$$

가 된다. 여기서

$$H = \frac{\dot{a}}{a} \tag{3.5}$$

는 시간에 의존한 허블 매개변수parameter이며 시각마다의 우주팽창계수이다. 현재시각에서의 값은 현재의 허블상수와 같다. (식 3.4)의 괄호 속 제1항은 우주팽창에 의한 후퇴속도로 대응하며, 제2항은 우주팽창 이외의 속도성분 즉 공동좌표계에 대한 운동을 나타내고 있다.

여기서 좌표 변환 $(t, r) \to (t, x)$을 한다. 편미분은 고정하는 변수가 다르기 때문에

$$\frac{\partial}{\partial t} \to \frac{\partial}{\partial t} - Hx \cdot \nabla, \quad \nabla \to \frac{1}{a}\nabla \tag{3.6}$$

으로 변환되는 것에 주의한다. 따라서 연속식 (3.3)과 오일러 방정식 (3.2)은

$$\frac{\partial \rho}{\partial t} + 3H\rho + \nabla \cdot (\rho u) = 0 \tag{3.7}$$

$$\frac{\partial u}{\partial t} + 2Hu + (u \cdot \nabla)u = -\frac{1}{a^2}\nabla \Phi - \frac{\nabla p}{a^2 \rho} \tag{3.8}$$

이 된다. 여기서

$$\Phi = \phi + \frac{1}{2}a\ddot{a}x^2 \tag{3.9}$$

로 정의되는 양은 공동좌표의 뉴턴퍼텐셜에 대응한다. 이 식의 제2항은 물리적 좌표 r에 있어 정지해 있는 물질에 대해 공동좌표에서는 겉보기로 가속을 받는 것처럼 보이기 때문에 더해진 항이다.

여기서 균일등방 우주의 아인슈타인 방정식에서 우주 전체에서 공간적으로 평균한 밀도 $\bar{\rho}$에 대해 다음 식이 성립한다.[1]

$$\frac{\ddot{a}}{a} = -\frac{4\pi G}{3}\bar{\rho} \tag{3.10}$$

---

1 여기서는 뉴턴 유체를 가정하고 있으므로 $\rho \gg p/c^2$이다. 또한 간단하게 위해 우주상수는 무시하였다. 이와 관련하여 이후에서 도출되는 밀도요동의 성장을 나타내는 방정식은 우주상수가 있는 경우에도 그대로 성립한다.

이 식을 사용하면 푸아송 방정식 (3.1)은 다음과 같이 변형된다.

$$\triangle \Phi = 4\pi G a^2 (\rho - \bar{\rho})$$ (3.11)

즉 공동좌표의 중력 퍼텐셜은 평균적인 밀도로부터의 차이를 그 기원으로 하고 있다는 것을 알 수 있다. 이 푸아송 방정식의 해 형식은 다음과 같다.

$$\Phi(\boldsymbol{x}, t) = -Ga^2 \int d^3x' \frac{\rho(\boldsymbol{x}') - \bar{\rho}}{|\boldsymbol{x}' - \boldsymbol{x}|}$$ (3.12)

이렇게 해서 얻은 (식 3.7), (식 3.8), (식 3.11)이 팽창우주의 밀도장을 지배하는 발전방정식이다. 이러한 식을 연구함으로써 팽창우주 안에서의 구조형성 진화를 알 수 있게 된다. 다만 이러한 식은 비선형의 연립편미분 방정식계이며 해석적인 일반해는 알려져 있지 않다. 따라서 이 방정식을 다루려면 무언가 근사를 이용할 필요가 있다.

최초로 설명했던 것과 같이 우주의 밀도요동은 우주초기에 있어서 극히 작은 것이었다고 생각된다. 이 경우 밀도장은 우주 전체의 평균값에서 약간 차이가 날 뿐이다. 따라서 그 차이가 작기 때문에 근사적으로 방정식을 푸는 것이 가능하다. 이것을 구체적으로 풀기 위해서는 우선 우주가 완전히 균일한 경우의 해를 구해 놓을 필요가 있다.

우주가 완전히 균일등방이면 밀도장은 공간적으로 변화하지 않고 시간만의 함수가 되며 $\rho = \bar{\rho}(t)$로 나타낼 수 있다. 그리고 등방성이므로 벡터량은 모두 사라지기 때문에 $\boldsymbol{u} = \nabla\Phi = \nabla p = 0$이 되어 오일러 방정식 (3.8)은 항등적으로 성립된다. 연속식 (3.7)은 다음과 같이 된다.

$$\frac{d}{dt}(a^3 \bar{\rho}) = 0$$ (3.13)

균일우주에서 우주팽창과 함께 확대되어 가는 체적 중의 질량은 $a^3\bar\rho$이므로 이 식은 질량보존을 나타내고 있는 것이 분명할 것이다.

  이렇게 해서 우주의 밀도장의 균일 성분에 대한 해가 얻어졌지만, 완전히 균일한 우주에서는 어떤 구조도 만들어지지 않기 때문에 불균일 성분을 생각할 필요가 있다. 따라서 밀도와 압력의 균일등방 성분 $\bar\rho(t)$, $\bar p(t)$로부터의 차이를 나타내는 양으로서 밀도요동 δ와 압력의 요동 δp를 다음과 같이 도입한다.

$$\delta(\boldsymbol{x}, t) = \frac{\rho(\boldsymbol{x}, t) - \bar\rho(t)}{\bar\rho(t)} \qquad (3.14)$$

$$\delta p(\boldsymbol{x}, t) = p(\boldsymbol{x}, t) - \bar p(t) \qquad (3.15)$$

여기서 균일등방우주의 질량보존식 (3.13)을 사용해서 이러한 요동을 나타내는 변수로 연속식 (3.7), 오일러 방정식 (3.8) 및 푸아송 방정식 (3.11)을 바꾸어 쓰면 각각 다음과 같다.

$$\frac{\partial\delta}{\partial t} + \nabla\cdot[(1+\delta)\boldsymbol{u}] = 0 \qquad (3.16)$$

$$\frac{\partial\boldsymbol{u}}{\partial t} + 2H\boldsymbol{u} + (\boldsymbol{u}\cdot\nabla)\boldsymbol{u} = -\frac{1}{a^2}\nabla\varPhi - \frac{\nabla(\delta p)}{a^2\bar\rho(1+\delta)} \qquad (3.17)$$

$$\triangle\varPhi = 4\pi Ga^2\bar\rho\delta \qquad (3.18)$$

  여기까지는 요동의 변수로 식을 고쳐서 나타냈을 뿐 아직 근사는 하지 않았다. 여기서 균일등방우주에서 사라지는 양인 δ, δp, $\boldsymbol{u}$의 절댓값이 작다고 하면 이러한 양의 곱셈이 나타나 있는 항은 무시할 수 있다. 따라서 이들 변수의 선형항만을 남겨 2차 이상의 항을 무시하는 근사, 즉 선형근사를 한다. 그 결과 위의 두 식은 다음과 같이 된다.

$$\frac{\partial \delta}{\partial t} + \nabla \cdot \boldsymbol{u} = 0 \tag{3.19}$$

$$\frac{\partial \boldsymbol{u}}{\partial t} + 2H\boldsymbol{u} + \frac{1}{a^2}\nabla\varPhi + \frac{\nabla(\delta p)}{a^2\bar{\rho}} = 0 \tag{3.20}$$

여기서 (식 3.19)를 시간 미분한 식에서 (식 3.20)의 발산을 취한 식을 빼고 난 후 (식 3.19)에 $2H$를 곱한 식을 더하여, (식 3.18)을 사용하면 다음과 같은 δ만에 관한 미분방정식을 얻을 수 있다.

$$\frac{\partial^2 \delta}{\partial t^2} + 2H\frac{\partial \delta}{\partial t} - 4\pi G\bar{\rho}\delta - \frac{\triangle(\delta p)}{a^2\bar{\rho}} = 0 \tag{3.21}$$

여기서 압력의 요동 δp는 밀도요동과 다음과 같이 관계를 가질 수 있다. 지금 유체의 음속 c_{s}는 엔트로피 S를 일정하게 유지한 변화율로서 다음과 같다.

$$c_{\mathrm{s}}^2 = \left.\frac{\partial p}{\partial \rho}\right|_S \tag{3.22}$$

엔트로피의 요동은 무시할 수 있기 때문에 압력의 요동은 다음과 같다.

$$\delta p = c_{\mathrm{s}}^2 \bar{\rho}\delta \tag{3.23}$$

밀도요동의 공간좌표에 대해 푸리에 분해를 사용하여 $\delta(\boldsymbol{x})$가 exp $(i\boldsymbol{k}\cdot\boldsymbol{x})$의 실수부에 비례하는 파동수波動數 벡터 $\boldsymbol{k}$의 요동 모드를 생각한다. 이때 (식 3.21)은

$$\frac{\partial^2 \delta}{\partial t^2} + 2H \frac{\partial \delta}{\partial t} - \left(4\pi G\bar{\rho} - \frac{c_s^2 k^2}{a^2}\right)\delta = 0 \qquad (3.24)$$

가 되며 시간에 대한 2계 상미분방정식에 귀착한다. 이 방정식 해의 양상은 질점의 1차원 운동과의 유추로 이해할 수 있다. 즉 δ값을 입자의 위치로 생각해 보면 제1항은 입자의 가속도가 된다. 제2항은 속도와 역방향으로 빠르기에 비례한 힘을 발휘하는 점성항이 된다. 우주팽창이 없을 때 이 항은 0이다. 우주팽창은 요동의 진화를 둔하게 하는 효과가 있다. 제3항은 퍼텐셜 힘을 나타낸다. 따라서 이 제3항이 양(+)인지 음(−)인지는 δ의 양상에 따라 큰 차이가 있다.

계수 $4\pi G\bar{\rho} - c_s^2 k^2/a^2$이 음(−)일 때는 δ의 변위와 역방향으로 힘이 작용한다. 즉 항상 $\delta=0$을 향해서 힘이 작용하기 때문에 요동은 성장하지 않고 진동하면서 감쇠해 간다. 이 현상은 음속이 충분히 클 때 일어난다. 음속이 크다는 것은 물질을 압축했을 때 그 압축을 되튀는 반발력이 크다는 것을 의미한다. 중력에 의해 물질이 오그라들려고 해도 압력이 그것을 되튀는 힘 쪽이 크기 때문에 밀도의 요동이 성장할 수 없는 것이다. 또는 파동수 k가 충분히 커도 이 계수는 음이 된다. 파동수가 크다는 것은 요동의 파장이 짧으며 그 파장 스케일에는 충분한 양의 물질이 없기 때문에 중력이 약해서 요동이 성장할 수 없다고 봐도 된다.

한편 이 계수가 양(+)이면 변위와 같은 방향으로 힘이 작용해서 δ가 커지면 커질수록 더욱 δ는 커지려고 한다. 마치 언덕을 굴러떨어지는 것처럼 요동은 크게 성장한다. 이것은 이미 압력이 중력에 의한 요동의 성장을 억제할 수 없게 되어 제한 없이 요동이 성장하는 경우이다.

요동의 양상에 대해 질적인 변화를 일으키는 계수 $4\pi G\bar{\rho} - c_s^2 k^2/a^2$은 요동의 파동수 k의 크기에 따라 같은 시각이라도 양도 되고 음도 된다. 그 경계가 되는 파동수를 k_J라고 한다. 이 파동수는 공동좌표에서 정의되고 있으므로 그 파장은 실거리로 해서 다음 식으로 주어진다.

$$\lambda_J \equiv \frac{2\pi a}{k_J} = c_s \sqrt{\frac{\pi}{G\bar{\rho}}} \tag{3.25}$$

이 값을 기준으로 하는 길이보다 짧은 스케일의 요동은 감쇠진동하여 성장할 수 없으며, 그것보다 긴 스케일의 요동만이 중력불안정성에 의해 성장하는 것이다. 이 임계 길이 λ_J를 진스길이라고 한다. 진스길이를 직경으로 하는 구내球內의 질량

$$M_J \equiv \frac{4\pi}{3}\bar{\rho}\left(\frac{\lambda_J}{2}\right)^3 \tag{3.26}$$

을 진스질량이라고 한다. 이것은 중력불안정에 의해 성장할 수 있는 질량 스케일을 나타내고 있으며, 대략적으로 이 질량보다 가벼운 구조는 형성되지 않는다.[2]

3.2 암흑물질과 바리온 요동의 성장과 감쇠

1장에서 설명했던 바와 같이 현재의 우주의 물질성분의 대부분은 암흑물질과 바리온이다. 바리온은 양성자나 중성자 등 원자핵을 구성하는 입자로 우리에게 친근한 물질이며 우주의 질량으로서 가장 크게 기여하고 있다. 그런데 현재 우주에는 바리온의 6배 이상의 양으로 암흑물질이 존재하

---

[2] 진스질량은 대략의 자릿수order를 나타내는 것으로 계수에는 별다른 의미가 없다. 책에 따라 계수가 이 책의 정의와 다른 경우도 있지만 본질적으로 틀린 것은 아니다.

고 있는 것이 거의 확실시 되어 있다. 암흑물질dark matter은 바리온과 달리 빛(전자파)으로 볼 수 없는 암흑물질이며 그 진짜 정체는 아직 불분명하다. 그렇지만 우주에 존재하는 천체에 대해 중력으로 영향을 미치기 때문에 천체의 운동 등을 상세하게 연구함으로써 암흑물질의 존재가 간접적으로 밝혀져 있는 것이다. 앞으로의 설명에 나타나는 것과 같이 암흑물질은 우주의 구조형성에 대해 결정적인 역할을 하고 있다. 만일 우주에 암흑물질이 없었다면 지금의 우주와는 전혀 닮지 않은 우주가 만들어져 있었을 것이다.

3.2.1 암흑물질의 요동 성장

우주에 존재하는 에너지 성분은 대략 상대론적인 복사성분과 비상대론적인 물질성분으로 나누어진다. 우주초기에 있어서는 복사성분 쪽이 지배적이지만, 그 에너지 밀도는 우주팽창과 더불어 물질성분보다 빠르게 감소한다. 그러면 복사성분과 물질 성분의 에너지 밀도가 같아지는 등밀도시等密度時라고 하는 시점보다 뒤에는 물질성분 쪽이 지배적이 된다. 이 때문에 등밀도시보다 이전을 복사우세기, 이후를 물질우세기라고 한다. 등밀도시는 우주의 크기가 현재의 약 1/3,000 정도인 시기에 대응한다.

현재의 우주의 에너지밀도는 암흑물질이 지배적이기 때문에 물질우세기의 밀도요동 성장은 대부분 암흑물질에 지배되어 있다. 따라서 일단 바리온성분을 근사적으로 무시하며 암흑물질성분만으로 이루어지는 우주의 밀도요동 성장을 생각해 보도록 하겠다. 암흑물질은 거의 중력의 상호작용밖에 없는 물질이라고 생각되고 있다. 따라서 일반적으로 입자의 상호작용으로 생기는 압력은 없으며 음속은 0이 된다. 그러면 요동의 발전방정식 (3.24)은 암흑물질의 요동 δ_m에 대해 다음과 같이 된다.

$$\frac{\partial^2 \delta_{\mathrm{m}}}{\partial t^2} + 2H\frac{\partial \delta_{\mathrm{m}}}{\partial t} - 4\pi G\bar{\rho}_{\mathrm{m}}\delta_{\mathrm{m}} = 0 \tag{3.27}$$

이 식은 파동수 k에 따르지 않기 때문에 실 공간에서도 푸리에 공간에서도 동일하게 성립된다.

초기의 우주팽창에 있어서는 진공에너지나 곡률의 효과는 무시할 수 있어 물질우세기에서는 $a \propto t^{2/3}$이 된다. 간단하게 하기 위해 그와 같은 경우를 생각하면, $H = 2/(3t)$, $\bar{\rho} = 1/(6\pi G t^2)$이다. 그러면 위의 식은

$$\frac{\partial^2 \delta_{\mathrm{m}}}{\partial t^2} + \frac{4}{3t}\frac{\partial \delta_{\mathrm{m}}}{\partial t} - \frac{2}{3t^2}\delta_{\mathrm{m}} = 0 \tag{3.28}$$

이 되고 간단히 풀 수 있게 된다. 실제로 $\delta \propto t^n$으로 해서 대입함으로써 $n = 2/3$, -1이라는 해를 얻는다. 따라서 일반해는 이 두 해를 겹쳐서 나타내며 다음과 같다.

$$\delta_{\mathrm{m}} = At^{2/3} + Bt^{-1} \tag{3.29}$$

여기서 A와 B는 적분상수이며 초기 조건으로부터 정할 수 있다. 제1항은 시간과 더불어 커지지만 제2항은 시간과 더불어 작아지게 된다. 이 제1항에서 주어지는 제1의 해는 요동의 성장모드라 하며 제2항에서 주어지는 제2의 해는 감쇠모드라고 한다. 우주의 진화와 더불어 감쇠모드는 곧 작아져 버리고 요동은 성장모드만으로 나타나게 된다. 이 때문에 요동의 크기는 $\delta_{\mathrm{m}} \propto a$와 같이 스케일 인자에 비례해서 성장한다.

이와 같이 물실우세기의 암흑물질의 성장은 단순하며 유체근사 및 선형근사가 성립되는 한 요동의 파장에 의하지 않고 스케일 인자에 비례해서 성장한다.

3.2.2 스태그스팬션

앞에서 살펴본 것과 같이 물질우세기에는 암흑물질의 요동이 중력불안정성에 의해 단조롭게 성장할 수 있다. 그러나 복사우세기에는 우주팽창이 복사에 의해 지배되기 때문에 암흑물질의 요동이 성장하지 못하는 현상이 일어난다. 이 현상을 매스사로스효과 또는 스태그스팬션이라고 한다.

(식 3.27)에서 시사하는 바와 같이 일반적으로 암흑물질의 요동성장에 필요한 시간스케일은 $(G\bar{\rho}_m)^{-1/2}$ 정도이다. 이에 대해 복사우세기의 우주팽창의 시간스케일은 프리드먼 방정식에서 시사하는 바와 같이 복사에너지 밀도를 $\rho_r c^2$으로 해서 $(G\bar{\rho}_r)^{-1/2}$이 된다. 따라서 복사우세기 $\rho_r < \rho_m$에 있어서는 우주팽창의 시간스케일 쪽이 암흑물질의 요동의 성장 시간스케일보다 짧아지게 되고, 이 때문에 암흑물질의 요동은 성장하지 못하게 된다.

이것을 요동의 성장식을 사용해서 알아보자. 광자 등의 복사성분은 광속으로 운동하기 때문에 음속은 광속에 가까워지며, 진스길이는 지평선 크기가 된다. 따라서 복사성분의 에너지 밀도의 요동은 지평선보다 작은 스케일에서는 없는 것이라고 생각해도 된다. 중력 퍼텐셜은 암흑물질의 요동성분에 의해서만 일어나기 때문에 암흑물질의 요동 발전방정식 (3.27)은 그대로 성립한다. 여기서는 물질우세기가 아니기 때문에 팽창법칙이 달라져 $H^2 = 8\pi G(\bar{\rho}_m + \bar{\rho}_r)/3$에 따라서 팽창한다.

지금 시간변수 t 대신에 새로운 변수 $y = \bar{\rho}_m/\bar{\rho}_r = a/a_{eq}$를 도입한다. 여기서 a는 그 시각에서의 스케일 인자, a_{eq}는 $\bar{\rho}_m = \bar{\rho}_r$이 되는 등밀도시의 스케일 인자 값이다.

이 변수를 사용해 요동의 발전방정식을 고쳐 쓰면 다음과 같다.

$$\frac{d^2\delta_m}{dy^2} + \frac{2+3y}{2y(1+y)}\frac{d\delta_m}{dy} - \frac{3\delta_m}{2y(1+y)} = 0 \qquad (3.30)$$

이 방정식은 $d^2\delta_m/dy^2=0$으로 놓고 보면 다음과 같은 하나의 해를 얻을 수 있다.

$$\delta_m \propto 1+\frac{3}{2}\,y \qquad (3.31)$$

여기서 $y\gg1$인 물질우세기의 극한을 취하면 $\delta_m\propto a$가 되며, 위에서 도출한 물질우세기의 성장해에 접속하게 된다. 한편 $y\ll1$인 복사우세기의 극한을 취하면 δ_m은 상수가 된다. 즉 복사우세기에는 암흑물질의 요동이 전혀 성장되지 않는다는 것을 알 수 있다.

 이와 같은 요동의 성장억제는 실은 지평선 이하의 스케일에만 일어난다. 복사의 진스길이는 지평선 정도이기 때문에 그 이상의 길이 스케일의 요동은 복사성분도 암흑물질 성분도 같이 성장한다고 생각된다. 실제로는 지평선 이상의 요동의 발전을 따르기 위해서는 일반상대론을 고려한 요동 방정식을 해석할 필요가 있다. 이 경우 요동의 정의에 부정성不定性이 나타나는 등 정확한 취급은 복잡하게 된다. 상세하게는 다루지 않고 결과만을 논한다면 복사우세기의 요동은 a^2에 비례해서 성장하며 물질우세기에서는 a에 비례해서 성장한다.[3]

3.2.3 자유운동에 의한 요동의 감쇠

여기까지는 암흑물질을 연속적인 유체로 다루어 왔지만 그 근사에서는 암흑물질의 입자성을 무시하고 있다. 실제로 암흑물질은 입자로 구성되어 있다고 생각되지만 암흑물질은 중력 이외의 상호작용이 없거나, 혹은 극

---

[3] 일반상대론에서는 요동의 정의에 임의성이 있다. 여기서는 일반상대론적 섭동론에 있어서의 바딘(J. Bardeen)변수라고 하는 요동의 정의를 상정하고 있다.

히 상호작용이 약한 무충돌 입자이다. 이 때문에 암흑물질은 열운동을 하지 않는 대신에 다른 입자와 충돌을 하지 않고 공간을 자유로이 떠돌아다니는 자유운동을 한다. 이 자유운동의 속도분산이 클 때는 작은 스케일의 요동은 고르게 되어 사라져 버린다. 자유운동에 의해 요동의 감쇠가 일어나는 것이다. 이 효과는 자유운동의 크기에 의해 정해지는 스케일 이하의 요동은 거의 완전히 고르게 되기 때문에 구조형성에 커다란 영향을 미친다.

어떤 스케일의 요동까지를 고르게 해버리는지는 암흑물질입자의 질량에 의한다. 입자가 상대론적 양상을 보일 때 자유운동의 속도는 광속이 되어 더욱 더 효율적으로 요동을 잘 고르게 한다. 팽창우주에서는 자유운동하는 입자의 운동에너지는 시간과 더불어 작아지기 때문에 질량이 작을수록 상대론적으로 있을 수 있는 시간이 길어진다. 이 때문에 질량이 작으면 작을수록 자유운동으로 날아다니는 거리가 길어지며 보다 큰 스케일의 요동까지 고르게 한다.

암흑물질입자의 질량을 m_{DM}이라고 한다. 암흑물질입자도 우주초기로 거슬러 올라가면 다른 입자와 상관관계가 있었을 것이다. 따라서 암흑물질이 상대론적 시기에 열평형상태에 있었다고 가정하면 그 평균 운동에너지는 우주의 온도로부터 대강 어림잡을 수 있다. 그러면 암흑물질입자가 비상대론적이 되는 것은 우주의 온도가 대략 다음과 같은 때이다.

$$T_{DM} \sim \frac{m_{DM}c^2}{3k_B} \tag{3.32}$$

여기서 k_B는 볼츠만상수이다. 복사우세기의 온도와 우주연령의 관계에서 이 온도일 때의 우주연령은 다음 식으로 주어진다.[4]

| 4 여기서 $\hbar = h/2\pi$는 환산換算 플랑크상수.

$$t_{DM} = \sqrt{\frac{45\hbar^3 c^5}{16\pi^3 G k_R^4}} \, g_*^{-1/2} \, T_{DM}^{-2} \tag{3.33}$$

여기서 g_*는 이때의 상대론적 입자의 유효자유도이다. 이 시기가 언제인지, 그리고 그때 어떤 입자가 존재하고 있었느냐에 따라 유효자유도 g_* 값은 다르지만 대략 10에서 100 정도 사이의 값이다.

이 시각 t_{DM}까지는 암흑물질이 광속으로 날아다니며 이때의 지평선 스케일 이하의 파장의 요동은 모두 고르게 된다. 그 길이는 실거리로 $2ct_{DM}$이다. 암흑물질이 비상대론적으로 된 후에도 더욱 더 자유운동을 해서 요동을 고르지만 대체로 상대론적인 시기에 고르게 된 스케일을 크게 바꿀 정도는 아니다. 이렇게 해서 자유운동에 의해 고르게 되는 스케일은 공동거리,[5] 즉 현재에 대응하는 거리로 해서 적어도 다음과 같이 된다.

$$L_{FS} > 2ct_{DM}\frac{T_{DM}}{T_0} = 8\,\mathrm{Mpc} \left(\frac{m_{DM}c^2}{30\,\mathrm{eV}}\right)^{-1} \tag{3.34}$$

여기서 $m_{DM} = 30$ eV인 경우라는 것은 뉴트리노가 암흑물질이었던 경우에 기대되는 질량으로 그 값을 규격화에 사용하고 있다. 비상대론적인 시기의 자유운동도 포함시키며 팽창법칙의 변화도 고려해서 보다 상세하게 계산하면 자유운동에 의해 고르게 되는 스케일 L_{FS}는 우변보다 약 3~4배 정도 커진다. 이 스케일을 반경으로 하는 체적 안의 질량 스케일은 다음과 같다.

$$M_{FS} = \frac{4\pi}{3} L_{FS}^3 \Omega_0 \rho_{cr,\,0} \sim 4 \times 10^{15}\, M_\odot \left(\frac{m_{DM}c^2}{30\,\mathrm{eV}}\right)^{-2} \tag{3.35}$$

---

[5] 팽창우주에 대해 과거에 있어서의 어느 거리가 현재의 우주에 있어서 얼마가 되어 있는지를 나타내는 것이 공동共動거리이다.

이 질량 스케일의 천체는 요동의 성장에 의해 형성되는 일은 없다. 이 값은 $m_{DM} = 30\,eV$일 때의 커다란 은하단의 질량이 된다. 즉 만일 충분히 질량이 무거운 뉴트리노가 있어서 그것이 암흑물질의 정체이었다면 초은하단보다 작은 구조를 요동의 성장에 의해 처음에 만들 수 없게 된다. 따라서 우선 초은하단보다 큰 구조가 형성된 후 그것이 보다 작은 은하단이나 은하로 분열한다는 시나리오가 그려진다. 이 시나리오를 톱다운top-down 시나리오라고 한다.

그러나 현실에는 $z \sim 6$과 같이 극히 오래된 은하가 발견되고 있는 반면에 초은하단은 현재 형성 도중이라는 것이 알려져 있다. 따라서 톱다운 시나리오는 현실적으로는 일어나지 않았다고 생각되고 있다. 이것은 암흑물질을 뉴트리노와 동일시할 수 없다는 것을 의미하고 있다.

뉴트리노와 같이 속도분산이 크고 무충돌 감쇠가 구조형성에 무시할 수 없는 영향을 미치는 암흑물질 후보를 가리켜 뜨거운 암흑물질(hot dark matter, HDM)이라고 한다. 뜨거운 암흑물질에서는 어느 정도 작은 스케일의 요동이 처음에 구조형성을 일으키지 않기 때문에 톱다운 시나리오가 되어 버리며 현상의 관측을 설명하는 것이 어렵다. 이에 반해서 속도분산이 작고 무충돌 감쇠의 스케일이 충분히 작은 암흑물질을 차가운 암흑물질(cold dark matter, CDM)이라고 한다. 현재 관측을 설명할 수 있는 암흑물질로 생각되고 있는 것은 이 차가운 암흑물질이다.

3.2.4 바리온의 요동

우주관측에 있어 우리에게 직접 보이는 것은 은하나 성운 등으로 빛나 보이는 것들이다. 빛과 상호작용이 있는 바리온 성분은 우리에게 있어 중요하다. 암흑물질에 비해 양은 매우적지만 바리온은 우리들 자신의 몸을 구성하고 은하나 태양, 지구 등을 구성하는 우리에게 없어서는 안 되는 물질이다. 은하가 되기 위해서는 바리온이 충분히 많이 모이는 것이 필요하지만, 바리온은 암흑물질과는 달리 압력을 가지기 때문에 우주초기에는 바리온의 요동은 충분히 성장할 수 없다. 우주가 맑게 개기까지 바리온은 광자와 강하게 결합하고 있기 때문에 복사의 요동 이상으로 성장할 수 없는 것이다. 맑게 갬 시점의 복사요동은 우주배경복사 요동으로 알 수 있다. 만일 우주가 바리온만으로 구성되어 있다고 하면 그 요동의 크기는 구조형성을 일으켜 현재의 구조를 만들기에는 너무 작다.

실제로는 암흑물질의 요동이 우주의 맑게 갬 이전의 등밀도시부터 성장하고 있으므로 맑게 갬 시점에는 바리온 요동보다 암흑물질 요동이 커지게 된다. 맑게 갬 시점에서 요동이 작았던 바리온도 암흑물질이 만드는 보다 강한 중력 퍼텐셜로부터 받는 힘에 의해서 바리온만으로는 만들어 낼 수 없었던 보다 큰 요동을 성장시킬 수 있는 것이다. 이렇게 해서 현재와 같은 은하나 은하단 등의 구조가 만들어졌다고 생각되고 있다.

우주가 맑게 갬 이후, 암흑물질이 만드는 중력 퍼텐셜 중 바리온의 요동 양상은 바리온에 대한 연속식 (3.19)와 오일러 방정식 (3.20)에 서술되어 있다. 여기서 중력 퍼텐셜은 암흑물질에 지배를 받기 때문에 푸아송 방정식 (3.18)의 우변은 암흑물질의 요동을 포함한다. 맑게 갬 이후는 바리온의 음속은 충분히 작아지고 있기 때문에 이것을 무시하면 바리온의 요동 δ_b의 발전방정식으로서 다음 식을 얻을 수 있다.

$$\frac{\partial^2 \delta_b}{\partial t^2} + 2H \frac{\partial \delta_b}{\partial t} = 4\pi G \bar{\rho}_m \delta_m \tag{3.36}$$

우변에는 본래 바리온의 요동도 들어가지만 기여가 작기 때문에 간단히 하기 위해 무시하고 있다.

여기에 시간 t 대신 새롭게 변수 $y = a/a_{rec}$를 도입한다. 여기서 a_{rec}은 우주의 맑게 갬 시점에서의 스케일 인자이다. 이때 암흑물질의 요동의 시간발전은 $\delta_\mathrm{m} \propto y$이다. 이 변수에 의해 방정식은 다음과 같이 된다.

$$y^{1/2}\frac{d}{dy}\left(y^{3/2}\frac{d\delta_\mathrm{b}}{dy}\right) = \frac{3}{2}\delta_\mathrm{m} \tag{3.37}$$

이 방정식은 쉽게 풀 수 있으며 그 성장해는 다음과 같다.

$$\delta_\mathrm{b} = \left(1 - \frac{1}{y}\right)\delta_\mathrm{m} \tag{3.38}$$

이 해에서 알 수 있듯이 우주가 맑게 갬 시점 $y=1$에서는 요동이 없지만, 맑게 갬 이후부터 충분히 시간이 경과해서 $y \gg 1$이 되면 암흑물질의 요동과 거의 같아진다. 처음에는 암흑물질 쪽의 요동이 성장해 있으며, 거기에 바리온의 요동이 따라 붙듯이 성장한다. 이 현상은 바리온 요동의 '따라붙기 현상'이라고 한다.

3.2.5 수치계산에 의한 선형 밀도요동의 진화

앞에서 설명했던 각 성분의 선형 요동의 진화에 대해 상세한 수치계산으로 구한 예를 그림 3.1에 나타냈다. 이 그림에서는 각 성분의 특징적인 양상을 알 수 있도록 물질 성분으로서 차가운 암흑물질 75%, 뜨거운 암흑물질 20%, 바리온 5%가 혼재하는 아인슈타인-드 지터 우주의 계산 예를 나타내고 있다. 뜨거운 암흑물질은 무거운 뉴트리노라고 하고, 또 $h=0.5$가 가정되어 있다. 3개의 그림은 그림 중에 표시한 파동수의 요동 진화를 스케일마다 별도로 나타내고 있다. x축은 스케일 인자(a), y축은 각 성분의 요동의 상대적인 크기를 각각 로그 스케일로 나타내고 있다. 이 모델에 있어서 등밀도시는 $\log_{10} a \sim -3$에 대응한다. 그리고 우주의 맑게 갬은

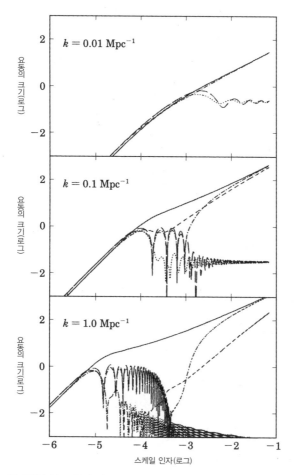

그림 3.1 각 성분의 밀도요동의 진화를 각 파장 스케일로 수치계산해서 구한 것(Ma & Bertschinger 1995, *ApJ*, 455, 7). 실선은 차가운 암흑물질, 일점 쇄선은 바리온, 긴 파선은 광자, 점선은 질량을 무시할 수 있는 뉴트리노, 짧은 파선은 뜨거운 암흑물질의 요동의 진화에 각각 대응한다. 그리고 대응하는 파장이 지평선의 내측으로 들어간 것은 실선이 꺾여진 곳이다.

$\log_{10} a = -3$이다.

어떤 파장에서도 아주 초기에는 지평선 길이보다 길기 때문에 모든 성분의 요동은 동일하게 성장하고 있는 것을 알 수 있다. 그 성장은 복사우세기에서는 a^2에 비례하며 물질우세기에서는 a에 비례한다.[6] 파장이 지평선 내에 들어가면 각 성분의 양상은 상호작용에 의해 크게 달라진다.

우선 $k = 0.01 \, \mathrm{Mpc}^{-1}$인 파동수의 요동은 우주의 맑게 갬 이후에 파장이 지평선 안에 들어간다. 등밀도시 무렵의 각 성분의 요동의 성장 속도는 조금 늦어지고 있는 것을 알 수 있다. 물질 성분인 차가운 암흑물질, 뜨거운 암흑물질 및 바리온의 요동은 지평선 안에 들어 간 후에도 그 이전과 같이 스케일 인자에 비례해서 성장한다. 한편 복사 성분인 광자와 질량이 무시되는 뉴트리노의 요동은 중력을 느끼지 않기 때문에 지평선에 들어 간 후에는 진동해서 성장하지 않는다.

다음으로 $k = 0.1 \, \mathrm{Mpc}^{-1}$인 파동수의 요동은 꼭 맞게 등밀도시의 무렵에 지평선에 들어간다. 차가운 암흑물질은 지평선 안에 들어간 후에도 성장을 계속하지만 그 외의 다른 성분의 성장은 억제된다. 맑게 개기까지 바리온과 빛은 일체가 되어 음향진동을 하고 요동은 성장하지 않는다. 맑게 갬 이후 바리온은 광자와의 결합이 끊어지며 차가운 암흑물질의 요동으로의 따라붙기 현상이 일어나고 있다. 뜨거운 암흑물질은 지평선에 들어간 후 한동안 자유운동에 의해 요동이 감쇠한다. 그러나 이 파동수는 그 후 자유운동의 스케일을 상회하며 바리온과 같이 차가운 암흑물질 요동에 따라붙게 된다. 그러나 속도분산 때문에 그 따라붙는 방법은 바리온보다 느리다.

---

6 지평선을 넘는 스케일의 요동 값은 일반상대론적인 게이지gauge 취득 방법에 의존하기 때문에 그 성장에 물리적 의미가 없다. 이 그림에서는 요동을 동일한 게이지에 기초해서 정의하고 있다. 그러나 요동이 전혀 성장하지 않는 게이지를 취할 수도 있다. 한편 지평선 내에 들어가 있는 성장의 요동은 게이지 취득 방법에 의존하지 않으며 물리적인 의미가 있다.

마지막으로 $k = 1.0\,\mathrm{Mpc}^{-1}$인 파동수의 요동은 등밀도시 이전에 지평선에 들어간다. 차가운 암흑물질 요동은 지평선에 들어가고 나서 등밀도시까지 요동의 정체현상에 의해 다소 요동의 성장이 느려진다(단 이 성장의 둔화는 뜨거운 암흑물질의 요동에 다소 끌리고 있다). 바리온과 광자는 같이 음향진동을 하고 있지만 맑게 갬에 가까워지면 광자에 의한 바리온의 끌림, 즉 실크Silk댐핑[7]에 의해 요동이 제법 감소한다. 맑게 갬 이후 바리온 요동은 차가운 암흑물질 요동에 급속하게 따라붙는다. 그리고 뜨거운 암흑물질은 자유운동에 의해 요동이 크게 감쇠하며 또한 차가운 암흑물질에 따라붙기에도 시간이 걸리고 있다.

3.2.6 밀도요동의 파워스펙트럼

우주의 구조는 우선 첫째로 밀도의 요동으로 특징지어진다. 그리고 구조형성은 밀도요동이 성장함으로써 일어나게 된다. 우주의 밀도요동은 이와 같이 구조형성에 있어 가장 기본적인 성질이다. 따라서 밀도요동이 어떠한 것인지를 정량적으로 나타내는 지표가 필요하다. 어느 시각에서의 밀도의 요동은 공간의 함수이기 때문에 그 자유도는 무한대이다. 따라서 밀도요동을 정확하게 나타내려면 무한 점에서의 값을 지정할 필요가 있지만, 그것은 현실적이 아닐뿐더러 물리량으로서 이론적인 예언이 가능하지도 않다. 우주의 어떤 특수한 장소에서의 밀도가 얼마인가를 이론적으로 예언할 수 없다. 왜냐하면 우주의 밀도요동은 확률적인 과정을 기초로 해서 생성되었다고 생각되고 있기 때문이다. 우주의 진화의 물리이론이 예언할 수 있는 것은 밀도의 요동이 전체로서 어떠한 성질을 가지고 있는가에 대한 통계적인 양뿐이다. 이 목적에 있어서 가장 잘 사용되고 있는 것

---

[7] 실크감쇠라고도 한다.

이 앞으로 설명할 파워스펙트럼이라는 양이다.

공동좌표에 있어 충분히 큰 체적 V를 취하여 밀도요동 $\delta(\boldsymbol{x})$를 다음과 같이 푸리에분해한다.

$$\delta(\boldsymbol{x}) = \frac{1}{\sqrt{V}} \sum_{\boldsymbol{k}} \delta_{\boldsymbol{k}} e^{i\boldsymbol{k}\cdot\boldsymbol{x}} \tag{3.39}$$

여기서는 무한하게 넓은 공간을 생각하는 대신 충분히 큰 체적 V의 주기 周期경계조건을 가진 정육면체 중에서 생각한다. 이때에는 파동수 벡터 $\boldsymbol{k}$가 이산적離散的인 변수가 되기 때문에 다루기가 쉽다. 최종적으로는 $V \to \infty$ 의 극한을 취함으로써 무한히 넓은 공간을 다루는 것이 된다.

푸리에계수 $\delta_{\boldsymbol{k}}$는 복소수이지만 그 절댓값 $|\delta_{\boldsymbol{k}}|$는 파동수 $\boldsymbol{k}$에 대응하는 파장 $2\pi/|\boldsymbol{k}|$를 갖는 요동 성분의 세기를 나타내고 있다. 밀도요동은 랜덤 변수이며 그 푸리에계수는 파동수의 함수로 매우 랜덤의 양상을 보인다. 파워스펙트럼 $P(k)$는 이 푸리에계수의 평균적인 세기로서 다음과 같이 정의된다.[8]

$$P(k) = \langle |\delta_{\boldsymbol{k}}|^2 \rangle \tag{3.40}$$

여기서 우주는 평균적으로는 등방이기 때문에 파워스펙트럼은 파동수의 방향에는 의존하지 않아 그 절댓값 $k=|\boldsymbol{k}|$만의 함수가 된다. 그리고 우주는 평균적으로는 균일하다는 것으로 다른 푸리에 모드끼리의 사이에 다음의 관계가 있다는 것이 알려져 있다.

---

8 여기서 생각하고 있는 평균 $\langle \cdots \rangle$는 통계역학에서 말하는 앙상블ensemble 평균이다. 우주에 어느 정도의 독립된 체적을 생각해 각각의 체적 중에서 계산한 양을 평균하는 것으로 생각하면 된다. 실제의 우주관측에서 체적은 하나 밖에 없다. 따라서 관측과 대응시키기 위해서는 몇 개의 이웃한 파동수 및 파동수 벡터의 방향으로 평균함으로써 근사적으로 파워스펙트럼을 얻는다.

$$\langle \delta_{k}^{*}\delta_{k'}\rangle = \delta_{kk'}^{K}P(k) \tag{3.41}$$

여기서 $\delta_{kk'}^{K}$는 크로네커·델타를 나타내며 $k = k'$일 때 1, 그 외에는 0으로 정의된다.

우주의 밀도요동의 성질은 파워스펙트럼의 언어로 기술된다. 물론 파워 스펙트럼만으로 요동의 모든 성질을 표현할 수 없지만 요동을 통계적으로 기술하는 데 있어서 가장 기본적인 양으로 사용되고 있다. 우주의 진화와 더불어 요동의 파워스펙트럼이 어떻게 진화하는 가는 구조형성이 어떻게 진화하는 가를 정하는 중요한 문제이다.

밀도요동을 특징짓는 데 있어서 어떤 반경 안에 있는 질량이 우주의 평균에 비해 어느 정도 많은지도 중요한 지표가 된다. 이것을 질량요동이라고 한다. 반경을 고정했을 때의 질량요동의 분산이 1 정도가 되는지 어떤지는 그러한 질량 스케일을 가진 천체가 형성되는지 아닌지를 대략 나타내고 있어 중요한 양의 하나이다. 이 질량요동의 분산은 파워스펙트럼과 연관시키는 것이 가능하다.

여기서 질량요동과 파워스펙트럼과의 대응관계를 설명하겠다. 어느 반경 R인 구 안에 존재하는 질량의 평균값을 M이라고 한다. 이때 우주의 특정한 점을 중심으로 하는 질량을 $M + \delta M$으로 놓으면 δM은 그 점에 있어서의 질량요동을 나타낸다. 지금 원점을 중심으로 해서 반경 R인 구 안에 있는 질량은 다음과 같이 쓸 수 있다.

$$M + \delta M = \int_{|x|\leq R} d^{3}x\,\bar{\rho}\,[1+\delta(\boldsymbol{x})] \tag{3.42}$$

여기서 평균 질량은 $M = 4\pi R^{3}\bar{\rho}/3$로 주어지기 때문에 평균질량으로 규격화한 질량요동 $\delta M/M$은 다음과 같다.

$$\frac{\delta M}{M} = \frac{3}{4\pi R^3} \int_{|\boldsymbol{x}| \leq R} d^3x \, \delta(\boldsymbol{x}) = \frac{1}{\sqrt{V}} \sum_{\boldsymbol{k}} \delta_{\boldsymbol{k}} \frac{3}{4\pi R^3} \int_{|\boldsymbol{x}| \leq R} d^3x \, e^{i\boldsymbol{k}\cdot\boldsymbol{x}}$$

$$(3.43)$$

여기서 2번째 등식에서는 푸리에전개식 (3.39)를 대입했다. 이 식의 최후 적분은 파장이 반경보다도 충분히 큰 $k \gg R^{-1}$ 모드에 대해서는 피적분함수가 강한 진동을 하기 때문에 사라져 버린다. 그리고 반대로 파장이 반경보다 충분히 작은 $k \ll R^{-1}$ 모드에 대해서는 피적분함수가 거의 1이 된다. 따라서 대략적인 근사로서 다음과 같이 어림잡을 수 있다.

$$\frac{3}{4\pi R^3} \int_{|\boldsymbol{x}| \leq R} d^3x \, e^{i\boldsymbol{k}\cdot\boldsymbol{x}} \sim \begin{cases} 1 & (k \leq R^{-1}) \\ 0 & (k > R^{-1}) \end{cases} \qquad (3.44)$$

이렇게 해서 근사적으로

$$\frac{\delta M}{M} \sim \frac{1}{\sqrt{V}} \sum_{\boldsymbol{k}\,:\,|\boldsymbol{k}| \leq 1/R} \delta_{\boldsymbol{k}} \qquad (3.45)$$

가 되는 것을 알 수 있다. 여기서 (식 3.41)을 사용하면 질량요동의 분산을 계산할 수 있으며 다음과 같이 된다.

$$\left\langle \left(\frac{\delta M}{M} \right)^2 \right\rangle \sim \frac{1}{V} \sum_{\boldsymbol{k}\,:\,|\boldsymbol{k}| \leq 1/R} P(k) \qquad (3.46)$$

즉 질량요동의 분산은 생각하고 있는 반경 스케일보다 긴 파장의 모든 모드에서 파워스펙트럼을 더해 합한 것에 거의 근사하게 된다.

지금 한 변의 길이가 L이며 주기경계조건을 충족시키는 정육면체 안의 요동을 생각하고 있기 때문에 1차 방향에의 파동수는 기본 모드의 파동수

$2\pi/L$의 정수배로 주어진다. 따라서 체적 $V=L^3$이 무한대의 연속극한에 서는 $(2\pi)^3/V \to d^3k$와 대응한다. 그러면 (식 3.46)은 이 연속극한에 있어 다음과 같이 나타낼 수 있다.

$$\left\langle \left(\frac{\delta M}{M} \right)^2 \right\rangle \sim \int_{|\boldsymbol{k}| \leq 1/R} \frac{d^3k}{(2\pi)^3} P(k) = \int_0^{1/R} \frac{k^2 dk}{2\pi^2} P(k) \quad (3.47)$$

이 질량요동의 표현은 근사적으로 도출한 것이지만 대강의 질량요동을 나타내는 양으로 (식 3.47)의 우변을 질량요동의 정의로 이용할 수도 있다. 이 경우 분산의 제곱근이라는 의미로 $\delta M/M$이라는 기호를 사용하면 다음과 같이 정의된다.

$$\frac{\delta M}{M} \equiv \left[\int_0^{1/R} \frac{k^2 dk}{2\pi^2} P(k) \right]^{1/2} \quad (3.48)$$

이 함수는 질량 스케일 $M=4\pi R^3 \bar{\rho}/3$의 함수로 생각하는 경우가 많다.

파동수 로그logarithm의 미소구간 $d \ln k = dk/k$당 질량요동에 대한 기여는 (식 3.47)에서

$$\Delta^2(k) \equiv \frac{k^3}{2\pi^2} P(k) \quad (3.49)$$

가 된다. 이 양 $\Delta^2(k)$는 무차원량이며 어느 파동수 k의 요동의 특징적인 크기를 나타내고 있다. 이 때문에 체적의 차원을 갖는 파워스펙트럼 $P(k)$를 대신해서 사용되기도 한다.

3.2.7 초기조건

우주의 밀도요동은 처음에는 어떤 것이었을까? 이것은 요동 생성을 일으

키는 기구機構가 무엇이었나에 따른다. 우주의 밀도요동이 무엇에 의해 일어났는지는 그렇게 분명한 것은 아니다.

1970년 초두에 해리슨E.R. Harrison과 젤도비치Y.B. Zel'dovich는 요동의 생성 기구에 대해서는 언급하지 않고, 이 초기 요동이 어떻게 되어 있어야 하는지에 대해 논하였다. 그들은 이론적인 관점에서 우주의 지평선반경에 대응하는 질량요동은 보편적으로 같은 크기이어야 한다는 것이다. 지평선 반경은 시간과 더불어 커지지만 그 시각마다 주어지는 질량요동의 크기가 언제나 같다고 한 것이다. 이 가정은 우주의 구조를 잘 설명하고 있다고 알려져 있다.

이때의 파워스펙트럼 형태를 구해 보자. 우선 지평선의 반경은 실 거리 cH^{-1}으로 주어지기 때문에 그 공동共動스케일의 반경은 $R_H = c/(aH)$이다. 복사우세기에 스케일 인자는 $a \propto t^{1/2}$이 되기 때문에 $R_H \propto a$가 되며 물질우세기에서 스케일 인자는 $a \propto t^{2/3}$이 되기 때문에 $R_H \propto a^{1/2}$가 된다. 지평선반경 내의 물질의 평균질량은 $M_H \propto \bar{\rho}_m a^3 R_H^3 \propto R_H^3$이기 때문에 다음과 같이 주어진다.

$$M_H \propto \begin{cases} a^3 & \text{(복사우세기)} \\ a^{3/2} & \text{(물질우세기)} \end{cases} \tag{3.50}$$

그리고 지평선반경보다 긴 파장의 밀도요동은 복사우세기에서 a^2에 비례해서 성장하며 물질우세기에서 a에 비례해서 성장한다. 이 성장 인자를 시간의 함수로서 (식 3.50)으로 주어지는 지평선 내의 평균질량으로 나타내면 복사우세기와 물질우세기의 어느 경우에서도 $M_H^{2/3}$에 비례한다. 파워스펙트럼은 밀도요동의 2차 양이기 때문에 그 시간발전은 $M_H^{4/3}$에 비례해서 성장한다.

여기서 지평선반경보다 긴 파장 $k \leq k_H \equiv 1/R_H$에서의 파워스펙트럼 형태로서 멱승冪乘의 형태인 k^n을 가정해 보면 시간발전을 포함시켜 $P(k) \propto M_H^{4/3} k^n$이 된다. $k_H \propto M_H^{-1/3}$이기 때문에 질량요동의 (식 3.48)은 지평선반경에 있어서 다음과 같이 된다.

$$\left(\frac{\delta M}{M}\right)_H \propto M_H^{2/3}\left[\int_0^{k_H} k^2\,dk k^n\right]^{1/2} \propto M_H^{2/3} \cdot M_H^{-(n+3)/6}$$
$$\propto M_H^{-(n-1)/6} \tag{3.51}$$

복사우세기나 물질우세기에 상관없이 이 양이 질량 스케일에 의하지 않고 일정값이 되려면 다음과 같은 $n=1$의 멱형冪型의 파워스펙트럼이면 된다는 것이다.

$$P(k) \propto k \tag{3.52}$$

이때 정확히 지평선반경에 대응하는 질량요동은 시각에 의하지 않고 항상 일정하다. 이 (식 3.52)로 주어지는 형태의 파워스펙트럼을 해리슨－젤도비치 스펙트럼이라고 한다. 이 스펙트럼은 지평선에 들어가기 전의 요동의 크기를 나타내는 것으로 지평선 내에 들어 간 요동은 위에 말한 물리적 효과에 의해 변형된다. 그런 의미에서 요동의 초기 조건이 주어지고 있는 것이다.

초기 요동의 생성기구에 대해서는 지금까지 여러 이론이 주장되어 왔지만 많은 이론이 관측에 맞지 않기 때문에 사라졌다. 현재 상황에서 관측과 모순되지 않는 유력한 이론은 우주초기의 인플레이션 시기에 밀도요동이 만들어졌다는 이론이다. 인플레이션 시기라는 것은 우주초기에 현재와는 비교도 안 될 만큼의 급팽창을 했다는 시기를 말한다. 표준적인 빅뱅이론에서는 우주초기에 부자연스러운 미세조정이 이루어지고 있는 것처럼 보인다. 그러나 인플레이션 시기가 있으면 그와 같은 부자연스러움이 해결된다. 이 때문에 인플레이션 이론은 빅뱅이론을 보완하는 이론이 되고 있다.

인플레이션 시기가 실제로 이 우주에 있었는지 어떤지를 직접 알 수 있는 방법은 지금까지는 없다. 그러나 인플레이션 이론이 밀도요동을 생성한다면 생성된 밀도요동이 현실의 우주에 존재하는 밀도요동을 설명할 수 있는지를 알아봄으로써 간접적으로 인플레이션 이론을 확인할 수 있을 것이다. 이런 의미에서 인플레이션 이론이 만들어 내는 밀도요동을 잘 알아두는 것이 중요하다.

인플레이션은 일시적으로 우주 전체를 뒤덮은 장場의 진공에너지에 의해 일어난다고 생각되고 있다. 장의 진공에너지는 아인슈타인의 우주항과 같은 작용을 하기 때문에 우주 전체의 척력이 되어 우주를 급팽창시키는 것이다. 이때 인플레이션을 일으키는 원인이 된 장場에는 양자적量子的인 공간요동이 있다. 이 요동이 우주의 에너지요동의 근원이 되고 최종적으로는 우주의 밀도요동이 된다는 기구가 생각되고 있다.

인플레이션 이론은 그 구체적인 기구의 점에 있어서 현상에서는 몇 가지 이론으로 갈라져 있으며, 요동의 성질에 대해 반드시 일의적一意的인 예언을 할 수는 없다. 그러나 많은 인플레이션 이론은 생성하는 파워스펙트럼에 대해 파동수의 멱승으로 주어지는 형태인 다음과 같은 예언을 한다.

$$P(k) = Ak^n \tag{3.53}$$

여기서 A는 요동의 진폭을 나타내는 상수이며 n은 요동의 멱지수(거듭제곱지수)이다. 여기서 많은 인플레이션 이론에서는 멱지수가 거의 $n=1$에 가까운 값이 된다. 그것은 바로 해리슨-젤도비치 스펙트럼을 예언하고 있는 것이다.

해리슨–젤도비치 스펙트럼은 관측에 잘 합치하기 때문에 이것은 인플레이션 이론을 지지하는 사실로 간주되고 있다. 그러나 현 단계로서는 여러 가지 인플레이션 이론의 어느 것이 좋은 것인지 구별되지 않는다. 앞으로는 해리슨–젤도비치 스펙트럼으로부터의 엇갈림을 사용해서 한층 더 인플레이션 이론을 검증하는 것이 과제로 되어 갈 것이다.

3.2.8 천이함수

지평선반경보다 장파장 요동은 위와 같이 해리슨–젤도비치 스펙트럼 또는 그와 비슷한 것으로 주어진다고 생각된다. 그보다 단파장 요동은 앞에서 설명했던 것처럼 물리효과에 의해 스케일에 의존한 변형이 일어난다. 이 때문에 파워스펙트럼의 형태는 초기의 형태로부터 변형된다. 선형이론에서는 요동의 진화방정식이 파동수 k마다 독립된 방정식이 된다. 따라서 이 변형은 초기 요동의 파워스펙트럼의 각 파동수마다 독립된 계수가 걸리는 효과로서 나타낸다. 이 계수를 가리켜 천이遷移함수라고 한다.

지금 흥미있는 스케일이 모두 지평선 밖에 있는 것처럼 어떤 아주 초기의 시각 $t=t_{init}$에서의 요동 스펙트럼을 $R_{init}(k)$라고 하자. 초기 스펙트럼이 멱법冪法인 경우는 다음과 같다.

$$P_{init}(k) = A_{init}k^n \tag{3.54}$$

여기서 A_{init}는 스펙트럼의 초기 진폭을 나타내고 있다. 해리슨–젤도비치 스펙트럼은 $n=1$인 경우에 대응한다. 그러나 앞으로의 논의는 특별히 멱법이 아니면 안 된다는 뜻이 아니며 일반적인 초기 스펙트럼에 대해서 성립된다.

지평선을 넘는 파장의 요동은 파동수에 의하지 않고 균일하게 성장한다. 그 성장 인자를 $\delta \propto D(t)$로 한다. 구체적으로는 이것은 복사우세기에 $D(t) \propto a^2(t)$, 물질우세기에 $D(t) \propto a(t)$이다. 우주팽창에 곡률이나 우주항이 영향을 미치는 일반적인 경우에는 별도의 함수가 되기 때문에 여기서는 일반적으로 생각하기로 한다.

한편 지평선 안에 들어가 있는 요동은 일반적으로 파동수에 의존해서 변형된다. 그러나 선형이론에서는 반드시 파동수 k마다 독립해서 요동이 발전한다. 따라서 초기 요동의 푸리에변환을 $\delta_k^{(init)}$라고 하면 시간발전時間發展한 요동은 다음과 같다.

$$\delta_k(t) = \frac{T(k, t)D(t)}{D(t_{init})}\delta_k^{(init)} \tag{3.55}$$

여기서 $T(k, t)$는 지평선 안에서의 여러 가지 물리효과에 의한 요동의 성장이나 억제를 정리해서 나타내는 인자이며 천이함수라고 한다. 이때 시각 t에서의 파워스펙트럼은 다음과 같이 주어진다.

$$P(k) = \frac{T^2(k, t)D^2(t)}{D^2(t_{init})}P_{init}(k) \tag{3.56}$$

지평선반경 $R_H(t)$보다 장파장 요동은 천이함수의 영향을 받지 않기 때문에 $k \ll k_H(t) \equiv 1/R_H(t)$에 대해서 반드시 $T(k, t) \to 1$이 된다.

여기서 위의 식은 선형이론이 성립되는 범위에서 성립한다는 것에 주의하자. 선형이론은 요동 δ가 평균적으로 1보다 아주 작을 때 맞는다. 이것은 (식 3.49)로 주어지는 무차원화 된 파워스펙트럼에 대해 $\Delta^2(k) \ll 1$인 조건의 경우일 때 충족된다. 상향식bottom-up 구조형성의 경우 $\Delta^2(k)$는 증가함수, 즉 단파장 요동일수록 진폭이 크기 때문에 작은 스케일부터 순서대로 $\Delta^2(k) > 1$이 되어 비선형의 역학에 지배되게 된다. 현재의 우주의 요동에 대해서는 거의 10 Mpc 이하는 비선형이 되고 있는 것이 알려져 있는데, 이와 같은 영역에 대해 선형이론이 깨지고 있다. 그러나 과거로 거슬러 올라가면 요동은 작아져 있기 때문에 우주초기에는 이것보다 훨씬 작은 스케일까지 선형이론이 성립된다. 또한 현재에도 충분히 큰 스케일에서는 선형이론이 성립되고 있다.

천이함수의 형태를 결정하는 가장 큰 요인의 하나는 복사우세기에서의 스태그스팬션이다. 이 시기에는 지평선반경보다 장파장의 요동은 성장하는데 반해, 그보다 단파장의 요동은 거의 성장할 수 없다. 단파장 요동일수록 지평선 내에 들어 가 있는 기간이 길기 때문에 단파장 쪽일수록 천이함수가 보다 더 작아진다. 복사우세기가 끝나면 스태그스팬션은 일어나지 않게 되며, 이 효과에 의한 천이함수의 변화는 멈춘다. 따라서 복사우세기와 물질우세기의 경계인 등밀도시 t_{eq}의 시점에서의 지평선반경에 대응하는 파동수 $k_H(t_{eq})$를 경계로 천이함수는 크게 구부러지게 된다.

이 스태그스팬션에 의한 천이함수가 구부러진 정확한 형태를 얻으려면 상대론적인 요동의 발전방정식을 수치적으로 풀 필요가 있다. 그러나 그 대강의 형태는 다음과 같이 고찰할 수 있다. 우선 복사우세기에는 $a \propto t^{1/2}$이므로 지평선반경에 대응하는 파동수는 $k_H = aH/c \propto a^{-1}$이다. 따라서 어느 파동수 k에 주목했을 때 그 파장이 지평선반경이 되는 시각에서의 스케일 인자를 $a_{enter}(k)$로 하면 $a_{enter}(k) \propto k^{-1}$가 된다. 지평선 내에 이미 들어 가 있는 파동수 $k \gg k_H(t_{eq})$의 요동은 그 파장이 지평선을 넘어 있을 때만 a^2에 비례해서 성장하며 지평선 안에 들어가면 성장이 멈춘다. 따라서 그와 같은 요동에 대해서는 다음의 스케일에 의존해서 성장한다.

$$\delta_k \propto \left[a_{enter}(k)\right]^2 \delta_k^{(init)} \propto k^{-2}\delta_k^{(init)} \tag{3.57}$$

여기서 천이함수의 점근형漸近形으로서 물질우세기 이후 다음과 같이 되는 것을 알 수 있다.

$$T(k) \propto \begin{cases} 1 & (k \ll k_{\mathrm{H}}(t_{\mathrm{eq}})) \\ k^{-2} & (k \gg k_{\mathrm{H}}(t_{\mathrm{eq}})) \end{cases} \tag{3.58}$$

이 천이함수의 구부러짐에 대응하는 파동수의 스케일은

$$k_{\mathrm{H}}(t_{\mathrm{eq}}) = a(t_{\mathrm{eq}})H(t_{\mathrm{eq}}) = 0.102\,\Omega_{\mathrm{m}}h\ [h\ \mathrm{Mpc}^{-1}] \tag{3.59}$$

로 주어지며 구조형성에 있어 결정적으로 중요한 스케일을 부여한다.

우주의 물질 성분으로서 차가운 암흑물질만을 생각하는 경우 천이함수 현상의 요인으로 이 스태그스팬션에 의한 효과만이 있다. 이 경우 초기 요동으로 표준적인 해리슨–젤도비치 스펙트럼이면 파워스펙트럼의 점근형은 다음과 같다.

$$P(k) \propto kT^2(k) \propto \begin{cases} k & (k \ll k_{\mathrm{H}}(t_{\mathrm{eq}})) \\ k^{-3} & (k \gg k_{\mathrm{H}}(t_{\mathrm{eq}})) \end{cases} \tag{3.60}$$

우주의 주요 성분은 차가운 암흑물질이기 때문에 실제 스펙트럼도 거의 이와 같은 형태를 하고 있다.

그림 3.2에 물질 성분의 종류를 바꾼 몇몇 경우에 대응하는 천이함수를 나타냈다. 물질 성분이 차가운 암흑물질만의 경우는 앞에서 설명한 스펙트럼의 구부러짐이 특징적이다. 그 외의 경우에는 요동의 감쇠기구가 별도로 있으며, 작은 스케일 측에 차가운 암흑물질만의 경우보다 천이함수가 더욱 작아진다.

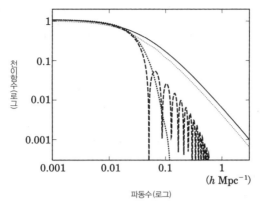

그림 3.2 천이함수. 실선은 차가운 암흑물질만의 우주. 굵은 파선은 바리온만의 우주. 굵은 점선은 뜨거운 암흑물질만의 우주. 어느 것도 $\Omega_m = 0.27$, $h = 0.71$을 가정하고 있다. 가는 점선은 바리온과 차가운 암흑물질이 혼합된 보다 현실적인 우주($\Omega_b = 0.04$, $\Omega_{CDM} = 0.23$)이다.

　물질 성분이 뜨거운 암흑물질인 경우에는 자유운동에 의한 요동의 감쇠가 강하게 영향을 미쳐 천이함수는 단파장 쪽에서 크게 억제된다. 이 경우에는 (식 3.34)에서 주어진 파장 이하의 요동은 현재까지 사실상 사라져 버린다. 또는 암흑물질의 전부가 뜨거운 암흑물질이 아니더라도 뜨거운 암흑물질 성분이 조금 섞여 있으면 단파장 쪽에서 요동이 어느 정도 억제된다. 뉴트리노는 뜨거운 암흑물질로서 작용하고 있기 때문에 그 질량이 충분히 무거우면 이렇게 천이함수에 영향을 미치게 된다. 어느 정도의 영향이 있는지는 뉴트리노의 질량에 따른다.

　물질 성분이 바리온뿐인 경우에도 역시 요동이 작은 스케일 쪽에서 크게 억제된다. 그리고 그 억제 패턴은 스케일마다 진동하고 있다. 이 이유는 다음과 같다. 우선 바리온은 우주의 맑게 갬 시점에서 광자와의 결합이 끊어진다. 이것은 돌연 일어나는 현상이 아니고 서서히 진행한다. 광자의 평균 자유행정行程이 서서히 늘어남으로써 광자는 확산하지만 아직 바리온과 충돌하기 때문에 바리온도 광자에 의해 끌려가서 같이 확산된다. 이

때 확산 스케일 이하에서의 바리온의 요동이 고르게 되는 것이다. 이 요동의 감쇠기구를 실크댐핑이라고 한다(3.2.5절 참조). 그리고 우주의 맑게 갬 이전의 바리온의 진스길이는 지평선반경 정도이다.

처음에 지평선 밖에 있던 파장이 안으로 들어오면 그 파장의 바리온요동은 중력에 의해 성장하려는 힘과 압력에 의해 성장을 정지시키려는 힘에 의해 진동한다. 빠르게 지평선 내에 들어 온 바리온 요동일수록 몇 번이고 진동하기 때문에 그 진동의 위상은 요동의 파장마다 다르다. 우주의 맑게 갬 시점에서 바리온과 광자의 결합이 끊어지면 이 진동은 멈추며 그 후는 단조롭게 요동이 성장한다. 각 스케일마다 우주의 맑게 갬 시점에서의 진동의 위상은 다르기 때문에 천이함수에 진동 패턴이 새겨져 있는 것이다. 이와 같은 진동을 바리온의 음향진동이라고 한다.

물질 성분의 주요 성분은 차가운 암흑물질이며 약간의 바리온이 포함되어 있는 현실적인 경우는 차가운 암흑물질의 천이함수가 바리온의 영향으로 변형된다. 그 변형은 바리온의 실크댐핑과 음향진동에 의한 것으로 천이함수는 작은 스케일 측에서 약간의 진동을 하면서 감쇠한다.

지금까지 살펴본 바와 같이 천이함수는 우주의 팽창이 어떤 모습이었나, 그리고 특히 우주의 성분이 무엇인가에 따라 크게 다르게 된다. 이것은 현재의 밀도요동 속에 우주의 성분에 관한 많은 정보가 포함되어 있다는 것을 의미한다. 최근에 우주의 대규모 구조나 우주의 배경복사의 온도 요동 등으로 우주 성분 등의 우주론 매개변수를 매우 정밀하게 알 수 있게 되었다. 이것을 가능하게 한 중요한 원리로서 여기서 논한 우주의 밀도요동의 진화가 사용되고 있는 것이다.

3.3 비선형성장과 구조형성 시뮬레이션

3.3.1 선형성장과 비선형성장

우주의 초기에는 모든 스케일에서의 요동이 충분히 작았기 때문에 요동의 변수에 대해 2차 이상의 항을 무시하는 선형이론에 의해서 요동의 진화를 알아 낼 수 있었다. 선형이론에서는 푸리에변환에 의해 요동을 각 파동수마다 분해하는 것으로 요동의 발전방정식이 각각의 파동수(파수)마다 독립적인 방정식계가 된다. 이것에는 각 파동수의 요동 성장을 각각 전혀 독립적으로 구할 수 있는 장점이 있다. 이렇게 해서 요동의 선형성장을 구하는 것은 천이함수를 구하는 것에 귀착한다. 천이함수의 계산에는 다소 복잡한 수치적분을 필요로 하지만 그 평가에 있어서 원리적인 곤란은 존재하지 않는다.

한편 요동이 커져서 그 값이 1에 가까워지거나 1을 넘게 되면 이미 선형이론이 성립되지 않게 된다. 이 경우에는 푸리에변환에 의해 요동을 분해해도 다른 파동수에 속하는 요동 성분이 서로 관계하고 있어, 그 일반적인 성장을 해석적으로 다룰 수 없게 되어버린다. 이 때문에 비선형 영역에서의 요동의 이해는 선형 영역에 비해 어렵게 된다. 현재의 우주에 있어 약 10 Mpc 이하의 스케일은 비선형 영역에 있으며 이것보다 작은 천체나 구조의 형성은 비선형이론으로 다룰 수 없다. 별이나 은하의 형성은 완전한 비선형 영역에서 일어나고 있다. 은하단도 선형이론으로는 다룰 수 없다.

이들 비선형 구조는 선형성장에 의해 서서히 커진 요동이 1을 초과함에 따라 비선형성장하여 형성된다. 해리슨-젤도비치 스펙트럼에 의한 초기 요동과 차가운 암흑물질에 의해 지배되는 표준적인 구조형성 시나리오를 기초로 밀도요동의 파워스펙트럼은 (식 3.60)의 형태를 하고 있기 때문에

(식 3.49)로 주어지는 무차원화된 파워스펙트럼은 단조증가함수가 된다. 물질우세기에 파워스펙트럼은 시간과 더불어 균일하게 증가하므로 파동수 k가 큰 단파장 쪽의 요동부터 순서대로 비선형 영역으로 들어가게 된다. 즉 작은 구조일수록 이른 시기에 형성된다. 이 때문에 천체의 형성은 별 → 은하 → 은하단과 같이 진행된다.

이와 같이 천체의 형성과정에는 요동의 비선형성장이 본질적인 역할을 하고 있다. 이 때문에 천체의 형성의 이해에는 비선형성장을 알아야만 한다. 이 문제에 대해 일반적인 해석해를 구할 수 없기 때문에 어떤 근사를 쓸 필요가 있다. 다음으로 비선형 영역에 대한 몇몇 근사법을 설명하겠다.

3.3.2 구대칭 모델

어느 한 점의 둘레에 구球대칭으로 분포하고 있는 경우를 생각해서 그 비선형성장을 생각한다. 현실의 요동은 반드시 구대칭은 아니지만 요동의 비선형 성장의 대략적인 양상을 알아내는 간단한 모델로는 매우 유용하다. 그리고 이 구대칭 모델을 토대로 더 나은 천체의 구조형성 모델이 생각되고 있다. 여기서는 구대칭인 밀도요동이 있었던 경우의 요동 진화에 대해서 설명하겠다.

지금 물질에 고정된 어떤 구각球殼의 반경 변화 $R(t)$를 뒤따르는 것을 생각해 보자. 구대칭 분포의 경우 구각에 작용하는 힘은 그 구각 내부에 있는 어떤 물질의 질량 M만으로 결정되고 외부 분포에는 영향을 받지 않는다. 구각은 물질에 고정되어 있기 때문에 R이 변해도 내부에 포함된 질량 M은 일정하다. 따라서 그 운동방정식은

$$\frac{d^2 R}{dt^2} = -\frac{GM}{R^2} \tag{3.61}$$

이 되며 역자승법칙을 갖는 중심력장場 중 질점의 1차원 운동방정식과 동등하다.

팽창우주에 포함된 구각을 생각하면 그 구각은 초기 조건으로서 외향外向의 속도를 가진다. 이 때문에 해의 대략적 양상은 구각의 전체 에너지의 음양(−, +)에 따라 다음과 같이 된다. 구각의 전체 에너지가 음(−)일 경우에는 퍼텐셜에너지를 뿌리치고 운동할 수 없다. 운동에너지가 0이 된 시점에서 팽창이 멈추며 그 후 수축으로 바뀐다. 그리고 나서 최종적으로는 중심으로 되돌아가서 붕괴된다. 이것은 중력 퍼텐셜에 속박된 이른바 속박해이다. 한편 전체 에너지가 양(+)이면 더 이상 운동에너지가 0이 되지 않고 감속하면서 영원히 팽창을 계속하게 된다. 이것은 중력 퍼텐셜에 속박되지 않는 비속박해이다.

(식 3.61)의 해는 초기 단계에 구할 수 있다. 우선 이 방정식을 한 번 적분하면 다음을 얻을 수 있다.

$$\left(\frac{dR}{dt}\right)^2 = \frac{2GM}{R} + 2E \tag{3.62}$$

단, E는 적분상수이며 $E<0$은 속박해, $E>0$은 비속박해에 각각 대응하고 있다. 이 식은 초기 단계에서 적분할 수 있으며 그 해 $R(t)$는 매개변수 표시에 의해 다음과 같다.

$$\begin{cases} R = A^2(1-\cos\theta) \\ t = \frac{A^3}{\sqrt{GM}}(\theta - \sin\theta) \end{cases} \quad (E<0) \tag{3.63}$$

$$\begin{cases} R = A^2(\cosh\theta - 1) \\ t = \frac{A^3}{\sqrt{GM}}(\sinh\theta - \theta) \end{cases} \quad (E>0) \tag{3.64}$$

여기서 A는 적분상수이다. 이 상수는 구대칭 분포의 어느 구각을 선택하느냐라는 부정성不定性에 대응하므로 특별히 여기서 정할 필요가 없다.

그리고 우주의 어느 점에서의 밀도요동 δ는 그 점에서의 밀도 ρ와 우주 전체의 평균 밀도 $\bar\rho$에 의해 $\delta = \rho/\bar\rho - 1$로 주어진다. 지금 구각 내의 밀도는 $\rho = M/(4\pi R^3/3)$이다. 배경밀도로서 간단하게 하기 위해 아인슈타인-드 지터 우주를 생각하면 $\bar\rho = 1/(6\pi Gt^2)$이다. 그러면 밀도요동에 대응하는 양은 다음과 같다.

$$\delta(t) = \frac{9GMt^2}{2R^3} - 1 = \begin{cases} \dfrac{9}{2}\dfrac{(\theta-\sin\theta)^2}{(1-\cos\theta)^3} - 1 & (E<0) \\[4mm] \dfrac{9}{2}\dfrac{(\sinh\theta-\theta)^2}{(\cosh\theta-1)^3} - 1 & (E>0) \end{cases} \tag{3.65}$$

여기서 최후의 등식에는 (식 3.63)과 (식 3.64)를 대입하였다. 시각 t는 (식 3.63)과 (식 3.64)의 각각 제2식에 의해 매개변수 θ와 관계되어 있다.

(식 3.65)의 비속박해($E>0$)는 시각과 더불어 $\delta = -1$에 무한히 접근해 간다. 즉 이것은 초기의 구각 내의 밀도가 우주의 평균밀도보다 조금 작은 영역의 진화에 대응하며 은하가 거의 형성되지 않는 영역, 즉 공동void 영역의 형성으로 간주할 수 있다. 따라서 이 경우는 천체의 형성에는 대응하지 않는다.

한편 속박해($E<0$)는 유한시간 사이에 밀도가 무한대로 되어 붕괴하는 해이다. 그렇지만 실제 우주에서의 요동의 붕괴에 있어서는 여기서 무시하고 있는 물질의 입자성이나, 압력 또는 속도분산에 의해 밀도가 무한대로 되지 않는다고 생각된다. 그 대신에 충분히 밀도가 높아지면 비리얼 평형에 도달해 유한한 반경을 가진 커진 천체가 형성될 것이다. 그와 같은 천체로부터 열이 빠져나가고 냉각되면 더욱더 수축해서 별이나 은하 등의 천체가 된다고 생각되는 것이다.

속박해에 있어서 팽창이 마침 멈추어서 수축으로 바뀌는 회전점의 시각은 매개변수가 $\theta = \pi$가 되는 시점이다. (식 3.63)에 의해 이때의 시각과 구각의 반경은 각각 다음과 같다.

$$t_{\text{turn}} = \frac{\pi A^3}{\sqrt{GM}}, \qquad R_{\text{turn}} = 2A^2 \tag{3.66}$$

그리고 이 시점에서 밀도요동은 (식 3.65)에 의해 다음과 같이 된다.

$$\delta_{\text{turn}} = \frac{9\pi^2}{16} - 1 \simeq 4.55 \tag{3.67}$$

또한 붕괴하는 시각은 $\theta = 2\pi$가 되는 시점이며 그때의 시각과 구각의 반경은 다음과 같으며 요동은 발산한다.

$$t_{\text{coll}} = \frac{2\pi A^3}{\sqrt{GM}}, \qquad R_{\text{coll}} = 0 \tag{3.68}$$

여기서 이 구대칭인 요동은 완전히 반경 0까지 붕괴되지 않고 최종적으로 비리얼 평형에 도달해서 반경 R_{vir}인 천체가 된다고 생각해 보자. 여기까지는 어떤 반경의 구각을 선택하는지는 임의였지만, 최종적으로 비리얼 평형에 도달한 천체의 질량을 포함하는 구각을 취한 것이라고 하자. 이 천체의 질량을 M으로 한다. 비리얼 정리에 의하면 이 천체의 운동에너지 K_{vir}와 퍼텐셜에너지 U_{vir} 사이에는 $2K_{\text{vir}} + U_{\text{vir}} = 0$의 관계가 성립한다. 그리고 구각의 회전점의 시각 t_{turn}에서의 퍼텐셜에너지를 U_{turn}이라고 한다. 이 시각에서는 운동에너지가 0이다. 따라서 에너지보존법칙에 의해 $K_{\text{vir}} + U_{\text{vir}} = U_{\text{turn}}$이 성립한다. 이들 두 식에서 K_{vir}를 소거하면 $U_{\text{vir}} = 2U_{\text{turn}}$이 도출된다. 퍼텐셜에너지는 반경에 반비례하기 때문에 결국

$R_{\mathrm{vir}} = R_{\mathrm{turn}}/2 = A^2$을 얻게 된다. 즉 최종적으로 비리얼 평형에 이른 천체의 반경은 회전점 반경의 정확히 $1/2$이다.

구각의 반경이 정확히 $R_{\mathrm{vir}} = A^2$이 되는 것은 $\theta = 3\pi/2$ 시점이다. 다만 구각이 R_{vir}에 도달했을 때 곧바로 평형에 도달한다고는 생각되지 않는다. 적어도 반경 R_{vir}를 입자가 자유낙하해서 중심 부분으로 도달하는 정도의 시간이 필요한 것이다. 따라서 아무런 저항도 받지 않고 구각이 중심까지 떨어지는 시각인 t_{coll}에서 평형상태가 된 것이라고 생각해도 될 것이다. 이 때의 밀도요동의 값은 다음과 같이 주어진다.

$$\delta_{\mathrm{vir}} = \frac{M/(4\pi R_{\mathrm{vir}}^{3}/3)}{\bar{\rho}(t_{\mathrm{coll}})} - 1 = 18\pi^2 - 1 \simeq 177 \qquad (3.69)$$

즉 구대칭 모델에서는 중력이 붕괴해 비리얼 평형이 된 영역의 밀도요동은 형성시점에서 약 177이 된다.

여기서 선형이론과의 대응관계를 도출해 놓으면 유용하다. 구대칭 모델에서는 비선형 요동의 성장까지를 뒤 따를 수 있었지만, 그 초기 단계에서는 요동이 작기 때문에 선형이론과 일치하게 될 것이다. (식 3.65)에 의해 요동 δ와 시각 t를 매개변수 θ로 전개하면 다음과 같다.

$$\delta = \frac{3}{20}\theta^2 + \mathcal{O}(\theta^4) \qquad (3.70)$$

$$t = \frac{A^3}{6\sqrt{GM}}\theta^3 + \mathcal{O}(\theta^5) \qquad (3.71)$$

따라서 최저차次의 근사로 $\delta \propto t^{2/3}$이 되며 (식 3.29)로 주어진 선형이론의 성장해와 일치한다. 이 최저차 항이 선형이론의 요동을 나타내고 있으므로 이것을 δ_{L}이라고 한다. 계수도 포함시켜 구체적으로는 다음과 같이 된다.

$$\delta_{\rm L}(t) = \frac{3}{20} \left(\frac{6\sqrt{GM}}{A^3} t \right)^{2/3} \tag{3.72}$$

요동이 작은 $\delta \ll 1$일 때는 (식 3.65)의 구대칭 해解도 (식 3.72)의 선형근사도 거의 같지만 비선형 영역에 들어감에 따라 양자는 차이가 나게 된다.

여기서 구대칭 요동 δ도 선형 요동 $\delta_{\rm L}$도 시간의 단조증가함수인 것에 주의하면 양자 사이에 대응관계가 따르게 된다. 이 관계를 일단 도출해 놓으면 선형요동 값에서 실제의 비선형 요동 값을 추정할 수 있게 된다. 이 관계는 (식 3.72)에 (식 3.63)이나 (식 3.64)의 t를 대입한 식과 (식 3.64)를 사용하면 매개변수 θ를 매개변수로 해서 주어진다. 특히 회전점과 붕괴점의 시각에서의 선형요동의 값은 다음과 같다.

$$\delta_{\rm L}(t_{\rm turn}) = \frac{3(6\pi)^{2/3}}{20} \simeq 1.06 \tag{3.73}$$

$$\delta_{\rm L}(t_{\rm coll}) = \frac{3(12\pi)^{2/3}}{20} \simeq 1.69 \tag{3.74}$$

이 대응은 구대칭 요동의 경우에만 맞지만 일반 요동의 성장에 대해서도 비선형 천체의 형성시기를 선형이론으로 가늠하는 모델로 활용되고 있다. 즉 일반적인 초기 조건에 의한 요동에 대해서도 선형이론에 의해 성장시킨 요동이 1.69가 된 시점을 천체형성 시기로 간주하는 모델을 자주 사용한다. 이 모델은 나중에 설명할 프레스-셰흐터 이론에서도 이용된다. 여기서는 아인슈타인-드 지터Einstein-de Sitter 우주를 염두에 둔 것이지만 일반 우주모델로 확장해도 이 1.69라는 숫자는 크게 변하지 않는다.

3.3.3 젤도비치 근사

일반적인 요동에 대한 비선형성장은 너무나 복잡하고 해석적으로 엄밀하게 다룰 수 없다. 이에 대해 젤도비치 근사는 비선형 영역을 어느 정도 기술하는 모델로서 비교적 단순한 근사법을 제공하고 있다. 이 근사를 젤도비치 근사라고 하며 비선형 영역의 양상을 조사하는 데 자주 이용되고 있다.

앞에서 설명한 선형이론에 있어서는 밀도요동 $\delta(x, t)$를 공동좌표 x의 점마다 기술하였다. 이러한 변수의 취급을 오일러적인 견해라고 한다. 이 견해로는 물질의 운동 결과로서 밀도가 변하지만 물질이 어떻게 운동했는지에 대한 변수로서는 나타나지 않는다. 한편 물질운동 그 자체를 변수로 취할 수도 있으며 이것을 라그랑주적 견해라고 한다. 젤도비치 근사는 이 라그랑주적 견해에 기초하는 근사이다.

처음에 물질이 완전히 균일하게 분포되어 있다고 가상적으로 생각해 보자. 그때 개개의 물질소편素片의 좌푯값 q를 그 물질소편을 나타내는 라벨이라고 생각한다. 실제의 균일하지 않는 물질분포는 이 균일분포로부터 물질소편의 위치를 적당히 움직임으로써 실현된다. 이 물질소편에 고정된 좌표 q를 라그랑주 좌표라고 하며 이것은 물질소편을 고정하면 시간적으로 변하지 않는다. 한편 본래의 공간좌표 x를 오일러 좌표라고 한다. 어느 시각 t에 있어서 어느 물질소편 q가 존재하는 오일러 좌표를 $x(q, t)$라고 하자. 젤도비치 근사라는 것은 이 물질소편의 운동이 다음 형태로 주어지는 근사이다.

$$x(q, t) = q - b(t)\nabla_q \psi(q) \tag{3.75}$$

여기서 $b(t)$와 $\psi(q)$는 요동의 성장과 패턴을 나타내는 것이며 우변의 미분은 라그랑주 좌표에 대해서 이루어진다. 이 형태에서 알 수 있듯이 젤도비치 근사에서는 라그랑주 좌표에 고정된 퍼텐셜 $\psi(q)$의 기울기로 정해지는 방향과 속도에 의해 일직선상에 물질이 움직인다. 그 속도변화는 함수 $b(t)$에 의해 전체로 균일하게 변화한다.

　여기서 아직 $b(t)$와 $\psi(\boldsymbol{q})$가 미정이지만 요동이 선형단계에 있을 때 그 성장이 선형이론에 일치하도록 택할 수 있다. 요동의 선형이론은 오일러 좌표로 표현되고 있기 때문에 (식 3.75)로 주어지는 물질소편의 분포를 오일러 좌표로 볼 때 어떠한 밀도요동이 되는지를 생각하자. 오일러 좌표의 밀도장場은 질량보존의 관계 $\rho(\boldsymbol{x},\, t)d^3x = \bar{\rho}(t)d^3q$에 의해 야코비안 Jacobian으로 나타내게 되며 다음과 같이 주어진다.

$$\rho(\boldsymbol{x}, t) = \bar{\rho}(t)\det\left\|\frac{\partial \boldsymbol{x}}{\partial \boldsymbol{q}}\right\|^{-1} = \bar{\rho}(t)\det\left\|\delta_{ij} - b(t)\frac{\partial^2 \psi(\boldsymbol{q})}{\partial q_i \partial q_j}\right\|^{-1} \quad (3.76)$$

여기서 요동이 작을 때는 $\boldsymbol{x}$와 $\boldsymbol{q}$의 값이 가깝기 때문에 변수 $b(t)$의 값은 작다. 따라서 (식 3.76)을 $b(t)$에 대해 전개하여 1차 항까지 남기면 밀도요동은 다음과 같다.

$$\delta(\boldsymbol{x}, t) = \frac{\rho(\boldsymbol{x}, t)}{\bar{\rho}(t)} - 1 \simeq b(t)\triangle_q \psi(\boldsymbol{q}) \simeq b(t)\triangle \psi(\boldsymbol{x}) \quad (3.77)$$

여기서 $\triangle_q = \nabla_q^2$은 라그랑주 좌표에 의한 라플라시안Laplacian, $\triangle = \nabla^2$은 오일러 좌표에 의한 라플라시안이다. 최후의 근사에서는 라그랑주 좌표와 오일러 좌표가 요동의 1차인 것을 사용하였다.

　최후 형태를 선형이론의 성장해 형태 $\delta(\boldsymbol{x}, t) = D(t)\delta_{\text{init}}(\boldsymbol{x})/D(t_{\text{init}})$와 비교해 보자. $D(t)$는 선형성장 인자이며 아인슈타인-드 지터 우주에서는 $D(t) \propto t^{2/3}$이다. 여기서는 일반적인 경우를 생각한다. t_{init}는 생각하고 있는 초기 시각이며 δ_{init}는 그때의 초기 요동이다. 그러면 푸아송 방정식 (3.18)도 고려해서

$$b(t) = D(t), \quad \psi(\boldsymbol{q}) = \frac{\varPhi(\boldsymbol{q}, t_{\mathrm{init}})}{4\pi G\bar{\rho}(t_{\mathrm{init}})D(t_{\mathrm{init}})} \qquad (3.78)$$

로 두면 선형이론의 성장해를 재현하는 것을 알 수 있다. 이와 같이 선형이론으로 도출되는 성장요인과 초기 퍼텐셜만으로 그 후의 성장이 정해지므로 구성은 단순하다. 그럼에도 불구하고 오일러 좌표의 선형이론과 비교해서 상당히 비선형 영역까지 비교적 정확한 근사가 되어 있는 것이 확인되고 있다. 이 때문에 요동의 비선형 성장모델로 잘 사용된다.

여기서 젤도비치 근사의 한계에 대해서도 설명해 보자. 근사식 (3.76)에서 알 수 있듯이 선형성장 인자 $D(t)$가 성장하게 되면 야코비안이 발산할 수 있다. 이것은 오일러 좌표 $\boldsymbol{x}$의 한 점에 다른 라그랑주 좌표 $\boldsymbol{q}$의 물질이 이동해 올 때 발생한다. 예를 들면 어느 점에 다른 방향에서 물질이 빠져 들어 부딪치게 될 경우이다. 이때 국소적으로 밀도는 발산한다. 일반적으로 이와 같은 발산하는 장소의 집합은 면을 이루며 이러한 면을 코스틱스면caustic surface이라고 한다. 구대칭해를 다룰 때도 설명했듯이 이러한 밀도의 발산은 실제로는 압력이나 속도분산에 의해 발생하지 않는 것으로 생각되고 있다.

또한 젤도비치 근사에서는 코스틱스면을 물질이 통과한 후에도 원래 나아가던 방향으로 진행을 계속한다. 그러나 실제로는 일단 밀도가 높은 곳을 통과한 물질에는 이번에는 역방향으로 가속도가 작용해서 물질은 역방향으로 되돌아가려고 할 것이다. 이와 같은 효과는 젤도비치 근사로는 표현되어 있지 않다. 따라서 젤도비치 근사는 코스틱스면이 형성되기 이전까지 유효한 근사법이다. 코스틱스면의 형성 전후에도 성장을 보다 잘 근사할 수 있는 젤도비치 근사를 개량하는 방법도 몇 가지 생각되고 있다.

3.3.4 N체 시뮬레이션

구조형성의 비선형성을 조사하는 데에 가장 직접적인 방법은 컴퓨터·시뮬레이션을 하는 것이다. 컴퓨터상에 가상적인 우주를 만들어 그 진화를 수치계산으로 따라가 알아내는 것이다. 컴퓨터는 원리적으로 0과 1의 조합에 의해 모두가 표현되며 그 자유도는 유한이다. 한편 밀도장의 자유도는 공간의 점의 수, 즉 무한대이다. 따라서 시뮬레이션에 있어서는 무한대인 자유도의 계를 유한인 자유도의 계에서 근사하는 것이 필요하다. 따라서 어느 정도 작은 스케일의 구조를 무시해서 흥미 있는 스케일의 구조를 조사하는 것이다. 어느 정도 작은 구조까지 알아낼 수 있는가를 시뮬레이션의 해상도라고 한다.

암흑물질에 의한 구조형성 경우에는 시뮬레이션의 원리는 비교적 단순하다. 암흑물질에는 중력 이외의 상호작용이 작용하지 않는다. 따라서 물질을 유한개수 N의 입자의 집합이라 생각하고 그 입자 간에 중력상호작용만이 작용하고 있은 것으로 한다. 어느 초기 조건 하에 개개 입자의 위치와 속도를 컴퓨터상에 기억하게 한다. 하나하나의 입자에 작용하는 중력을 구하여 가속도를 계산한다. 그 가속도와 입자가 가지는 속도를 토대로 해서 시간을 조금 가게 해서 입자가 이동하는 곳의 위치와 속도를 계산한다. 이것을 반복해서 우주초기부터 현재에 이르는 암흑물질의 분포구조를 구체적으로 만들어서 그 진화를 알아내는 것이다. 이 방법을 이용한 시뮬레이션을 N체 시뮬레이션이라고 한다.

좀 더 구체적으로 살펴보자. 어느 시각 t에서의 입자 $i(i=1, 2, \cdots, N)$의 공동좌표에서의 위치와 속도를 각각 $\boldsymbol{x}_i$, $\boldsymbol{u}_i = \dot{\boldsymbol{x}}_i$이라고 한다. 이들 $6 \times N$의 수치는 컴퓨터상에 기억되며 위치공간에 있어서의 물질분포를 입자로 표현한 것이 된다. 어느 입자에 주목하면 그 입자의 공동좌표의 속도 $\boldsymbol{u}$의 시간변화율은 다음과 같은 라그랑주미분으로 주어진다.

$$\frac{d\boldsymbol{u}}{dt} = \frac{\partial \boldsymbol{u}}{\partial t} + \left(\frac{d\boldsymbol{x}}{dt} \cdot \frac{\partial}{\partial \boldsymbol{x}}\right)\boldsymbol{u} = \frac{\partial \boldsymbol{u}}{\partial t} + (\boldsymbol{u} \cdot \nabla)\boldsymbol{u} \tag{3.79}$$

여기서 좌변의 시간미분은 입자의 속도변화율을 표현한 라그랑주적 견해를 기초로 한 미분을 나타냈으며, 우변의 시간에 관한 편미분은 공간의 어느 한 점을 고정해서 그 장소에서의 속도변화율을 나타낸 오일러적 견해를 기초로 한 편미분이다. 그러면 오일러적 견해로서의 운동방정식인 오일러 방정식 (3.8)을 라그랑주적 견해로 고치면 압력이 없는 암흑물질 $(p=0)$에 대해 입자 i의 운동방정식은 다음과 같다.

$$\frac{d\boldsymbol{u}_i}{dt} + 2H\boldsymbol{u}_i = \boldsymbol{g}_i \tag{3.80}$$

여기서 $\boldsymbol{g}_i = -a^{-2}\nabla\Phi(\boldsymbol{x}_i, t)$는 공동좌표에 있어서의 입자 i의 위치에서 중력의 속도를 나타내는 양이다. 좌변의 제2항은 우주팽창에 의해 끌려 들어가는 효과를 나타내고 있다. 중력가속도가 구해지면 시간이 조금 흐른 $t + \Delta t$에서의 시각 입자의 위치와 속도는

$$\boldsymbol{x}_i(t+\Delta t) = \boldsymbol{x}_i(t) + \boldsymbol{u}_i(t)\Delta t \tag{3.81}$$
$$\boldsymbol{u}_i(t+\Delta t) = \boldsymbol{u}_i(t) + (\boldsymbol{g}_i(t) - 2H\boldsymbol{u}_i(t))\Delta t \tag{3.82}$$

에 의해 구할 수 있다.[9] 이것을 몇 번 반복하는 것으로 팽창우주의 물질분포에 대한 시간변화를 비선형단계까지 포함해서 알아낼 수 있게 된다.

여기서 가장 중요하며 계산시간이 걸리는 것이 중력가속도 $\boldsymbol{g}_i$의 계산이

---

[9] 여기서는 원리를 설명한 것뿐이며 반드시 이와 같은 변수가 사용된다는 것은 아니다. 즉 이 예는 시간간격에 대해 1차정도精度밖에 안 된다. 실제로는 수치적인 안정성 등의 관점에서 다른 변수를 쓰거나 시간간격을 최적으로 선택하는 등 여러 가지 방법이 실시되고 있다.

다. 중력은 장거리력力인 것에 대응해서 중력가속도는 국소적으로는 정해지지 않는다. (식 3.12)로 주어지는 중력 퍼텐셜의 기울기로부터 중력가속도는 다음과 같다.

$$g_i = G \int d^3 x \, \rho(\boldsymbol{x}, \, t) \frac{\boldsymbol{x} - \boldsymbol{x}_i}{|\boldsymbol{x} - \boldsymbol{x}_i|^3} \tag{3.83}$$

여기서 $\bar{\rho}$항의 기여는 $\boldsymbol{x} - \boldsymbol{x}_i$의 각도적분에 의해 서로 지워져 사라진다. N체 시뮬레이션에서는 밀도는 점點입자로 나타나 있기 때문에 밀도장은 각 입자의 위치에서의 델타함수의 합으로 다음과 같다.

$$\rho(\boldsymbol{x}, \, t) = \frac{m}{a^3} \sum_{j=1}^{N} \delta^3(\boldsymbol{x} - \boldsymbol{x}_j) \tag{3.84}$$

여기서 통상 각 입자의 질량 m은 모두 같다고 하면 다음과 같이 된다.

$$g_i = \frac{Gm}{a^3} \sum_{j(j \neq i)} \frac{\boldsymbol{x}_j - \boldsymbol{x}_i}{|\boldsymbol{x}_j - \boldsymbol{x}_i|^3} \tag{3.85}$$

여기서 2개 입자의 위치가 너무 접근하면 그 입자 쌍pair i, j에 대한 (식 3.85)의 항이 매우 커진다. 이 경우 그 2개 입자 간의 인력이 그 외의 입자 전체로부터의 기여에 비해서 크게 되며, 2체 상호작용에 의해 궤도가 서로 크게 구부러지게 된다. 그런데 이와 같은 2체 상호작용은 연속적인 물질분포에서는 일어나지 않는다. 근사적으로 연속분포를 입자로 바꾸어 놓았기 때문에 나타나는 것으로 본래 없기를 바라는 상호작용이다. 따라서 우주구조형성의 N체 시뮬레이션에서는 이와 같은 2체 상호작용이 일어나지 않도록 수정하는 일이 실시되고 있다. 즉 입자의 중력가속도를 다음과 같이 수정한다.

$$g_i = \frac{Gm}{a^3} \sum_{j=1}^{N} \frac{x_j - x_i}{(\,|\,x_j - x_i\,|^2 + \varepsilon^2)^{3/2}} \qquad (3.86)$$

이렇게 되면 어느 거리 ε 이하에 접근한 입자에는 이미 큰 가속도는 작용하지 않는다. 이 매개변수 ε은 소퍼닝 길이softening length라고 하며, 입자를 점 입자가 아니라 이 반경 정도의 크기를 가진 것으로 생각되는 것에 대응하고 있다.

이 중력가속도는 입자 모두에 대해 구할 필요가 있으며 이것을 일일이 실행하려고 하면, 각 시간 스텝마다 $\mathcal{O}(N^2)$항을 계산하게 된다. 입자의 수가 늘면 이 계산에 소요되는 시간은 매우 커지며 실행하는 것이 어렵게 된다. 따라서 이 각 입자의 중력가속도를 어떻게 빨리 계산하는가가 N체 시뮬레이션에서는 매우 중요하게 된다.

중력가속도를 보다 빠르게 구하는 하나의 방법은 입자 쌍의 합을 직접 취하지 않고 공간을 잘게 격자로 나눠 그 격자grid 상에서 중력 퍼텐셜을 계산해서 그 미분으로 중력가속도를 구하는 방식이다. 이것을 입자 – 메시법(Particle-Mesh method, PM법)이라고 한다. 이 방법에서는 우선 입자의 공간적 위치로부터 격자 상의 밀도를 계산한다. 그 다음에 푸아송 방정식 (3.11)을 푸리에변환에 의해서 수치적으로 푼다. 그렇게 해서 얻은 격자 상의 중력 퍼텐셜 값의 기울기로부터 각 입자의 위치에서 중력가속도를 내삽법으로 구하는 것이다.

수치적인 푸리에변환은 언뜻 보면 푸리에공간의 각 점을 더하기 위해 격자수 N_g의 제곱 연산을 필요로 하는 것처럼 보인다. 충분한 해상도를 유지하기 위해서는 격자수는 입자수와 같은 정도로 하지 않으면 안 되기 때문에 직접 입자 쌍을 더해 합하는 것과 계산시간 면에서 변함이 없는 것처럼 보인다. 그러나 푸리에변환계산에는 고속푸리에변환법FFT이라는 수치알고리즘이 잘 알려지고 있으며 실제로 $\mathcal{O}\,(N_g\log_2 N_g)$ 정도의 연산으로 끝나게 된다. 이것은 예를 들면 공간을 1변 당 1,000분할한 $N_g=10^9$의 3차원 격자에 대해, $\mathcal{O}\,(N_g^2)$의 알고리즘에서는 30년 걸리는 계산도 30초에 끝나게 된다!

이와 같이 PM법은 고속으로 중력가속도를 구할 수 있는 단순하면서 강력한 방법이지만 그리드 크기 이하의 해상도를 얻을 수 없다는 결점이 있다. 이 때문에 비교적 근처에 있는 입자로부터 받는 힘을 정확하게 평가할 수 없다. 따라서 이것을 개량하기 위해 고안된 것이 입자－입자/입자－메시법(Particle-Particle/Particle-Mesh method, P³M법)이다. 이 방법에서는 각 입자에 대해 그 입자로부터 먼 쪽에 있는 입자부터 받는 힘을 PM법에 의해 평가하고, 근처에 있는 입자부터 받는 힘은 (식 3.86)의 직접 합에 의해 평가하는 방법이다. 이 방법으로 FFT에 의한 고속성을 유지하면서 근거리의 힘도 정확하게 평가할 수 있게 된다.

푸리에변환을 사용하지 않고 고속화하는 방법으로 트리법Tree method이라는 것도 있다. 가속도를 계산할 때 직접 합 (식 3.86)에서는 모든 입자를 각각 생각하고 있었지만, 트리법에서는 어느 정도 멀리 있는 입자군을 한 곳에 모아 하나의 점으로 대표로 간주한다는 근사를 한다. 여기에는 여러 가지 방식이 생각되고 있지만, 잘 쓰이고 있는 것은 정육면체의 시뮬레이션 박스를 한 변의 길이가 원래의 반이 되는 8개의 정육면체로 분할하고, 이와 같은 방법으로 그들 각 정육면체를 다시 8개로 분할하는 식으로 반복해 간다. 이러한 분할의 연쇄는 정육면체 안에 입자가 하나만 포함되는 데서 중단한다. 따라서 장소에 따라 분할 횟수는 다르게 된다. 이렇게 해서 계층적인 정육면체가 생기며, 각 정육면체에는 어미와 아기의 정육면체가 있다. 다만 원래의 시뮬레이션 박스의 정육면체는 어미를 갖지 않으며, 입자를 하나밖에 포함하지 않는 정육면체는 아기를 갖지 않는다. 모든 정육면체끼리의 모자관계를 도면으로 하면, 원래의 정육면체를 나무의 줄기로 하고, 마치 나무가 몇 번의 가지를 치듯 갈라져 나가는 모습과 닮았다. 가지의 끝에 입자가 하나씩 대응하고 있다. 이러한 준비 하에 개개 입자에 작용하는 힘을 다음과 같이 계산한다.

어떤 입자로부터 보아서 어느 정도 작은 입체각 이하로 한데 모여 보이는 정육면체 안에 있는 모든 입자는, 그 정육면체 안의 입자의 중심重心에 모든 입자가 있는 것으로 해서, 하나하나의 입자로부터의 힘을 계산하지 않고 한 번의 계산으로 끝내게 한다. 이렇게 함으로써 생각하고 있는 입자의 근처에 있는 입자에 대해서는 훨씬 작은 정육면체까지 트리를 따라서 보다 좋은 정밀도와 위치로 힘을 계산하고, 멀리 있는 입자는 비교적 큰 정육면체로 위치를 근사한다. 이 방법의 연산수는 입자수에 대해 $O(N \log N)$와 같이 증가하는 것이 알려져 있으며, 직접 모든 합을 취하는 $O(N^2)$의 연산에 비해 계산시간이 $\log N / N$배로 매우 빨라진다.

이들 외에도 중력가속도를 계산하는 여러 가지 방법이 개발되고 있지만, 어느 경우에도 계산시간을 단축하기 위해 근사를 동반한다. 모든 입자 쌍의 인력을 그와 같은 근사 없이 전부 더해 가는 직접법은 통상의 컴퓨터로 실시하면 시간이 너무 걸리기 때문에 비현실적이다. 그러나 이 중력계산만을 위해 특화한 전용 계산기를 사용함으로써 직접법에 의한 N체 계산을 현실적으로 수행할 수 있다. 실제로 이를 위한 전용 칩을 개발해 탑재한 GRAPE라는 하드웨어가 개발되어 실용화 되고 있다.

실제의 N체 시뮬레이션에 의해 우주의 구조형성 모습을 나타낸 예를 그림 3.3에 나타냈다. 이 시뮬레이션에서는 $N=512^3$, 즉 약 1억 3,000만 체體를 쓰고 있다.

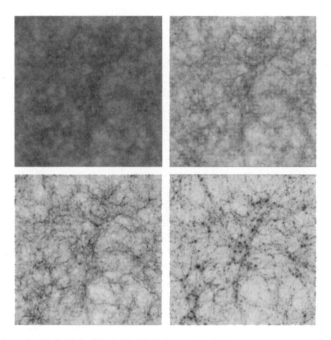

그림 3.3 N체 시뮬레이션에 의한 차가운 암흑물질 분포의 시간진화(요시다 나오키(吉田直紀), 도쿄대학 자료 보관소(data reservoir) 제공). 왼쪽 위, 오른쪽 위, 왼쪽 아래, 오른쪽 아래 순으로 각각 $z=20$, 5, 2, 0에 대응한다.

3.4 가우시안 밀도요동의 통계

요동은 공간의 점마다 랜덤으로 변화하는 변수로 표현된다. 일반적으로는 요동은 통계적인 성질에 의해 그 특징이 정량적으로 기술된다. 여러 가지 물리현상에 대해 일반적으로 자주 사용되는 통계적 성질로 가우시안 Gaussian 요동이 있다. 통상의 모델에서는 우주초기의 밀도요동도 가우시안 요동의 성질을 가지고 있다고 생각되고 있다. 앞으로의 설명에서와 같이 요동의 중력성장이 선형 영역에 있는 한 그 가우시안성性은 유지된다. 이 가우시안 밀도요동의 통계적인 성질을 알아냄으로써 구조형성이 전체적으로 어떻게 진행되는 것인가를 논의할 수 있다.

3.4.1 가우시안 밀도요동

가우시안 밀도요동에 있어서는 밀도요동 $\delta(\boldsymbol{x})$값의 공간적인 분포가 가우스 분포에 따른다. 즉 공간의 어느 점에서의 밀도요동의 값이 δ부터 $\delta+d\delta$의 미소구간 내에 있을 확률은 다음과 같이 주어진다.

$$P(\delta)d\delta = \frac{1}{\sqrt{2\pi}\sigma} \exp\left(-\frac{\delta^2}{2\sigma^2}\right) \tag{3.87}$$

여기서 σ는 밀도요동의 분산

$$\sigma^2 \equiv \langle\, \delta^2\, \rangle \tag{3.88}$$

이며 평균 $\langle\cdots\rangle$는 공간적인 평균값을 나타내고 있다.

이 가우스 분포는 랜덤의 요소가 포함된 여러 가지 물리현상에 있어서 잘 나타나게 되며 일반적으로 중요한 분포이다. 이러한 분포가 보편적으로 잘 나타나는 이유의 하나는 중심中心극한정리라는 것으로 설명된다. 일반적으로 다수의 독립적인 랜덤 변수가 있을 때 그것들의 랜덤 변수의 합도 하나의 랜덤 변수이다. 중심극한정리에 의하면 원래의 랜덤 변수가 어떠한 분포를 가지고 있어도 그 합의 분포는 가우스 분포가 되는 것이다.

인플레이션이론 모델에 의해 생성되는 밀도요동도 통상의 모델에서는 거의 가우시안 밀도요동이 된다. 그리고 관측적으로도 우주배경복사의 요동이나 우주 대규모 구조를 조사함으로써 우주의 초기 요동은 거의 가우스 분포로 설명되는 것이 알려져 있다. 이 때문에 좋은 근사로 초기 요동은 가우시안 통계에 따른다고 생각되고 있는 것이다.

초기 요동이 가우시안 통계에 따를 것 같으면 밀도요동이 선형 영역에 있는 한 중력성장해도 여전히 가우시안 통계에 따른다. 선형 영역에서는 공간의 각 점에서의 요동은 $\delta(\boldsymbol{x},\ t)=D(t)\delta_{\text{init}}(\boldsymbol{x})$로 주어지기 때문에 분포함수 (식 3.87)의 형태는 그대로 성립되는 것을 알 수 있다. 다만 요동의 분산 σ^2은 $D^2(t)$에 비례해서 시간변화 한다.

3.4.2 프레스-셰흐터 이론

밀도요동의 선형 성장해를 구대칭 모델에 의해 비선형 영역까지 외삽해서 천체형성을 해석적으로 기술하는 모델이 생각되고 있다. 일반적으로 요동은 구대칭은 아니지만 어느 시기에 형성되는 천체의 수밀도를 어림잡는데 이 모델이 사용되며 현상론적으로 좋은 모델이라는 것이 알려져 있다. 이것을 프레스-셰흐터Press-Schechter 이론이라고 하며 우주론적 구조형성 이론에서 널리 활용되고 있다.

질량이 M부터 $M+dM$ 사이에 있는 천체의 단위체적당의 수를 $n(M)dM$이라고 할 때 이 $n(M)$을 질량함수라고 한다. 프레스-셰흐터 이론은 이 함수를 해석적으로 구하는 모델이다. 우선 어느 점 주위에 반경 R인 구를 생각하면 요동이 작은 경우 그 구의 내부에 존재하는 질량은 $M=4\pi R^3\bar{\rho}/3$가 된다. 이와 같이 반경과 질량이 대응하며 그 구의 내부에서 밀도요동을 평균한 양을 질량 스케일 M의 요동 δ_M이라고 한다. 가우시안 요동에서는 이와 같이 평균 조작한 양도가 가우시안 통계에 따르기 때문에 그 분포함수는 다음과 같다.

$$P(\delta_M)d\delta_M = \frac{1}{\sqrt{2\pi\sigma^2(M)}}\exp\left(-\frac{\delta_M{}^2}{2\sigma^2(M)}\right) \qquad (3.89)$$

여기서 $\sigma^2(M)$은 평균이 된 요동 δ_M의 분산이다.

여기서 충분히 초기의 어느 한 점에 존재하는 물질소편素片이 시간 발전과 더불어 어떻게 되는가를 생각해 보자. 프레스–셰흐터 이론에서는 그 점에 있어 선형 성장해로부터 구한 질량 스케일 M의 요동 δ_M이 어떤 값 δ_c를 넘었을 때 근처에 질량 M인 천체가 형성되며 그 물질소편은 천체의 일부로 편입된다고 생각한다. 이 임계치 δ_c는 (식 3.74)에서 주어진 구대칭 모델의 붕괴점을 나타내는 선형요동치 $\delta_c \simeq 1.69$가 통상 사용된다. 이 임계치를 넘는 영역[10]의 비율은 질량 스케일의 함수로서 다음과 같다.

$$P_{>\delta_c}(M) = \int_{\delta_c}^{\infty} P(\delta_M) d\delta_M = \frac{1}{\sqrt{2\pi}} \int_{\delta_c/\sigma(M)}^{\infty} e^{-x^2/2} dx \qquad (3.90)$$

여기서 $P_{>\delta_c}$라는 기호는 임계값 δ_c를 넘는 확률을 나타낸다. 그러면 질량이 M보다 큰 천체에 편입된 물질의 양은 단위체적당 $\bar{\rho} P_{>\delta_c}(M)$이 된다. 여기서 질량이 M부터 $M+dM$ 사이에 형성된 천체로 편입된 단위체적당 물질의 질량은 $\bar{\rho} P_{>\delta_c}(M)$과 $\bar{\rho} P_{>\delta_c}(M+dM)$과의 차이로 주어지지만 이 양은 질량함수를 사용해서 $n(M)M\,dM$으로도 쓸 수 있다. 다만 여기서는 한 번 형성된 천체가 보다 큰 천체로 다시 편입되는 과정은 무시되었다.[11]

또한 이런 사고방식으로는 원래 요동이 음(−), 즉 밀도가 평균 밀도보다 낮은 영역에 있는 질량소편은 언제까지나 천체로 편입되지 않게 되고 만다. 시간이 충분히 경과해 $\sigma(M)$이 충분히 커지는 극한에서 (식 3.90)에서는 1/2에 접근한다. 이것으로는 우주에 존재하는 물질의 반은 영원히 천체형성에 기여하지 않는다. 프레스–셰흐터 이론에서는 위와 같이 어림잡

---

10 여기서 말하는 영역은 라그랑주 공간에 있어서의 영역이다.

11 이것은 프레스–스케흐터 이론에 있어서의 클라우드 인 클라우드cloud in cloud 문제라고 한다. 이 문제를 회피하기 위해 확률과정 미분방정식을 푸는 것으로 이 확률을 평가하는 시도도 있다.

을 수 있는 천체형성으로 편입되는 질량을 간단하게 2배로 하는 처방으로
이 문제를 회피한다. 이렇게 해서 다음의 방정식을 얻을 수 있다.

$$n(M)M \, dM = 2\bar{\rho} \left| \frac{dP_{>\delta_c}}{dM} \right| dM \qquad (3.91)$$

(식 3.90)과 (식 3.91)에 의한 프레스-셰흐터 질량함수는 다음과 같다.

$$n(M) = \sqrt{\frac{2}{\pi}} \frac{\bar{\rho}}{M^2} \left| \frac{d \ln \sigma(M)}{d \ln M} \right| \frac{\delta_c}{\sigma(M)} \exp\left(-\frac{\delta_c^2}{2\sigma^2(M)}\right) \quad (3.92)$$

간단한 경우로서 요동의 분산이 멱승형冪乘形인 $\sigma(M) \propto M^{-\alpha}$로 주어지
는 경우를 생각해 보자. 이것은 요동의 파워스펙트럼이 멱승형인
$P(k) \propto k^n$으로 주어지는 경우에 대응하며 그 멱지수의 관계는 (식 3.48)
과 같은 관계로 인해 $\alpha = (n+3)/6$이 된다. 이때 (식 3.92)의 질량함수 형
식은 다음과 같다.

$$n(M) = \frac{2}{\sqrt{\pi}} \frac{\bar{\rho}\alpha}{M_*^2} \left(\frac{M}{M_*}\right)^{\alpha-2} \exp\left[-\left(\frac{M}{M_*}\right)^{2\alpha}\right] \qquad (3.93)$$

여기서 M_*는 $\sigma(M_*/2^{1/(2\alpha)}) = \delta_c$로 정의되는 질량이며 이것으로 질량이
큰 천체의 수는 지수함수적으로 작아지고 있음을 알 수 있다.

프레스-셰흐터 이론에 의하면 선형이론의 외삽에 의해 비선형인 천체
형성을 현상론적으로 다룰 수 있다. 특히 은하나 은하단의 형성을 연구하
는 해석적인 모델로서 널리 사용되고 있다. 프레스-셰흐터 이론에 의해
예언되는 천체 형성률은 시간적인 발전을 포함해서 N체 시뮬레이션과 비
교해도 좋은 일치를 나타내고 있다. 앞에서 설명한 것처럼 프레스-셰흐
터 이론에는 이론적으로 정당성이 분명하지 않은 처방을 몇 가지 포함하

고 있다. 이 때문에 이 이론을 신뢰해서 사용할 수 있는 이유는 N체 시뮬레이션의 결과를 잘 재현한다는 데에 있다.

3.4.3 피크 통계

우리는 우주의 물질 가운데 은하 등과 같이 빛나고 있는 것만을 관측할 수 있다. 그렇지만 물질의 대부분은 암흑물질이며 빛을 발하지 않는다. 빛을 발할 수 있는 바리온 중 실제로 은하 등과 같이 빛을 내고 있는 것은 더 적다. 그러면 은하분포를 사용해서 우주의 대규모 구조를 관측해도 그것이 그대로 암흑물질을 포함하는 물질 전체의 분포를 나타내고 있다고는 할 수 없다. 우리가 알고 싶은 것은 오히려 물질 전체의 분포 쪽이다.

은하의 수밀도가 물질밀도에 단순하게 비례한다면 은하분포를 측정하는 것으로 충분하다. 그러나 은하의 형성이 복잡한 비선형 과정인 이상, 일반적으로는 그러한 비례관계가 성립하지 않는다고 생각된다. 그렇다고 해도 은하는 물질밀도의 요동을 종자로 하여 형성된 것이기 때문에 은하분포와 물질분포 사이에 아무런 관계가 없다고는 할 수 없다. 이런 의미에서 은하분포는 물질분포를 바이어스해서(즉 편향해서) 그대로 본뜨고 있다고 할 수 있다. 이러한 바이어스가 어떤 것인지는 은하형성과정이 어떠한 것인지를 알아야 알 수 있다. 그러나 현재는 완전한 비선형 과정인 은하의 형성에 대해 잘 알고 있다고 하기는 어렵다.

은하형성을 현상론적으로 나타낸 것으로서 밀도가 국소적으로 극대화되어 있는 피크의 위치에 은하가 형성된다는 간단한 모델을 생각할 수 있다. 이러한 모델을 피크모델이라고 한다(그림 3.4). 그래서 밀도가 낮은 장소에서 피크가 되어도 은하는 형성되지 않고, 밀도요동이 어느 문턱값(역치, threshold value) δ_{th}보다 큰 장소에 있는 피크만이 은하가 된다는 모델이 많이 생각되고 있다. 더욱이 피크를 구하기 전에 밀도장을 어느 정해진

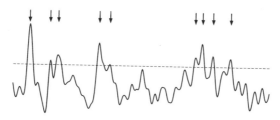

그림 3.4 피크에 의한 은하형성 모델. 어느 문턱값보다 큰 값을 가진 밀도 피크에 은하가 생긴다.

스케일 R_s로 고르게 하고 나서 피크를 구한다. 그렇게 하지 않으면 작은 스케일의 요동이 많은 피크를 만들기 때문이다. 이때의 스케일 R_s를 스무딩 스케일smoothing scale이라고 한다.

피크모델을 직감적으로 알기 위해 밀도요동을 지형에 비유해 보기로 하자. 그러면 밀도가 큰 부분이 산, 작은 부분이 골짜기가 된다. 이 경우 어느 문턱값이 되는 표고보다 높은 위치에 존재하는 산의 꼭대기 부분이 천체형성의 장소에 대응한다.

이 피크모델은 은하의 형성을 나타내는 것뿐만 아니라 은하단 등 다른 천체의 형성을 나타내는 모델이라고 생각해도 된다. 이 모델에 있어서는 두 개의 매개변수 δ_{th}, R_s가 있는데, 이러한 값은 생각하고 있는 천체에 따라 현상론적으로 정해진다. 스무딩 스케일 R_s로는 대응하는 천체의 전형적인 질량 스케일이 $M \sim \bar{\rho} R_s^3$이 되도록 정하는 것이 자연스럽다. 그리고 문턱값 δ_{th}는 그 천체의 수밀도를 재현하도록 정해진다. 이와 같이 해서 매개변수를 결정하면 주어진 밀도요동의 파워스펙트럼으로부터 피크가 어떠한 통계에 따르는가도 결정된다.

일반적으로는 임의의 요동으로부터 피크의 통계를 도출하는 것은 수학적으로 복잡한 문제이다. 그러나 스무딩 스케일보다 충분히 긴 스케일로, 또한 밀도요동이 가우시안 통계에 따르는 선형 영역의 극한에서는 그 관계는 비교적 단순한 형태가 되는 것이 알려져 있다. 이 극한에서는 밀도요동의 파워스펙트럼 $P(k)$가 주어졌을 때 피크 수밀도의 공간적 요동으로 구한 파워스펙트럼 $P_{pk}(k)$는 근사적으로

$$P_{pk}(k) \approx b^2 P(k) \qquad (3.94)$$

가 되며, 단지 밀도요동의 파워스펙트럼에 비례한다. 여기서 비례계수를 나타내는 상수 b는 파워스펙트럼 $P(k)$와 피크를 정하는 매개변수 δ_{th}, R_s로부터 정해진다. 구체적으로는 스케일 R_s로 고르게 된 밀도요동의 분산 σ_s^2을 사용해서 $b=\delta_{th}/\sigma_s^2$로 주어진다. 이 관계식 (3.94)는 밀도요동 δ와 피크의 수밀도 요동 δ_{pk}가 $\delta_{pk}=b\delta$와 같이 비례하는 선형 바이어스 모델에도 성립된다. 이 의미로 b는 바이어스 매개변수라고 한다. 여기서 생각하고 있는 피크모델은 엄밀하게는 선형 바이어스는 아니지만 선형 영역에서는 근사적으로 선형 바이어스에 가까운 것이 된다.

(식 3.94)에서 문턱값 δ_{th}가 크면 클수록 피크의 파워스펙트럼은 본래의 밀도요동의 그것에 대해 증폭되는 것을 알 수 있다. 앞에서 말한 지형과의 대응해서 말하면, 높은 산의 꼭대기라는 것은 일본의 후지산과 같이 고립해서 존재하는 것은 드물며 알프스 지방에서 보이는 것처럼 몇 개의 꼭대기가 근처에 군집해 있는 것이 많다. 즉 피크의 수밀도의 공간적 요동이 보다 크게 되는 것이다. 문턱값 δ_{th}가 크면 클수록 그 증폭률은 커진다.

실제로 은하의 수밀도 요동보다 은하단의 수밀도 요동 쪽이 더 크다는 것이 알려져 있다. 이것은 은하단이 은하분포의 피크에 대응하고 있다고 생각하면 이 피크 모델로 어느 정도 설명된다. 또한 밝은 은하의 수밀도 요동은 어두운 은하의 수밀도 요동에 비해 크다는 것이 알려져 있다. 이것은 밝은 은하일수록 드문 천체이며, 큰 문턱값을 가지고 있기 때문에 요동

이 보다 크게 증폭된다고 생각함으로써 피크모델로 어느 정도 이해할 수 있다.

3.5 은하분포 통계와 바이어스

현재의 우주의 대규모 구조를 연구하기 위한 직접적인 방법은 은하의 공간적인 분포지도를 사용하는 것이다. 앞 절에서 설명한 바와 같이 은하의 분포는 밀도요동을 반영하고 있다. 따라서 은하의 공간분포 지도를 사용해서 그 성질을 조사함으로써 밀도요동의 정보를 얻을 수 있게 되는 것이다. 여기서 은하분포와 밀도요동의 관계에 있어 바이어스라는 개념이 중요해진다.

3.5.1 은하 서베이

은하의 대규모 공간분포를 알기 위해서는 하나하나의 은하 위치를 측정하면 된다. 다수의 은하 위치를 하나씩 정해 나가는 관측을 가리켜 은하 서베이라고 한다. 지구에서 보아 은하가 보이는 방향, 즉 천구면 상에서의 위치는 용이하게 측정할 수 있다. 천구면 상의 위치만을 카탈로그로 한 것을 촬상撮像 서베이라고 한다. 그림 3.5는 촬상 서베이에 의해 얻은 은하의 천구면 상에서의 분포의 예이다. 그렇지만 은하의 3차원적인 공간분포를 알기 위해서는 은하까지의 거리를 측정할 필요가 있다.

은하 서베이에 있어서 은하까지의 거리를 추정하려면 허블의 법칙을 이용한다.

$$cz = H_0 \, r \tag{3.95}$$

여기서 c는 광속도, z는 은하의 적색편이를 나타내며 r은 은하까지의 거리

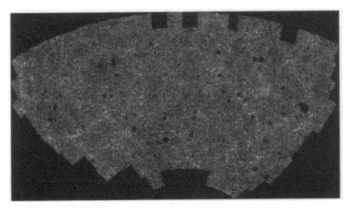

그림 3.5 APM(Automatic Plate Measuring machine)서베이에 의한 천구면 상에서의 2차원 은하분포. 은하를 촬영한 사진건판을 자동적으로 읽어 데이터화한 것(Maddox *et al.*, 1990 *MNRAS*, 246, 433).

를 나타낸다. H_0는 허블상수이다. 이 유명한 관계는 적색편이 z가 1보다 충분히 작은 가까운 우주에서 성립되는 것으로 적색편이가 커지게 되면 조금 더 복잡한 관계가 된다. 어느 쪽이든 은하의 적색편이와 그 거리 사이에는 거의 1 대 1의 관계가 있으며 적색편이를 측정하면 거리를 추정할 수 있는 것이다. 이렇게 해서 얻는 은하의 3차원적 위치를 정해 나가는 관측을 적색편이 서베이라고 한다.

은하의 적색편이는 은하로부터의 빛의 세기를 파장마다 분해한 스펙트럼을 취함으로써 결정된다. 특정한 원자나 분자로부터 나오는 빛은 어느 정해진 파장을 가지고 있으며 그 파장은 스펙트럼 중에 휘선이 되어 나타난다. 휘선의 파장은 적색편이에 의해 본래의 파장보다 길어져 있다. 관측된 휘선의 파장과 본래의 파장의 비에서 적색편이가 결정된다. 어느 휘선이 어떤 원자 혹은 분자의 휘선인지는 복수의 휘선의 상호관계 등에 의해 정할 수 있다.

은하의 천구면 상의 위치를 측정하는 것과 비교하면 은하의 스펙트럼을 측정하는 것은 쉽지 않다. 천구면 상의 위치는 하늘의 어느 범위를 촬상함

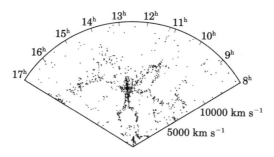

그림 3.6   CfA 적색편이에 의한 은하분포(de Lapparent et al., 1986, ApJL, 302, 1).

으로써 복수의 은하의 위치를 한 번에 정할 수 있지만, 스펙트럼은 은하 하나하나에 분광기를 맞추어서 측정할 필요가 있기 때문이다. 거기에다 스펙트럼을 찍으려면 시간을 들여 빛을 모아야 한다. 이 때문에 다수의 은하의 거리를 측정하려면 시간과 수고가 따르게 된다. 따라서 대규모의 적색편이 서베이는 통상 몇 년이 걸리는 프로젝트가 된다.

1986년에 발표된 CfA 적색편이 서베이는 은하의 수가 약 1,100개였지만 100 Mpc에 이르는 대규모 구조를 묘사했다(그림 3.6). 이 서베이는 천구면 상의 가늘고 긴 영역에 있는 은하의 적색편이 서베이이다. 그림의 제일 밑에 우리 은하계가 있으며 점 하나하나가 각 은하에 대응한다. 부채모양의 반경 방향은 은하의 적색편이를 나타내고 있다. 각도 방향은 천구면 상에서의 위치를 나타낸다. 천구면의 가늘고 긴 영역 중 긴 변 방향의 위치가 나타나 있으며, 짧은 변 방향의 위치도 물론 플롯되어 있다. 따라서 우리 은하에서 보아 반경 방향으로 얇게 슬라이스한 우주를 보게 된다. 이와 같은 플롯은 적색편이 서베이에 의한 은하분포를 그림으로 나타내는 데 자주 이용되며 원뿔도라고 한다.

이 그림에서 반경 방향의 단위를 km s^{-1}으로 나타내고 있는데, 이것은 적색편이 z를 후퇴속도 cz로 나타낸 것이다. 가까운 우주에서는 후퇴속도

$100 \, \text{km s}^{-1}$은 $1 \, h^{-1}\text{Mpc}$에 대응한다. 여기서 $h = H_0/(100 \, \text{km s}^{-1}$ $\text{Mpc}^{-1})$은 규격화된 허블상수이다.

그림에서 $100 \, \text{Mpc}$의 스케일에 이르는 구조를 알 수 있다. 은하가 필라멘트상絲 또는 월wall상으로 이어지거나 은하가 거의 없는 커다란 공동void 영역이 존재한다. 당시 이 정도 대규모 구조의 존재는 놀라운 것이었다. 동시에 이와 같은 구조를 만들어 내는 메커니즘을 이해하기 위해 우주의 구조형성이론의 연구는 크게 진전된 것이다.

그 후에도 1만 1,000개의 은하를 조사했던 CfA2 적색편이 서베이, 2만 6,000개의 은하를 조사한 라스 캄파나스Las Campanas 적색편이 서베이 등을 비롯하여 몇 가지 대규모 적색편이 서베이가 수행되었다. 2003년에 관측을 종료한 2dFTwo-degree Field 적색편이 서베이에서는 25만 개의 은하가 조사되었다. 또한 슬론 디지털 스카이 서베이(Sloan Digital Sky Survey, SDSS)는 약 100만 개에 가까운 은하 관측을 목표로 관측을 진행하고 있는데, 관측 초기에 수집한 영역의 데이터만으로도 최대의 은하 적색편이 서베이목록을 자랑한다.[12] 그림 3.7은 SDSS가 그려 내는 은하분포를 나타낸 원뿔도이다. SDSS의 관측 영역은 천구면의 약 1/4이나 이르고 있으며, 이미 CfA 서베이 등과 같이 가늘고 긴 영역이 아니다. 따라서 원뿔도에서는 전체를 나타낼 수 없기 때문에 이 그림에서는 서베이의 일부 은하만을 표시하고 있다. 이 그림의 반경은 $600 \, h^{-1} \, \text{Mpc}$에 이르며 깊이는 CfA 서베이의 약 6배이다.

2dF 적색편이 서베이나 SDSS 서베이에서는 통상의 은하 서베이만이 아니라 적색편이가 $z \sim 0.3$ 부근의 먼 곳에 있는 밝고 붉은 은하만을 골라

---

12 SDSS를 통한 탐사·관측 사업은 2012년에 3차원의 분포를 지도화하기 위해 700억 평방 광년의 체적 속에 100만 개 이상의 은하를 도표로 만든 지도를 발행하는 등 현재도 큰 활약을 보이며 진행 중이다(역주).

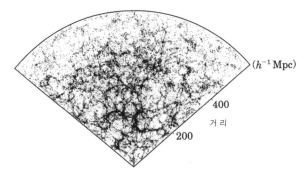

$(h^{-1}\,\mathrm{Mpc})$

400

거 리

200

그림 3.7 SDSS 적색편이 서베이에 의한 은하분포(Park *et al.*, 2005, *ApJ*, 633, 11).

내는 서베이지만, 적색편이가 $z\sim2$ 부근의 더욱 먼 곳에 있는 퀘이사를 골라내는 서베이가 동시에 진행되고 있다. 이와 같이 현재는 가까운 우주뿐만 아니라 먼 우주의 적색편이 서베이도 세력적으로 이루어지게 되었다. 그렇지만 적색편이 서베이에 의해 지금까지 관측된 영역은 관측 가능한 우주의 극히 일부이다. SDSS에 의한 적색편이가 $z<0.2$의 가까운 우주의 모습은 대부분 밝혀져 왔지만, 더욱 먼 우주에 관해서는 광대한 영역이 아직 미관측 상태로 남아 있다. 빛의 속도가 유한이기 때문에 먼 우주를 서베이하는 것은 과거의 우주를 보는 것이다. 따라서 먼 우주의 서베이에서는 넓은 우주의 모습을 그려 낼 뿐만 아니라 우주의 역사를 더듬을 수 있는 것이다. 적색편이 서베이에 의한 우주의 모습을 그려 내는 방법은 장래에 걸쳐 금후에도 더욱 중요하게 될 것이다.

여기서 주의해야 할 점은 적색편이 서베이로 얻은 은하의 거리는 실제로는 다소 본래의 위치에서 벗어난다는 것이다. 이것은 각 은하는 팽창우주에 대해서 팽창운동과는 별도로 고유의 운동을 하고 있는 것에 기인한다. 예를 들면 본래 같은 거리에 2개의 은하가 있었다고 하고, 한 쪽은 우리들 쪽으로 향하는 속도를 가지고 있으며, 다른 쪽은 우리로부터 멀어지는 속도를 가지고 있는 것으로 한다. 이 경우 도플러효과에 의해 상대적으로 2개 은하의 적색편이는 다르게 보이게 된다. 그 전형적인 속도는 약 $300\,\mathrm{km\,s^{-1}}$ 정도이다(은하단 중에서는 더 커진다). 이것은 거리로 고치면 $3\,h^{-1}\mathrm{Mpc^{-1}}$ 정도에 대응한다. 따라서 적색편이로 얻은 은하지도는 본래의 은하분포에 비해 시선 방향으로 이러한 변형의 영향을 받는다. 실제 공간에서의 은하분포를 실공간의 은하분포, 적색편이로 관측되는 은하분포를 적색편이 공간의 은하분포라고 한다. 그리고 실공간과 적색편이 공간 간의 변형을 적색편이 변형이라고 한다. 구조형성의 해석을 행하는 경우에는 이 적색편이 변형의 효과는 이론적으로 보정되어 해석된다.

3.5.2 2점 상관함수

은하 서베이에 의해 은하의 3차원적인 점분포가 분명하지만, 이것을 우주의 구조형성이론과 비교하려면 통계적인 해석이 필요하다. 따라서 우선 은하의 공간분포가 전체로서 어떠한 성질을 가지는가를 특징짓는 통계량을 정의할 필요가 있다. 이 목적을 위해서 사용되는 간단한 방법의 하나는, 은하가 공간적으로 어떻게 군집해 모여 있는지를 나타내는 2점 상관함수 또는 간단히 상관함수라고 하는 통계량이다.

2점 상관함수의 정의는 다음과 같다. 우선 거리 r만큼 떨어진 두 점 x_1, x_2의 주위에 각각 취한 미소체적 d^3x_1, d^3x_2 양쪽에 은하가 포함될 확률 $P(x_1,\ x_2)d^3x_1\,d^3x_2$을 생각해 낸다. 여기서 말하는 확률이란 거리 $r=|x_2-x_1|$은 고정시킨 채 이 두 점을 공간의 여러 군데로 선택해 볼 때 발생하기 쉬운 정도를 뜻한다. 만일 은하가 서로 무관하게 완전히 랜덤으로 분포되어 있다면 우주 전체의 은하의 평균 수밀도를 $\bar{n}$라고 하면 이 확률은 $\bar{n}^2\,d^3x_1\,d^3x_2$로 주어진다.

그렇지만 실제 은하의 분포는 은하단과 같이 은하가 서로 모여 있거나 또는 공동void과 같이 은하끼리 서로 떨어져 있거나 해서 완전히 멋대로 분포하고 있지는 않기 때문에 확률은 이 값에서 차이가 난다. 그 차이를

$$P(\boldsymbol{x}_1, \boldsymbol{x}_2) d^3 x_1\, d^3 x_2 = \bar{n}^2 [1 + \xi(r)]\, d^3 x_1\, d^3 x_2 \qquad (3.96)$$

으로 쓰고 이 값 $\xi(r)$를 2점 상관함수라고 정의하는 것이다. 2점 상관함수 $\xi(r)$ 값의 크기는 거리 r인 은하 쌍의 수가 완전한 랜덤 분포보다 어느 정도 많은가를 나타낸다. 즉 이 함수는 거리 스케일마다 은하가 어느 정도 강하게 군집해 모여 있는지를 통계적으로 나타내는 것이다. 상관함수는 거리 r에 따라 음($-$)도 될 수 있다. 이 경우 은하 쌍의 수가 완전한 랜덤 분포보다 적다.

보다 실제적으로 상관함수를 계산할 때는 은하의 쌍을 세는 방법이 선택되는 경우가 많다. 즉 어느 하나의 은하에 주목해서 그 은하를 중심으로 하여 거리가 r과 $r+dr$ 사이에 있을 수 있는 다른 은하의 수 dN을 센다. 이것을 가능한 한 다수의 은하를 중심으로 해서 반복하고 그 평균값 $\overline{dN}$을 계산한다. 이 수는 점 $\boldsymbol{x}$에 은하가 있을 때 거기에서 벡터 $\boldsymbol{r}$만큼 떨어진 미소체적 $d^3 r$ 내에 은하가 어떤 조건부 확률 $P(\boldsymbol{x}+\boldsymbol{r}\,|\,\boldsymbol{x})d^3 r$을 벡터 $\boldsymbol{r}$에 대해서 각도 적분한 것으로 주어진다. 이 조건부 확률은 $\boldsymbol{x}$와 $\boldsymbol{r}$의 주위에 있는 미소체적에 동시에 은하가 존재하는 확률 $P(\boldsymbol{x}+\boldsymbol{r},\ \boldsymbol{x})d^3 r\, d^3 x$를, $d^3 x$에 은하가 존재하는 확률 $\bar{n}\, d^3 x$로 나눗셈을 한 $\bar{n}^{-1}P(\boldsymbol{x}+\boldsymbol{r},\ \boldsymbol{x})d^3 r$로 주어진다. 따라서 다음과 같이 계산된다.

$$\begin{aligned}
\overline{dN} &= 4\pi r^2\, dr\, P(\boldsymbol{x}+\boldsymbol{r}\,|\,\boldsymbol{x}) = \frac{1}{\bar{n}} 4\pi r^2\, dr\, P(\boldsymbol{x}+\boldsymbol{r},\ \boldsymbol{x}) \\
&= 4\pi \bar{n} r^2\, dr\, [1 + \xi(r)]
\end{aligned} \qquad (3.97)$$

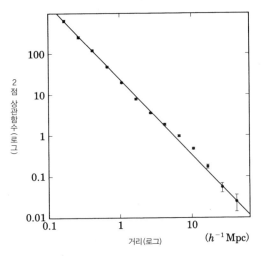

그림 3.8 SDSS 적색편이 서베이에 의한 은하분포로부터 구한 비교적 작은 스케일의 2점 상관함수 (Zehavi *et al.*, 2005, *ApJ*, 630, 1).

즉 은하 쌍을 일일이 열거하는 $\overline{dN}$ 으로부터 2점 상관함수를 구하는 것이다.

현재까지 얻어진 SDSS 적색편이 서베이의 은하분포로부터 계산한 비교적 작은 스케일의 2점 상관함수를 그림 3.8에 나타냈다. 이 그림에서 적색편이 변형은 이론적으로 보정되어 있으며, 실제 공간에 있어서 은하의 2점 상관함수가 계산되어 있다. 이 그림에 나타나 있는 검은 동그라미와 오차막대는 관측값에 대응한다.

CfA 서베이의 관측 때부터 비선형 영역의 2점 상관함수는 멱법 $\xi(r)=(r/r_0)^{-\gamma}$ 로 잘 나타나는 것으로 알려져 있다. 여기에서 매개변수 r_0 는 상관함수의 값이 1이 되는 거리를 나타내고 있으며 상관길이라고 한다. 또 매개변수 γ 는 상관함수가 거리의 함수로서 변화를 나타내는 멱지수이다. 이 매개변수의 값이 클수록 상관함수는 거리와 더불어 빠르게 감소한다. SDSS 서베이의 상관함수에 의해 맞춘 멱법의 상관함수는 그림 안에 직선으로 나타내고 있으며, 그 매개변수의 값은 $r_0 = 5.59 \pm 0.11 \, h^{-1}$

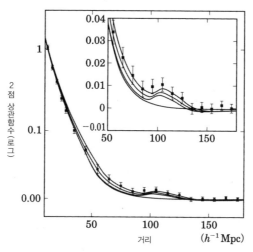

그림 3.9 SDSS 적색편이 서베이에 의한 밝은 은하의 분포로부터 구한 선형영역의 2점 상관함수 (Eisenstein *et al.*, 2005, ApJ, 633, 560). 실선은 이론곡선으로 위의 3개 선은 모두 $\Omega_b h^2 = 0.024$, $n = 0.98$을 가정했다. 위부터 순서대로 $\Omega_m h^2 = 0.12$, 0.13, 0.14에 대응한다. 제일 아래 선은 바리온이 없는 $\Omega_b = 0$, $\Omega_m h^2 = 0.105$인 모델이다. 내부에 들어 있는 그림은 바리온에 의한 피크 부분을 확대한 것이다.

Mpc, $\gamma = 1.84 \pm 0.01$이 된다. 그리고 그림을 잘 살펴보면 $10\,h^{-1}$ Mpc 부근의 스케일로 멱법으로부터 벗어나 있는 것도 알 수 있다. 이와 같은 멱법으로부터의 차이는 SDSS 서베이와 같은 대규모 적색편이 서베이에 의해 처음으로 밝혀졌다.

위의 상관함수는 거의 비선형 영역부터 준선형 영역의 것이었지만, SDSS 서베이에 있어서는 밝은 은하만을 골라내는 적색편이 서베이도 했으며, 이것으로 통상의 은하 서베이보다 넓은 체적을 조사할 수 있다. 그 서베이에 의한 보다 큰 스케일의 선형 영역의 2점 상관함수를 나타낸 것이 그림 3.9이다. 단 이 그림에서는 적색편이 변형은 보정되어 있지 않다. 선형 영역에서 적색편이 변형은 상관함수의 전체적인 진폭만을 늘이는 효과가 있다는 것이 알려져 있다. 따라서 실제 공간에서의 상관함수는 이 그림보다 전체적인 진폭이 약간 작아지지만 형태는 같다. 거의 $100\,h^{-1}$ Mpc

부근에서 상관함수의 피크를 볼 수 있다. 이 피크는 3.2.8절에서 설명한 바리온 음향진동 현상이다. 이 스케일은 맑게 갬 시기의 바리온·광자의 혼합유체의 음속과 그때의 우주연령의 곱에 대응한다. 이것은 대략적으로는 맑게 갬 시점에서의 지평선 크기의 정도이다. 그 진동 스케일이 상관함수의 피크가 되어 나타나는 것이다. 선형 영역에 있어 상관함수의 양상은 앞으로 설명하는 것처럼 선형 영역의 파워스펙트럼으로 예언할 수 있으며, 그것을 통해 다양한 우주론 매개변수의 의존성을 계산할 수 있다. 그림에서는 몇 가지 매개변수를 바꾸었을 때의 이론예언을 그리고 있다.

지금까지 점분포인 은하의 분포로부터 상관함수를 구하는 방법을 설명했다. 그런데 우리가 진짜 알고 싶은 것은 은하가 덧그리는 밀도요동의 성질이다. 이 때문에 상관함수는 밀도요동의 장場 $\delta(\boldsymbol{x})$와 어떠한 관계가 있는지 생각할 필요가 있다. 밀도요동은 연속적인 장이기 때문에 거기에 대응해서 은하의 수밀도 장 $n(\boldsymbol{x})$라는 개념을 도입한다. 이 장은 점 $\boldsymbol{x}$ 주위의 국소적인 평균밀도를 나타내는 것으로 한다. 그러면 어느 점 $\boldsymbol{x}$ 주위의 미소체적 d^3x 내 은하의 수에 대한 평균값 $n(\boldsymbol{x})d^3x$는 이 체적 내에 은하가 존재하는 확률을 나타낸다. 왜냐하면 은하는 같은 위치에 2개 이상 존재할 수 없기 때문에 미소체적 내 은하의 수는 반드시 0 아니면 1이 되기 때문이다.

이 수밀도장場의 개념을 사용해서 2점 상관함수를 나타내 보자. 거리 r 만큼 떨어져 있는 점 $\boldsymbol{x}_1$, $\boldsymbol{x}_2$ 주위의 미소체적 d^3x_1, d^3x_2 안에 동시에 은하가 포함될 확률은 $n(\boldsymbol{x}_1)n(\boldsymbol{x}_2)d^3x_1\,d^3x_2$가 된다. 이것을 두 점 사이의 거리 $r=|\boldsymbol{x}_2-\boldsymbol{x}_1|$을 고정하여 여러 장소에서 평균한 것은 (식 3.96)에 의해 다음의 2점 상관함수로 표현된다.

$$\langle n(\boldsymbol{x}_1)n(\boldsymbol{x}_2)\rangle = \bar{n}^2\left[1+\xi(r)\right] \tag{3.98}$$

여기서 은하의 수밀도 요동

$$\delta^{(g)}(\boldsymbol{x}) = \frac{n(\boldsymbol{x}) - \bar{n}}{\bar{n}} \tag{3.99}$$

을 정의하면, 2점 상관함수는 다음과 같이 표현된다.

$$\xi(r) = \langle \delta^{(g)}(\boldsymbol{x}_1)\delta^{(g)}(\boldsymbol{x}_2) \rangle \tag{3.100}$$

만일 바이어스가 없고, 은하의 수밀도장 $n(\boldsymbol{x})$가 물질의 밀도장 $\rho(\boldsymbol{x})$에 비례한다고 하면, 양자의 요동은 일치하여 $\delta^{(g)}(\boldsymbol{x}) = \delta(\boldsymbol{x})$가 되기 때문에 상관함수는 다음 식으로 나타낼 수 있다.

$$\xi(r) = \langle \delta(\boldsymbol{x}_1)\delta(\boldsymbol{x}_2) \rangle \tag{3.101}$$

상관함수는 (식 3.41)로 정의한 파워스펙트럼과 밀접한 관계가 있다. 실제 (식 3.101)의 상관함수에 (식 3.39)의 푸리에전개를 대입하고 나서 (식 3.41)을 사용하면 다음과 같이 계산된다.

$$\begin{aligned}
\xi(r) &= \langle \delta^*(\boldsymbol{x}_1)\delta(\boldsymbol{x}_2) \rangle = \frac{1}{V}\sum_{\boldsymbol{k}_1, \boldsymbol{k}_2} \langle \delta_{\boldsymbol{k}_1}^* \delta_{\boldsymbol{k}_2} \rangle \, e^{-i\boldsymbol{k}_1 \cdot \boldsymbol{x}_1 + i\boldsymbol{k}_2 \cdot \boldsymbol{x}_2} \\
&= \frac{1}{V}\sum_{\boldsymbol{k}} P(k) e^{i\boldsymbol{k} \cdot (\boldsymbol{x}_2 - \boldsymbol{x}_1)} = \frac{1}{V}\sum_{\boldsymbol{k}} P(k) e^{i\boldsymbol{k} \cdot \boldsymbol{r}}
\end{aligned} \tag{3.102}$$

단, 요동은 실수를 이용하였다. 여기서 벡터량 $\boldsymbol{r} = \boldsymbol{x}_2 - \boldsymbol{x}_1$이 좌변에 나타나고 있는데, 파동수 벡터 $\boldsymbol{k}$의 합을 취하면 $r = |\boldsymbol{r}|$ 만에 의존하게 된다. 이 식에서 2점 상관함수는 파워스펙트럼의 3차원적인 푸리에변환이라는 것을 알 수 있다. 직교관계는

$$\int d^3x e^{-i\mathbf{k}\cdot\mathbf{x}} e^{i\mathbf{k}'\cdot\mathbf{x}} = V\delta^{\mathrm{K}}_{\mathbf{k},\mathbf{k}'} \tag{3.103}$$

이기 때문에 (식 3.102)의 역변환은

$$P(k) = \int d^3r \xi(r) e^{-i\mathbf{k}\cdot\mathbf{r}} \tag{3.104}$$

가 된다. 이와 같이 상관함수와 파워스펙트럼이 서로 푸리에변환으로 맺어져 있는 관계를 위너–힌친관계Wiener-Khinchin relation라고 한다. 즉 상관함수와 파워스펙트럼은 수학적으로는 등가의 내용을 포함하고 있는 것이다.

구조형성의 선형이론에 있어서는 밀도요동의 통계적 성질로서 상관함수보다 파워스펙트럼의 쪽이 취급하기 쉽다. 따라서 이론적으로 예언된 파워스펙트럼을 푸리에변환해서 상관함수를 도출하면 직접 관측과 비교할 수 있다. 단 비선형 영역에 있어 파워스펙트럼은 이미 이론적으로 특별히 취급하기 쉬운 것이 아니며 수치 시뮬레이션에 의해 직접 상관함수를 계산해서 관측과 비교하는 것도 수행되고 있다.

3.5.3 파워스펙트럼

은하분포로부터 상관함수를 구하는 대신 직접 파워스펙트럼을 구하는 경우도 있다. 파워스펙트럼은 상관함수와 달리 실공간의 통계량이 아니기 때문에 그 방법은 한 가지가 아니다. 여기서는 보다 표준적인 방법을 간소화해서 설명하겠다.

밀도요동의 파워스펙트럼에 관하여 3.2.6절에서 설명하였다. (식 3.39)로 주어지는 요동의 푸리에변환을 생각하면 그 역변환은 다음과 같다.

$$\delta_{\mathbf{k}} = \frac{1}{\sqrt{V}} \int d^3x \delta(\mathbf{x}) e^{-i\mathbf{k}\cdot\mathbf{x}} \tag{3.105}$$

동일하게 은하의 수밀도 요동 $\delta^{(g)}(\boldsymbol{x})$로부터 푸리에계수 $\delta_k^{(g)}$를 계산하고, 거기서 은하의 파워스펙트럼 $P_g(k)=\langle|\delta_k^{(g)}|^2\rangle$가 구해진다.

단, 여기서 문제가 하나 있다. 그것은 은하 서베이의 전체 체적이 유한 이라는 것이다. 이론적으로는 전체의 체적 V는 충분히 큰 것으로 생각되고 있다. 따라서 (식 3.105)의 푸리에계수 δ_k는 그 파동수의 스케일보다 훨씬 큰 체적 $V \gg |\boldsymbol{k}|^{-3}$으로 적분하지 않으면 안 된다. 그러나 관측으로는 반드시 유한의 체적밖에 적분할 수 없기 때문에 이론적으로 예언되는 파워스펙트럼과 관측으로 측정되는 파워스펙트럼에 불일치가 생긴다. 특히 관측체적이 복잡한 형태를 하고 있을 경우에 그 효과가 현저하다.

이 불일치가 어떻게 생기는지를 식으로 생각해 보자. 우선 서베이의 체적을 나타내는 다음과 같은 함수를 정의한다.

$$W(\boldsymbol{x}) = \begin{cases} 1 & \text{(서베이 체적 내)} \\ 0 & \text{(서베이 체적 외)} \end{cases} \tag{3.106}$$

이것을 서베이의 윈도함수window function라고 한다. 은하가 균일하게 샘플링 되지 않는 경우에는 윈도함수의 서베이 체적 내의 값에 가중치를 붙이는 경우도 있지만 지금은 간단히 다루기 위해 균일한 샘플링을 가정하고 있다. 이때 서베이 체적은 다음과 같이 주어진다.

$$V_S = \int d^3x\, W(\boldsymbol{x}) \tag{3.107}$$

이 체적 내에서 (식 3.105)의 적분을 은하의 수밀도에 대해 실시하면 서베이의 유한 체적만으로 개산槪算되는 다음의 푸리에계수를 얻을 수 있다.

$$F_k = \frac{1}{\sqrt{V_S}} \int d^3x\, \delta^{(g)}(\boldsymbol{x}) W(\boldsymbol{x}) e^{-ik\cdot x} \tag{3.108}$$

여기에 수밀도요동과 윈도함수의 푸리에전개

$$\delta^{(g)}(\boldsymbol{x}) = \frac{1}{\sqrt{V}} \sum_k \delta_k^{(g)} e^{ik\cdot x}, \qquad W(\boldsymbol{x}) = \frac{1}{\sqrt{V}} \sum_k W_k e^{ik\cdot x} \tag{3.109}$$

를 대입한다. 여기서 V는 푸리에변환을 하는 체적으로, 서베이 체적과는 다르다는 것에 주의해야 한다. V는 V_S를 포함한 보다 큰 체적으로 다음과 같은 형태의 합으로 표현된다.

$$F_k = \frac{1}{\sqrt{V_S}} \sum_{k'} \delta_{k'}^{(g)} W_{k-k'} \tag{3.110}$$

이와 같은 합의 형태를 콘벌루션convolution이라고 한다. 즉 유한체적으로 가늠할 수 있는 푸리에계수 F_k는 진정한 푸리에계수 $\delta_k^{(g)}$가 윈도함수 W_k로 콘벌루션된 것이다. 관측에 의해 얻는 파워스펙트럼은 콘벌루션된 푸리에계수에 의해 계산되는 $P_S(k) = \langle |F_k|^2 \rangle$이다.

여기서 평균으로는 본래 앙상블 평균을 취해야 하지만 서베이 체적이 하나밖에 없는 실제 관측에서는 그것은 불가능하다. 따라서 인접하는 파동수 벡터를 어느 정도의 폭으로 평균하거나 한다. 유한체적의 파워스펙트럼을 (식 3.110)으로 계산하면 본래의 파워스펙트럼에 의해

$$P_S(\boldsymbol{k}) = \frac{1}{V_S} \sum_{k'} P_g(|\boldsymbol{k}'|) |W_{k-k'}|^2 \tag{3.111}$$

와 같이 역시 콘벌루션된 형태로 표현된다. 서베이 체적이 등방적이 아닌

경우에 얻는 파워스펙트럼 $P_S(\boldsymbol{k})$도 등방적이 아니게 되고, 파동수 벡터의 크기뿐만 아니라 방향에도 의존한다. 보통은 방향에 대해서 다시 평균화한다.

윈도함수의 푸리에계수 W_k는 (식 3.109)의 역변환

$$W_k = \frac{1}{\sqrt{V}} \int d^3x\, W(\boldsymbol{x}) e^{-i\boldsymbol{k}\cdot\boldsymbol{x}} \tag{3.112}$$

로 주어지기 때문에 파동수 $|\boldsymbol{k}|$가 서베이 크기의 역수에 비해 충분히 클 때는 진동적분이 없어져 0에 접근하며, 반대로 충분히 작을 때는 일정치에 접근한다. 그러면 (식 3.111)에 있어 $\boldsymbol{k}-\boldsymbol{k}'$의 절댓값이 충분히 크면 합에는 기여하지 않는다. 따라서 F_k의 파동수 $\boldsymbol{k}$의 절댓값이 클 때는 $\boldsymbol{k}\approx\boldsymbol{k}'$일 때만 합에 기여한다. 푸리에전개에 있어서의 파스발 관계Parseval relation[13]로부터

$$\sum_{\boldsymbol{k}} |W_k|^2 = \int d^3x\, |W(\boldsymbol{x})|^2 = V_S \tag{3.113}$$

이 도출되기 때문에 이때 $|W_k|^2/V_S$은 파동수 공간에서의 델타함수적인 역할을 한다. 따라서 서베이 크기보다 충분히 짧은 파장에 대해서 (식 3.111)은 $P_S(\boldsymbol{k}) \approx P_g(k)$가 되어 바르게 추정할 수 있다.

만일 서베이의 체적이 울퉁불퉁하거나 일부에서 작은 체적이 빠져 있거나 해서 서베이 체적의 형태가 공간적으로 복잡하게 변화하고 있는 경우는 그 변화의 스케일까지 윈도함수 W_k가 0에 가까워지지 않는다. 이 경우에는 콘벌루션의 영향은 비교적 짧은 스케일에까지 미친다.

---

13 푸리에해석에 의해 잘 알려진 관계.

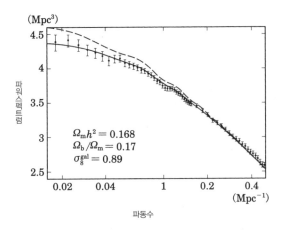

그림 3.10 2dF 적색편이 서베이에 의한 은하분포로부터 계산한 파워스펙트럼(Cole et al., 2005, MNRAS, 362, 505).

그림 3.10은 2dF 적색편이 서베이로 구한 파워스펙트럼이다. 검은 동그라미와 오차막대가 관측치에 대응한다. 그림의 파워스펙트럼은 적색편이 공간에서의 은하분포로부터 직접 구한 것으로 적색편이 변형은 보정되어 있지 않다. 그리고 콘벌루션의 영향도 포함되어 있다. 따라서 이 관측치를 이론과 비교할 때는 이론치에 이들 적색편이 변형과 콘벌루션 효과를 추가해야 한다. 여기서 그림으로 나타낸 스케일은 선형 영역에 대응하기 때문에 이러한 효과를 이론적으로 포함시키는 것은 크게 어렵지 않다. 그렇게 해서 얻은 이론곡선이 실선으로 나타나 있다. 여기서 이론의 매개변수는 관측치에 맞도록 조정된 $\Omega_m h^2 = 0.168$, $\Omega_b / \Omega_m = 0.17$, $\sigma_8^{gal} = 0.89$ 가 사용되고 있다. 매개변수 σ_8^{gal}의 의미는 바로 이어서 설명하기로 한다. 실선에 대응하는 모델의, 콘벌루션하기 전의 파워스펙트럼은 점선으로 나타나 있다. 그림에서 알 수 있듯이 이론에 의해 계산된 파워스펙트럼의 관측값과의 일치도는 매우 좋다. 상관함수의 경우와 같이 바리온 음향진동의 효과도 간파할 수 있다. 이와 같이 이론과 관측이 일치하는 매개변수를

선택할 수 있다는 것은 우리의 구조형성에 대한 이론적 이해가 기본적으로 옳다는 것을 뜻한다.

조정된 매개변수의 하나인 σ_8^{gal}은 파워스펙트럼의 전체의 진폭을 나타내고 있는 것으로 전통적으로 잘 사용되고 있다. 이 양은 $8\,h^{-1}\,\mathrm{Mpc}$인 반경의 구球 내에 포함되는 은하의 수의 요동의 공간적인 분산의 평방근으로 정의된다. 구체적으로 파워스펙트럼과의 관계를 도출하기 위해 점 $\boldsymbol{x}$를 중심으로 하는 반경 $8\,h^{-1}\,\mathrm{Mpc}$인 구에 포함되는 은하의 수를 $N_8(\boldsymbol{x})$라고 하면 다음과 같이 쓸 수 있다.

$$N_8(\boldsymbol{x}) = \int d^3x'\, W_8(\,|\boldsymbol{x}-\boldsymbol{x}'|\,)\,n(\boldsymbol{x}') \tag{3.114}$$

여기서 $W_8(r)$은 $r \leqq 8\,h^{-1}\,\mathrm{Mpc}$일 때 1, $r < 8\,h^{-1}\,\mathrm{Mpc}$일 때 0이 되는 이 구의 윈도함수이다. 지금 구의 체적을 $V_8 = 4\pi(8\,h^{-1}\,\mathrm{Mpc})^3/3$이라고 하면, $N_8(\boldsymbol{x})$의 공간적인 평균값은 $\bar{N}_8 = \bar{n}\,V_8$이다. 이것을 사용하면 은하의 수 요동은 다음과 같다.

$$\delta_8(\boldsymbol{x}) \equiv \frac{N_8(\boldsymbol{x})-\bar{N}_8}{\bar{N}_8} = \frac{1}{V_8}\int d^3x'\, W_8(\,|\boldsymbol{x}-\boldsymbol{x}'|\,)\,\delta^{(\mathrm{g})}(\boldsymbol{x}') \tag{3.115}$$

여기서 윈도함수와 수밀도 요동의 푸리에전개를 대입해서 요동의 분산을 구하면 다음과 같다.

$$(\sigma_8^{\mathrm{gal}})^2 \equiv \frac{1}{V}\int d^3x\, \langle\,|\delta_8(\boldsymbol{x})|^2\,\rangle = \frac{1}{V_8^2}\sum_{\boldsymbol{k}}|W_{8,\boldsymbol{k}}|^2\, P_{\mathrm{g}}(k) \tag{3.116}$$

여기서 $W_{8,k}$는 구의 윈도함수의 푸리에계수이며 구체적으로 계산하면 다음과 같다.

$$
\begin{aligned}
W_{8,k} &= \frac{1}{\sqrt{V}} \int d^3x \, W_8(\boldsymbol{x}) e^{-i\boldsymbol{k}\cdot\boldsymbol{x}} \\
&= \frac{4\pi}{\sqrt{V}k^3}(\sin kR_8 - kR_8 \cos kR_8) \\
&= \frac{V_8}{\sqrt{V}} \frac{3j_1(kR_8)}{kR_8}
\end{aligned}
\tag{3.117}
$$

여기서 $R_8 = 8\,h^{-1}\,\mathrm{Mpc}$이며, 그리고 $j_1(x) = (\sin x - x\cos x)/x^2$는 1차의 구球베셀함수이다. 따라서 (식 3.116)의 분산은 다음과 같이 주어진다.

$$
(\sigma_8^{\mathrm{gal}})^2 = \frac{1}{V}\sum_{k}\left[\frac{3j_1(kR_8)}{kR_8}\right]^2 P_g(k)
\tag{3.118}
$$

따라서 파워스펙트럼 $P_g(k)$의 전체적인 진폭은 이 분산에 비례한다. 파워스펙트럼의 진폭 이외의 형태는 초기 요동과 천이함수에 의해 결정된다.

초기 요동의 진폭의 값에 대해서 현상現狀에서는 만족하게 신뢰할 수 있는 예언을 할 수 있는 이론은 없다. 따라서 이 매개변수 σ_8^{gal}은 관측으로 정해야 하는 전혀 자유로운 매개변수로 되어 있다. 즉 이 매개변수에는 우주론적인 정보는 포함되어 있지 않다. 파워스펙트럼에 포함되어 있는 우주론적인 정보는 오로지 그 형태에 있다. 파워스펙트럼의 형태는 초기 요동과 천이함수에 의해 정해진다. 이 때문에 파워스펙트럼의 형태 중에는 초기 요동이 멱지수 n, 허블상수 h, 물질 성분의 밀도 매개변수 Ω_{m}, 바리온의 밀도 매개변수 Ω_{b}, 뉴트리노의 평균 질량 m_ν 등 구조형성의 물리과정에 기인한 여러 가지 정보가 포함되어 있다. 즉 파워스펙트럼이나 상관함수의 관측을 사용하면 이러한 기본적인 매개변수를 결정할 수 있는 것이다.

3.5.4 바이어스

지금까지 은하분포로부터 상관함수나 파워스펙트럼을 구해서 밀도요동에 대한 그것들의 통계량과의 비교를 설명해 왔다. 은하의 수밀도와 물질의 밀도가 비례하는 경우에는 양쪽의 요동은 일치하기 때문에 이 비교는 가능하다. 그러나 일반적으로 이 비례관계가 성립하는 이유는 없다. 3.4.3절의 피크통계 쪽에서 설명한 바와 같이 은하가 밀도요동의 피크에 형성된다는 바이어스 모델로서는 선형 영역에서의 바이어스는 파워스펙트럼을 단지 상수배하는 효과밖에 없다는 것을 알았다. 따라서 파워스펙트럼의 진폭만의 영향을 받고 그 형태에는 영향이 없다. 즉 은하와 밀도요동의 파워스펙트럼을 각각 $P_g(k)$, $P_m(k)$라고 하면, $P_g(k) = b^2 P_m(k)$(b는 바이어스 매개변수라고 하는 상수)가 성립한다. 이와 같은 바이어스의 성질을 선형바이어스라고 한다.

선형 바이어스에 있어서는 푸리에 공간에서 보아 선형 영역에 있는 물질밀도의 요동 δ_k와 은하수밀도의 요동 δ_k^g 사이에는 다음과 같은 관계가 있다.

$$\delta_k^g = b\delta_k \tag{3.119}$$

상관함수는 파워스펙트럼의 푸리에변환이기 때문에 역시 선형 영역에서 동일하게 상수배가 될 뿐이다. 즉 은하와 밀도요동의 상관함수를 각각 $\xi_g(r)$, $\xi_m(r)$이라 하면 $\xi_g(r) = b^2 \xi(r)$이 성립한다.

선형 영역에서는 피크모델의 경우뿐 아니라 바이어스의 상세에 의하지 않고도 일반적인 조건 하에서 바이어스가 선형 바이어스가 되는 것을 보이고 있다. 선형 영역에서의 구조형성은 역학적으로도 취급하기 쉽다는 것 외에, 부정성不定性이 큰 은하형성의 상세에 대해 파고들지 않아도 하나의 바이어스 매개변수 b로 취급할 수 있다는 이점이 있기 때문이다.

선형 바이어스의 경우에도 바이어스 매개변수를 이론적으로 매듭짓기는 어렵다. 피크모델에서는 어떤 피크를 선택하는가에 직접적인 연관이 있었다는 사실을 상기하자. 일반적으로 바이어스 매개변수의 값은 은하형성에 의존한다. 이 문제는 현대에도 아직 밝히지 못한 점이 많다. 앞으로 은하형성에 대한 이해가 진전된다면 이 매개변수를 이론으로 정립하게 될지도 모르지만 현재로서는 관측해서 결정해야 할 부정不定 매개변수이다.

선형 영역에서 바이어스 매개변수는 파워스펙트럼의 진폭을 상수배하는 것뿐이지만 이것은 매개변수 σ_8^{gal}과 작용이 같다. 밀도요동의 진폭의 매개변수 σ_8^{m}을 (식 3.118)과 같이 밀도요동의 파워스펙트럼에 의해 정의하면 $\sigma_8^{gal}=b\sigma_8^{m}$이 성립한다. 즉 은하의 관측에 의해 정해지는 진폭은 밀도요동의 진폭과 바이어스의 곱으로 주어지면 이 양자는 구별할 수 없다. 양자 모두 이론적으로 정해지지 않는 매개변수이기 때문에 은하 서베이에서는 진폭은 완전히 자유롭게 정해진다. 바이어스를 요동의 초기 진폭부터 구별하기 위해서는 적색편이변형 효과를 이용하거나 또는 파워스펙트럼이나 상관함수 이외의 통계량을 사용함으로써 가능하다는 것이 알려져 있다. 혹은 우주배경복사의 요동의 관측을 사용해 물질의 요동의 진폭 σ_8^{m}을 정할 수 있어 바이어스 매개변수를 분리할 수 있다.

바이어스는 은하형성의 조건에서 나타나기 때문에 은하의 종류에 따라 바이어스 매개변수의 값도 다르다. 예를 들면 타원은하는 은하단의 중심부에 많이 존재하며 소용돌이은하는 그것보다 넓게 퍼져 있는 것이 알려져 있다. 즉 타원은하 쪽이 소용돌이은하보다 강하게 군집해 모여 있기 때문에 이에 따라 상관함수나 파워스펙트럼은 타원은하 쪽이 크게 될 것이다.

여기서 2dF 적색편이 서베이에 있어 은하의 색에 따라 붉은 은하와 푸른 은하의 2종류로 분류해서 각각의 파워스펙트럼을 나타낸 것이 그림

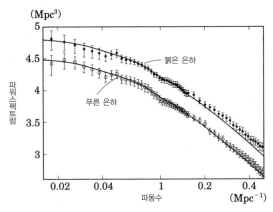

그림 3.11 2dF 적색편이 서베이에 의한 다른 종류의 은하에서의 바이어스 차이(Cole *et al.*, 2005, *MNRAS*, 362, 505). 붉은 은하는 검은 동그라미, 푸른 은하는 흰 동그라미에 대응하며, 실선은 $\Omega_m h = 0.168$, $\Omega_b/\Omega_m = 0.17$을 가정한 선형모델로 진폭은 적당하게 맞춘 것이며 접힘 효과도 포함되어 있다.

3.11이다. 대충 붉은 은하는 타원은하에 대응하며, 푸른 은하는 소용돌이 은하에 대응한다고 생각할 수 있다. 그러면 그림에서 붉은 은하 쪽이 파워 스펙트럼의 값이 크게 되어 있다는 것을 이해할 수 있다. 그리고 넓은 스 케일에 걸쳐 양쪽의 파워스펙트럼의 형태가 같다. 이것은 붉은 은하의 바 이어스 매개변수 b_{red}와 푸른 은하의 바이어스 매개변수 b_{blue}가 다르며, 각 각 밀도요동의 파워스펙트럼의 b_{red}^2배와 b_{blue}^2배가 되어 있는 것을 나타내 고 있다. 이렇게 해서 선형 영역에서는 사용하는 은하의 종류에 의하지 않 고 밀도요동의 파워스펙트럼의 형태를 정할 수 있는 것이다.

한편 비선형 영역에서의 바이어스는 단순하지 않다. 이 영역에서는 어 떤 조건하에서 은하가 만들어지는 것인가에 은하형성의 상세가 깊게 얽혀 있어 아직 불분명 한 점이 많다. 이 영역에서 바이어스는 하나의 바이어스 매개변수만으로 특징지을 수 없게 된다. 예를 들면 은하와 밀도요동의 파 워스펙트럼의 비로 바이어스 매개변수를 정의했다 해도 비선형 영역에서 는 스케일에 의해 그 비가 변한다. 즉 바이어스 매개변수는 상수常數가 아니며 스케일에 의존하게 된다. 더욱이 은하의 수밀도 요동과 물질의 밀도 요동과는 단순한 비례관계로 볼 수 없게 된다. 즉 비선형 바이어스가 된다. 또한 선형 바이어스에서는 은하의 수밀도가 결정적으로 정해져 있었지만 비선형 영역에서는 이 성질도 무너진다. 이것을 현상론적으로 다루는 확률적 바이어스라는 것도 생각되고 있다.

어쨌든 비선형 영역에 있어 바이어스는 복잡한 양상을 보이기 때문에 그 취급에는 주의가 필요하다. 이 문제는 장래 은하형성론의 진전에 따라 서서히 밝혀질 것으로 생각된다.

제4장

우주마이크로파 배경복사의 온도요동

우주마이크로파 배경복사는 탄생 후 약 40만 년 시대의 우주의 모습을 전하는 우주최고最古의 화석이다.

COBE 위성에 의해 그 스펙트럼은 흑체복사, 즉 플랑크 분포와 잘 일치하는 것으로 나타났다. 이것은 우주초기에 고온의 열평형상태가 실현되고 있었던 것, 즉 빅뱅의 존재를 증명하는 것이다.

우주마이크로파 배경복사온도의 천구 상 공간분포는 매우 등방적이며 우주의 균일 등방성의 증거가 되고 있다.

한편 흑체복사로부터의 아주 작은 차이와 온도의 공간적 분포에 약간의 차이(요동)를 측정할 수 있으면 초기 우주 및 구조형성의 중요한 정보를 얻을 수 있다. 이론연구를 통해 이러한 것, 특히 온도의 공간적 분포를 상세하게 구하면 우주의 진화를 설명하는 우주론 매개변수를 정밀하게 결정할 수 있다는 것을 알게 된 이후 관측연구가 활발히 진행되어 COBE와 WMAP같은 인공위성에 의해 전천全天에 걸친 온도요동의 지도를 얻기에 이르렀다.

그 결과 관측 가능한 우주의 공간곡률은 0에 가까우며(즉 삼각형의 내각의 합은 관측 가능한 우주에 있어서 항상 180°), 전체 에너지 밀도 중 70%가 정체불명의 암흑에너지이고 나머지의 80% 이상이 또한 정체불명의 암흑물질, 그리고 전체의 불과 4% 정도가 성질이 알려진 일반적인 물질인 것으로 밝혀졌다.

4.1 온도요동의 진화와 구조

4.1.1 스펙트럼 왜곡과 온도요동

펜지어스와 윌슨이 하늘의 모든 방향으로부터 '거의' 동일한 강도로 오고 있는 우주마이크로파 배경복사를 발견한 것은 1965년의 일이었다. 그때 이후로 우주마이크로파 배경복사의 스펙트럼이 과연 플랑크 분포인지, 또한 그 복사강도(또는 온도)가 천구 상의 어디에서나 똑같은지, 또는 온도에 약간의 차이가 있는지, 즉 온도요동이 존재하는지 여부에 큰 관심이 있었기에 이론연구와 관측이 계속되었다.

플랑크 분포는 열평형상태가 실현되고 있는 경우의 스펙트럼이다. 우주가 한때 고온의 열평형상태에 있었다는 사실이야말로 빅뱅이며, 플랑크 분포는 빅뱅의 직접적인 증거인 것이다. 만약 플랑크 분포에서 경미한 차이가 발견되면 그 차이는 우주의 열사熱史에 대해 중요한 정보를 갖는다.

한편 현재 우주에는 다양한 계층구조가 존재하고 있다. 이러한 구조 중에서도 우주대규모구조와 은하단 등 규모가 큰 것은 우주초기에 발생한 아주 세밀한 밀도의 공간 분포의 농담濃淡, 즉 밀도요동이 중력에 의해 성장해서 형성된 것이라 생각된다(3장 참조). 물질에 밀도요동이 존재한다면 우주마이크로파 배경복사에도 온도요동이 같이 존재하고 있어야 한다. 우주마이크로파 배경복사로 보고 있는 것은 수소원자 형성기(이후 영어 recombination을 따라 재결합기라고 한다[1])이며, 빅뱅으로부터 약 40만 년 후의 시대이다. 현재의 우주는 137억 세이므로 온도요동을 통해서 우리들은 현재의 구조를 만들어 낸 종種을 관측하고 있는 것이다.

우주마이크로파 배경복사가 매우 높은 정밀도를 갖는 흑체복사라는 사실이 1990년 COBE 위성의 관측결과로 밝혀졌다. 그 온도는 2.725 ± 0.001 K이다. 이것은 우주초기에 고온의 열평형상태가 실제로 있었던 것, 즉 빅뱅의 존재를 증명하는 것이다. 그림 4.1을 참조하기 바란다. COBE

---

1 이 시기에 우주가 빛에 대해 투명하게 되기 때문에 맑게 갬이라 하는 경우도 많고, 지금까지 3장에서 그 명칭을 사용했지만 여기서는 국제학술용어인 재결합기를 사용하겠다.

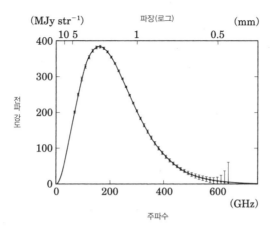

그림 4.1 COBE 위성의 FIRAS 검출기에 의해 측정된 우주마이크로파 배경복사의 강도. 데이터(흑점)의 오차는 200배로 확대하고 있다. 실선은 2.725 K의 플랑크 분포이다.

는 또한 플랑크분포로부터의 차이에 대해서도 강한 제한을 주었다. 광자의 에너지 밀도의 플랑크 분포는 진동수를 ν, 온도를 T라 할 때 다음과 같다.

$$u_{PL}(\nu) = \frac{8\pi h_P}{c^3} \frac{\nu^3}{\exp(h_P\nu/k_BT)-1} \tag{4.1}$$

여기서 h_P는 플랑크상수, c는 빛의 속도, k_B는 볼츠만상수이다. 또한 이 식은 겉보기에는 (식 1.11)과 다른 것 같지만, (식 1.11)은 단위 입체각당이므로 그것을 적분하여 4π가 나타난 것이다. 또한 (식 1.11)의 복사강도는 단위면적 · 단위시간당의 양量이지만, 에너지 밀도는 단위부피당이므로 시간에 빛의 속도를 곱해서 체적으로 바꾸는 관계에서 (식 1.11)과 위의 식은 광속도의 가중치 하나가 다르다.

그런데 이 분포를 진동수에 대해 적분하면 현재의 광자 에너지 밀도가 ((식 1.14)와 같지만) 다음과 같다는 것을 알 수 있다.

$$c^2 \rho_\gamma = \int_0^\infty d\nu \, u_{\text{PL}}(\nu) = \frac{8\pi^5 k_{\text{B}}^4}{15 c^3 h_{\text{P}}^3} T^4 \tag{4.2}$$

$$= 4.17 \times 10^{-13} (T/2.725 \text{ K})^4 \ [\text{erg cm}^{-3}] \tag{4.3}$$

우주를 평탄하게 하는 데 필요한 임계밀도에 비하면 이 값은 매우 작고, 실제로 임계밀도로 나눈 밀도 매개변수로 나타내면 $\Omega_\gamma = \rho_\gamma / \rho_{\text{cr},0}$ $= 2.47 \, h^{-2} \times 10^{-5}$밖에 안 된다. 무차원 허블상수 h에 관측값의 어림수 0.7 을 대입하면 5×10^{-5}이 된다.

이 플랑크분포의 차이(왜곡)의 정량화를 위한 양으로 자주 사용되는 것이 다음에 언급할 화학퍼텐셜 μ와 콤프턴 y매개변수이다.

뜨거운 초기우주로부터는 열평형상태를 유지하기 위해 끊임없이 전자 와 광자가 반응을 반복하고 있었다. 거기서는 1개의 전자와 1개의 광자가 그 수를 보존하면서 산란하는 콤프턴 산란 외에도 광자 하나가 여분으로 만들어지는 2중 콤프턴 산란, 또한 전자가 핵자와 산란할 때 광자를 낳는 제동복사(Bremsstrahlung 또는 free−free 복사) 등의 반응이 일어나고 있 었다. 그리고 그러한 반응을 통해 광자는 항상 플랑크 분포를 실현하고 있 다. 예를 들어 어떤 무거운 입자가 어떤 특정 진동수의 광자를 대량으로 방출하여 붕괴하는 과정이 있었다고 해도 그 광자는 에너지 분포를 바꾸 고 그 수를 조정해 플랑크 분포에 동화되는 것이다.

그러나 곧 온도가 내려가서 여분의 광자를 만드는 과정이 더 이상 유효 하게 작동하지 않을 때가 찾아온다. 그렇게 되면 앞에서 말한 중重입자의 붕괴와 같은 여분의 광자가 생성되는 현상이 발생하면 더 이상 여분의 광 자를 흡수할 수 없게 된다. 광자의 수는 보존되어 있지 않으면 안 되기 때 문이다. 그 여분의 광자가 화학퍼텐셜로서 분포함수에 나타난다.

무차원 화학퍼텐셜 μ는 플랑크분포의 분모의 지수함수 항에

$\exp(h_{\mathrm{P}}\nu/k_{\mathrm{B}}T + \mu)$로 첨가되는 양으로 정의할 수 있다. 이 μ에 대해 COBE의 FIRAS 검출기에 의해 $|\mu| < 9 \times 10^{-5}$이라는 제한을 받는다. 우주로부터는 여분의 광자가 대량으로 만들어지는 것과 같은 과정은 일어나지 않는 것이다.

우주의 온도가 더욱 더 내려가면 결국에는 콤프턴 산란마저 유효하게 일어나지 않게 된다. 그렇게 되면 더는 여분의 광자가 생성되었다 해도 에너지의 재분배가 일어나지 않으며, 우주마이크로파 배경복사(가 된 광자)에는 직접 영향을 주지 않으면서 생성과정에서 정해지는 에너지가 적색편이에 의해 적어지면서 현재에 이르게 된다.

그러나 우주의 어느 장소에서 국소적으로(예를 들어 은하단 내부에서) 대량의 뜨거운(운동에너지가 큰) 전자가 존재한다면 우주마이크로파 배경복사에 영향을 미치게 된다. 역콤프턴 산란을 통해 전자에서 광자로 에너지가 수송되는 것이다. 에너지가 낮은 광자, 즉 진동수가 작은(파장이 긴) 광자는 전자로부터 에너지를 얻고 그 에너지를 증가시킨다. 즉 장파장 쪽의 광자를 단파장 쪽으로 이송하는 것이다. 이러한 에너지수송 과정은 다음 콤파니에츠Kompaneets 방정식으로 나타내면 다음과 같다.

$$\frac{\partial f}{\partial y} = \frac{1}{x^2}\frac{\partial}{\partial x}\left(x^4\frac{\partial f}{\partial x}\right) \tag{4.4}$$

여기서 $x \equiv h_{\mathrm{P}}\nu/k_{\mathrm{B}}T$, f는 광자의 분포함수이며 플랑크분포의 경우에는 $f_{\mathrm{PL}} = 1/(\exp(x)-1)$, y는 콤프턴 y 매개변수라고 하는 양으로 다음과 같이 정의된다.

$$y \equiv \int \frac{k_{\mathrm{B}}T_e}{m_e c^2} n_e \sigma_T c \, dt = \int \frac{k_{\mathrm{B}}T_e}{m_e c^2} d\tau_e \tag{4.5}$$

여기서 T_e는 전자의 온도이며, 전자의 밀도 n_e, 톰슨산란의 단면적 σ_T로 정의되는 $\tau_e \equiv \int c n_e \sigma_T \, dt$는 톰슨산란의 광학적 두께이다.

플랑크분포와의 차이가 적은, 즉 $\delta f / f \equiv (f - f_{PL})/f \ll 1$라는 근사치를 두는 것으로, 이 방정식은 다음과 같이 풀 수 있다.

$$\frac{\delta f}{f} = y \frac{xe^x}{e^x - 1} \left[x \frac{e^x + 1}{e^x - 1} - 4 \right] \tag{4.6}$$

이 식이 플랑크분포로부터의 왜곡을 나타내게 된다. 장파장 쪽의 극한, 즉 레일리-진스근사의 성립 범위에서는 $x \ll 1$을 대입해서 $\delta f / f = (\delta T / T)_{RJ} = -2y$를 얻는다. 장파장 쪽의 광자가 단파장 쪽으로 수송되기 때문에 장파장 쪽에서는 광자의 수가 줄고, 우주마이크로파 배경복사의 온도는 낮아지게 된다. 이와는 반대로 단파장 쪽에서는 온도가 올라간다. 이러한 뜨거운 전자에 의해 일어나는 우주마이크로파 배경복사의 스펙트럼의 왜곡효과를 수니야에프-젤도비치(Sunyaev-Zel'dovich, SZ) 효과라고 한다.

콤프턴 매개변수에 대해서는 COBE의 FIRAS 검출기는 우주 전체에서는 $y < 1.5 \times 10^{-5}$라는 제한을 받았다. 우주 전체에 뜨거운 전자를 퍼뜨리는 것 같은 현상은 과거에 발생하지 않았다는 것이다. 그러나 이것이 바로 우주 어디에서나 y값이 작은 것은 아니다. COBE는 각도분해능이 $7°$이며, 그것보다 작은 각도에 대응한 구조에 부수된 뜨거운 전자에 대해서는 검출할 수 없었던 것이다. 실제로 은하단에는 뜨거운 가스가 존재하고 있고, 그 전자에 의한 SZ 효과가 관측되고 있다.

4.1.2 1차 온도요동

우주마이크로파 배경복사의 온도요동은 다양한 물리적 과정에 의해 생성된다. 온도요동의 공간규모에 따라 생성의 물리적 과정이 다르다. 여기서는 가능한 한 수식을 사용하지 않고 그 생성의 물리적 과정이 어떠한 것인지 살펴보겠다.

온도요동의 원인이 되는 밀도요동은 우주초기의 인플레이션 과정에서 생성되었다. 앞으로는 푸리에변환을 이미지해서 밀도요동을 파장 또는 파동수별로 분해해서 생각해 보자. 밀도요동 $\delta\rho/\rho$값이 1에 비해 충분히 작으면 선형근사를 사용하는 것이 가능하며, 이 경우에는 각각의 파장의 요동은 독립적으로 성장하고 서로 섞이지 않는다.

그런데 밀도요동은 형성되자마자 인플레이션에 의해 그 파장이 일단 지평선보다 길게 된다. 지평선 밖에 있는 한 요동은 진화하지 않고 동결된다.

인플레이션이 종료되고 시간이 지나면서 지평선의 크기가 요동의 파장보다 빨리 확대하기 시작하면 곧 지평선이 파장과 동일하게 되는 시기가 찾아온다. 우주마이크로파 배경복사의 온도요동에 있어 이 시기가 재결합기(수소원자 결합기, 우주의 맑게 갬)보다 이전인지 이후인지에 따라 그 발전이 크게 다르게 된다.

재결합기는 우주탄생 후 약 40만 년인 적색편이 $z_{rec} = 1,100$이다. 첨자 rec는 재결합기의 값을 나타낸다.[2] 공동좌표로 나타낸 그 시기의 우주지평선의 크기 d_H^c는 물질우세를 가정하면 다음과 같다.

$$
\begin{aligned}
d_H^c(t_{rec}) &\equiv \int_0^{t_{rec}} \frac{cdt}{a} = \int_0^{a_{rec}} \frac{cda}{Ha^2} = \frac{c}{H_0}\int_0^{a_{rec}} \frac{1}{\sqrt{\Omega_m/a^3}\,a^2} \\
&= \frac{2c}{H_0\sqrt{\Omega_m}}\,a_{rec}^{1/2} = \frac{2c}{H_0\sqrt{\Omega_m}}(1+z_{rec})^{-1/2} \\
&= 180(\Omega_m h^2)^{-1/2}\left(\frac{1,100}{1+z_{rec}}\right)^{1/2} \ [\text{Mpc}]
\end{aligned}
\tag{4.7}
$$

---

2 1장에서는 탈결합의 의미로 dec라는 첨자를 붙였다.

여기서 a는 스케일 인자로 적색편이와 $a = 1/(1+z)$이라는 관계가 있다.

이어서 재결합기의 지평선이 현재 관측할 때에 하늘 위에서 바라보는 각도(천구 상에서의 겉보기 각도)에 어느 정도 대응하고 있는지를 알아보자. 현재의 지평선 크기는 만일 우주항(암흑에너지)의 기여를 무시하면 위의 수식 z_{rec} 대신에 $z=0$을 대입하면 구할 수 있기 때문에(현재는 공동좌표와 물리좌표의 값이 일치한다는 점에 유의) $d_H(t_0) = 2c/(H_0 \sqrt{\Omega_m})$이다. 재결합기의 지평선 $d_H^c(t_{rec})$를 우리는 $d_H(t_0)$ 떨어져서 관측하고 있기 때문에 하늘의 전망 각도는 다음 식에 대응한다.

$$\theta_H = d_H^c(t_{rec})/d_H(t_0) = (1+z_{rec})^{-1/2} = 0.031 \,[\text{rad}] = 1.7 \,[\text{deg}] \quad (4.8)$$

달이나 태양의 시직경이 0.5 deg임을 생각하면 이것이 어느 정도의 크기를 차지하는지 알 수 있을 것이다.

파장이 재결합기의 지평선보다 긴 요동은 재결합기까지 인플레이션에서의 값을 동결하고 있다. 온도요동에도 인플레이션에 의해 생성된 부분이 남아 있다. 그러나 밀도요동의 존재가 한층 더 온도요동을 낮게 된다. 재결합 시기에 밀도가 집중되어 있는 곳에서는 중력 퍼텐셜의 값이 음($-$)이 된다. 그곳에서 방출된 광자는 중력 우물로부터 벗어나기 때문에 에너지를 잃게 된다. 그 때문에 적색편이를 하게 된다. 한편 밀도가 평균보다 낮은 위치에서는 중력 퍼텐셜의 값이 양($+$)이며 그곳에서의 광자는 청색편이를 하게 된다.

이 중력에 의한 적색편이와 청색편이의 효과로 인해 생기는 온도요동을 이론적으로 최초로 발견한 사람의 이름을 따서 작스–울페(Sachs-Wolfe, SW) 효과라고 한다. 이 중력 퍼텐셜 자체도 초깃값을 동결하고 있다.

한편 파장이 재결합기의 지평선보다 짧은 요동은 아직 우주에 많은 자유전자가 존재하고 있었던 시기에 지평선 안으로 들어간다. 광자·양성자(바리온)·전자유체 내에 밀도요동이 존재하게 되는 것이다. 압축성 유체의 밀도요동은 음속에 따라 전파(傳播)되는 음파이다. 음속에 의해 도달할 수 있는 한계 영역을 빛의 경우 지평선을 본떠서 음音 지평선이라고 한다. 각 시각에서의 음파는 음지평선을 최대 파장으로 하는 정상파를 구성한다. 시간과 함께 음지평선은 길어지며 그와 동시에 정상파의 파장도 길어지게 된다.

재결합기 이전의 광자·바리온유체의 음속은 그곳에서의 압력을 p, 밀도를 ρ라고 하면 다음과 같이 표현된다.

$$c_s^2 = \frac{\dot{p}}{\dot{\rho}} = \frac{dp}{da} \bigg/ \frac{d\rho}{da} \tag{4.9}$$

여기서 점 「˙」은 시간미분이다. 광자의 상태방정식은 $p_\gamma = c^2\rho_\gamma/3$, 바리온은 $p_b = 0$이므로, $p = p_\gamma$, $\rho = \rho_\gamma + \rho_b$가 된다. $\rho_\gamma \propto a^{-4}$, $\rho_b \propto a^{-3}$에 주의하여 다음 식을 얻는다.

$$
\begin{aligned}
c_s^2 &= \frac{dp}{da} \bigg/ \frac{d\rho}{da} \\
&= (-4c^2\rho_\gamma/3)/(-4\rho_\gamma - 3\rho_b) \\
&= \frac{c^2}{3}\frac{1}{1 + 3\rho_b/4\rho_\gamma}
\end{aligned}
\tag{4.10}
$$

바리온의 밀도는,

$$\rho_b = \rho_{b,0}(1+z)^3 = \rho_{cr,0}\Omega_b(1+z)^3 = 1.98 \times 10^{-29}\Omega_b h^2(1+z)^3 \ [\text{g cm}^{-3}] \tag{4.11}$$

로 나타나며, 광자의 밀도는 $T = 2.752 \, \text{K} \times (1+z)$임을 주의하면 (식 4.2)로부터 얻을 수 있다. 결국 $3\rho_{\text{b}}/4\rho_{\gamma} = 3.0 \times 10^4 \Omega_{\text{b}}h^2/(1+z)$가 된다.

이 음속을 사용하여 공동좌표계에서는 음지평선은 다음 식과 같이 쓸 수 있다.

$$d_{\text{s}}^c(t) \equiv \int_0^t dt \frac{c_{\text{s}}}{a} \simeq (c_{\text{s}}/c)d_{\text{H}}^c(t) \tag{4.12}$$

재결합기의 음지평선 값은 물질우세를 가정하면 (식 4.7)을 사용할 수 있고, 관측값 $\Omega_{\text{b}}h^2 = 0.02$를 사용함으로써 다음 식을 얻게 된다.

$$\begin{aligned} d_{\text{s}}^c(t_{\text{rec}}) &\equiv \frac{1}{\sqrt{3(1+3\rho_{\text{b}}/4\rho_{\gamma})}} \frac{2c}{H_0\sqrt{\Omega_{\text{m}}}}(1+z_{\text{rec}})^{-1/2} \\ &= 84(\Omega_{\text{m}}h^2)^{-1/2} \quad [\text{Mpc}] \end{aligned} \tag{4.13}$$

지평선의 경우와 마찬가지로 재결합기의 음지평선이 우리들 관측자에게 있어서 어느 정도의 하늘의 전망각도에 해당하는지를 계산해 보자. 그것은 그 시기의 음 지평선을 현재의 지평선으로 나눔으로써 얻을 수 있기 때문에 다음과 같다.

$$\theta_{\text{s}} = d_{\text{s}}^c(t_{\text{rec}})/d_{\text{H}}(t_0) = 0.014 \, [\text{rad}] = 0.80 \, [\text{deg}] \tag{4.14}$$

달의 시직경과 거의 같은 크기의 내부에 음파모드인 광자·바리온유체의 진동이 존재하고 있는 것으로 된다.

더 짧은 파장의 요동은 음파로서의 진동 후 광자와 전자 간에 작용하는 점성에 의해 감쇠damping하게 된다. 최초에 이 효과를 지적했던 실크J.

Silk의 이름을 따서 실크Silk댐핑[3]이라고 한다. 점성이 미치는 한계, 즉 그 이하의 파장은 실크댐핑에 의해 요동이 사라져 버리는 파장은 취보random walk의 물리적 과정에 따라서 다음과 같이 구할 수 있다.

우선 단위시간당 광자와 전자와의 산란 횟수가 $cn_e\sigma_T$임으로 광자의 평균 자유행정은 그 역수에 광속도를 곱하여 얻을 수 있으며 $\lambda_f = 1/n_e\sigma_T$가 된다. 공동좌표계에서는 $\lambda_f^c = 1/an_e\sigma_T$이다. 그리고 우주연령에서의 산란 횟수를 N이라고 하면, 그 사이에 광자는 충돌을 반복하면서 광자의 길을 따라(공동좌표계에서) $N\lambda_f^c$만큼 진행한다. 물질우세에 있어서 공동좌표에서의 지평선이 $2c/Ha$이기 때문에[4] $N\lambda_f^c = 2c/Ha$가 된다.

이로부터 취보의 확산 스케일(N 대신 $\sqrt{N}$에 비례한다)은 공동좌표계에서 $\lambda_d^c = \sqrt{N}\lambda_f^c = \sqrt{2c\lambda_f^c/Ha}$가 된다. 실제 값을 대입하면 다음과 같이 된다.

$$\lambda_d^c = 1.62 \times 10^4 (\Omega_m h^2)^{-1/4} (\Omega_b h^2)^{-1/2} (1+z)^{-5/4} \text{ [Mpc]} \qquad (4.15)$$

물질우세의 우주는 $(1+z) \propto t^{-2/3}$이므로 $\lambda_d^c \propto t^{5/6}$이다. 즉 공동좌표에서 측정한 확산 스케일은 적색편이가 큰 쪽이 짧고, 시간과 더불어 $t^{5/6}$에 비례해서 길어지는 것을 알 수 있다. 시시각각으로 커다란 스케일의 요동은 없어지는 것이다.

재결합기의 적색편이 $z_{rec} = 1,100$을 대입하면,

$$\lambda_d^c(t_{rec}) = 2.55 (\Omega_m h^2)^{-1/4} (\Omega_b h^2)^{-1/2} \text{ [Mpc]} \qquad (4.16)$$

---

3 실크 감쇠라고도 한다.
4 공동좌표의 우주 지평선 d_H^c는 (식 4.7)을 참조하면 물질우세에서는 $d_H^c = 2c(1+z)/H_0\sqrt{\Omega_m(1+z)^3}$ $=2c/Ha$가 되는 것을 알 수 있다. 여기서 $1+z=1/a$에 주의해야 해야 한다.

이 되고, 하늘의 전망 각도는 다음과 같다.

$$\theta_d = \lambda_d^c(t_{\rm rec})/d_{\rm H}(t_0) = 1.9 \times 10^{-4}\,[{\rm rad}] = 6.4\,[{\rm arcmin}] \qquad (4.17)$$

여기서 관측값으로 $\Omega_{\rm m}\,h^2 = 0.15$, $\Omega_{\rm b}\,h^2 = 0.02$를 대입하였다. 전망 각도에서 이 값 이하 파장의 온도요동은 실크댐핑에 의해 소멸된다.

정리하면 재결합기의 온도요동은 긴 파장에서는 초기 조건을 동결하고 있고, 중간 파장에서는 음파모드의 진동이 존재하며, 짧은 파장에서는 감쇠하는 것이다.

우리들 관측자는 이러한 재결합기의 온도요동을 현재의 지평선 거리만큼 떨어진 위치에서 측정한다. 그 전파傳播의 사이에도 다양한 물리적 과정이 작동하고 온도요동을 변경시킨다. 여기서는 물리적 과정의 원인이 우주 전체의 공간구조나 진화와 관련된 부분과 보다 국소적인 효과에 의한 부분으로 나누어 생각해 보자.

전자에 있어서는 우주의 팽창법칙이 급격히 변화하여 중력 퍼텐셜이 변하고, 거기서 발생하는 새로운 중력의 적색편이, 청색편이 효과가 우선 생각된다. 작스-울페 효과의 일종이지만, 중력 퍼텐셜의 시간변화에 대한 시간적분으로 얻을 수 있는 효과이기 때문에 적분 작스-울페(Integrated Sachs-Wolfe, ISW) 효과라고 한다.

밀도요동의 선형이론으로는 우주에서 물질이 우세 또는 복사가 우세하면 중력 퍼텐셜은 시간진화時間進化하지 않는다고 알려져 있다. 그러나 예를 들어 우주항에 의해 팽창이 가속되면 중력 퍼텐셜은 옅어지고 만다. 가속에 의해 자기중력에 의한 밀도요동의 성장이 억제되기 때문에 퍼텐셜이 옅어지게 되는 것이다. 이것은 우주항의 에너지 밀도가 물질의 에너지 밀도와 같아지는 시기 이후에 현저하게 나타나는 효과이다.

프리드먼 방정식에서 그 시기의 적색편이가 바로 $z = (\Omega_\Lambda/\Omega_\mathrm{m})^{1/3} - 1 \simeq 0.3$으로 구할 수 있다((식 2.28) 오른쪽 괄호 안의 첫 번째의 Ω_m에 비례하는 항과 세 번째의 Ω_Λ항과 동일하게 되도록 두면 된다). 여기서는 공간곡률을 0이라 가정하고, $\Omega_\Lambda = 0.7$, $\Omega_\mathrm{m} = 0.3$으로 했다. 즉, ISW 효과는 현재에 가까울수록 매우 중요해진다. 또한 효과가 미치는 규모는 전형적으로는 이 시기의 지평선 크기가 된다.

지평선보다 작은 규모에서도 이 효과는 생기지만, 여러 장소에서 발생하는 청색 편이, 적색편이 효과로서 상호 소멸되어 버린다. 결과적으로 지평선 규모가 더욱 더 탁월하게 된다. 현재에 가까운 시기의 지평선 규모이기 때문에 관측으로 전망하는 각도로서는 매우 큰 것이 된다.

ISW 효과로는 그 외에도 재결합기 직후에 생기는 부분도 있다. 재결합 시기는 이미 물질 우세기이긴 하지만 여전히 팽창에 대한 복사의 영향을 완전히 무시할 수 없다. 따라서 재결합 직후 잠시 동안은 중력 퍼텐셜이 엷어져 가는 것이다. 앞에서 설명한 ISW 효과에 비해 훨씬 이른 시기 early에 일어나기 때문에 이를 early ISW 효과, 방금 전의 것을 늦은 시기late이므로 late ISW 효과로 구별해서 부르기도 한다. 재결합기 직후에는 아직 지평선이 작기 때문에 early ISW 효과가 미치는 범위는 late ISW 효과에 비해 작은 규모로 제한된다.

우주 전체의 공간 구조와 관련된 온도요동의 변경으로서 공간곡률에 의한 효과를 들 수 있다. 광자가 전파할 때 재결합기와 우리들 관측자 사이의 공간이 렌즈 역할을 하기 때문에 온도요동의 패턴이 겉보기 확대 또는 축소한다는 것이다.

보다 국소적인 구조에 의한 온도요동에 미치는 영향은 다음과 같은 것을 생각할 수 있다. 우선 주로 은하계 내에서 발생하는 싱크로트론복사, 제동복사, 성간먼지星間塵의 복사 등이다. 이러한 은하의 복사는 온도요동의 관측에 있어서는 노이즈이며 제거할 필요가 있다. 다행히 이러한 복사는 파장 의존성이 있기 때문에 여러 파장에서 관측함으로써 효율적으로 제거할 수 있다. 주파수로 말하면 $60\,\mathrm{GHz}$ 근처가 은하의 복사가 가장 약하기 때문에 COBE와 WMAP 같은 위성은 이 부근의 진동수에서의 결과를 주로 사용하여 온도요동의 해석을 수행하고 있다.

그 외에도 은하단에 존재하는 고온 가스에 의한 SZ 효과, 심지어는 이온화된 영역이 운동하는 것으로 우주마이크로파 배경복사를 끌어들여 도플러효과를 일으킴으로써 온도요동의 생성(역학적인 SZ 효과라고 한다), 은하 등의 중력을 지배하고 있는 암흑헤일로의 진화에 따른 ISW 효과, 암흑헤일로의 중력장에 의한 중력렌즈효과 등 온도요동에 대한 2차적인 효과가 다수 존재한다.

4.1.3 볼츠만 방정식

앞 절에서 서술한 빅뱅팽창우주의 온도요동의 발전은 구체적으로는 볼츠만 방정식으로 표현된다. 여기서는 볼츠만 방정식의 도출을 살펴보자. 지금부터는 밀도요동 등의 균일등방으로부터의 차이는 1차까지를 고려한 이른바 선형근사를 사용한다. 또한 앞으로는 일반상대론의 초보적 지식이 있다고 보고 설명하기 때문에 일반상대론을 공부하지 않은 독자는 구체적인 설명은 건너뛰고 읽고 결과인 볼츠만 방정식에만 주목하길 바란다.

밀도요동의 존재로 인해 균일등방으로부터 요동하고 있는 시공 상에서의 두 점 간 4차원 거리의 제곱 ds^2은 어느 좌표조건 (뉴턴적 게이지조건) 하에서는 다음과 같이 표현된다.

$$ds^2 = -(1+2\Psi)(\boldsymbol{x},\ t))\,dt^2 + a(t)^2(1+2\Phi(\boldsymbol{x},\ t))\gamma_{ij}\,dx^i\,dx^j \quad (4.18)$$

여기서 $\Psi(\boldsymbol{x},\ t)$와 $\Phi(\boldsymbol{x},\ t)$는 각각 중력 퍼텐셜과 곡률요동이며, γ_{ij}는

곡률이 0인 평면공간의 경우에는 3차원의 단위행렬(크로네커의 델타)이 된다. 여기서는 광속 $c=1$이라고 하고 있다. 이후부터는 필요한 경우 c를 부활시키기로 한다.

다음으로 광자의 분포함수를 라고 하면 볼츠만 방정식은 다음과 같다.

$$\frac{Df}{Dt} \equiv \frac{\partial f}{\partial x^{\mu}} \frac{dx^{\mu}}{dt} + \frac{\partial f}{\partial p^{\mu}} \frac{dp^{\mu}}{dt} = C[f] \tag{4.19}$$

여기서 D는 전미분, x^{μ}, p^{μ}는 각각 좌표와 운동량의 4원 벡터, $C[f]$는 광자에 대한 전자로부터 산란 영향을 나타내는 항이다.

이 식에 측지선방정식

$$\frac{d^2 x^{\mu}}{d\lambda^2} + \Gamma^{\mu}_{\alpha\beta} \frac{dx^{\alpha}}{d\lambda} \frac{dx^{\beta}}{d\lambda} = 0 \tag{4.20}$$

을 결합한다. 여기서 λ는 아핀affine 매개변수이다. 널null의 측지선을 전파하는 빛의 경우에는 4원 운동량벡터는 $p^{\mu}=dx^{\mu}/d\lambda (p^0 = dt/d\lambda$, $p^i = dx^i/d\lambda = p^0 dx^i/dt$이며, 이 p^{μ}를 사용해서 측지선방정식은 다음과 같이 고쳐 쓸 수 있다.

$$\frac{dp^{\mu}}{dt} = g^{\mu\nu} \left(\frac{1}{2} \frac{\partial g_{\alpha\beta}}{\partial x^{\nu}} - \frac{\partial g_{\nu\alpha}}{\partial x^{\beta}} \right) \frac{p^{\alpha} p^{\beta}}{p^0} \tag{4.21}$$

그런데 운동량 p^{μ}의 공간 성분 크기는 $p^2 \equiv p^i p_i = (1+2\Psi)(p^0)^2$이므로 선형 근사는 $p = (1+\Psi)p^0$이다. 한편 방향벡터는 $\gamma^i = a(p^i/p)(1+\Phi)$로 표현된다. 여기서 $\eta_{ij}\gamma^i\gamma^j = 1$로 규격화하고 있다. p^{μ} 대신에 (p, γ^i)를 사용해서 볼츠만 방정식을 나타내면 다음과 같다.

$$\frac{\partial f}{\partial t} + \frac{\partial f}{\partial x^i}\frac{dx^i}{dt} + \frac{\partial f}{\partial p}\frac{dp}{dt} + \frac{\partial f}{\partial \gamma^i}\frac{d\gamma^i}{dt} = C[f] \qquad (4.22)$$

이 볼츠만 방정식의 좌변 제3항은 광자의 운동량의 시간변화, 즉 적색편이를 나타내고 있다. 이 항목을 중력 퍼텐셜 등을 사용해서 구체적으로 나타내기 위해 측지선방정식 (4.21)을 사용한다. 선형 근사를 적용하면 다음과 같이 된다.

$$\frac{1}{p}\frac{dp^0}{dt} = -\left(\frac{\partial \Psi}{\partial t} + \frac{da}{dt}\frac{1}{a}(1-\Psi) + \frac{\partial \Phi}{\partial t} + \frac{2}{a}\frac{\partial \Psi}{\partial x^i}\gamma^i\right) \quad (4.23)$$

결국 볼츠만 방정식의 좌변 제3항은 다음과 같이 나타낼 수 있다.

$$\begin{aligned}
\frac{1}{p}\frac{dp}{dt} &= \frac{1}{p}\frac{d(1+\Psi)p^0}{dt} \\
&= \frac{1}{p}\frac{dp^0}{dt}(1+\Psi) + \left(\frac{\partial \Psi}{\partial t} + \frac{\partial \Psi}{\partial x^i}\frac{dx^i}{dt}\right) \qquad (4.24) \\
&= -\left(\frac{da}{dt}\frac{1}{a} + \frac{\partial \Phi}{\partial t} + \frac{1}{a}\frac{\partial \Psi}{\partial x^i}\gamma^i\right)
\end{aligned}$$

여기서 2차 이상의 요동을 무시했기 때문에 $(p^0/p)d\Psi/dt \simeq d\Psi/dt$나 $(dx^i/dt)\partial \Psi/\partial x^i = (p^i/p^0)\partial \Psi/\partial x^i \simeq (\gamma^i/a)\partial \Psi/\partial x^i$ 등의 근사를 사용하였다.

(식 4.24)의 우변 제1항은 우주팽창에 의한 적색편이, 제2항은 곡률요동에 의해 파장이 길어져 생기는 적색편이, 제3항은 장소에 따라 중력 퍼텐셜이 다르기 때문에 퍼텐셜 우물에 들락날락할 때 발생하는 적색편이효과이다.

볼츠만 방정식 (4.22)의 좌변 제4항 $(\partial f/\partial \gamma^i)(\partial \gamma^i/dt)$는 공간곡률이

나 중력 퍼텐셜에 의한 중력렌즈효과 등에 의해 광자의 경로가 직선에서 벗어나는 효과를 나타내고 있다.

그런데 볼츠만 방정식에 나타나고 있는 광자의 분포함수는 중력의 효과나 광자와 전자 간의 톰슨산란에서는 에너지 수송이 일어나지 않는다(오히려 에너지수송을 수반한 콤프턴산란의 고전극한古典極限에서 수송을 수반하지 않는 것을 톰슨산란이라 정의하고 있다). 그 때문에 플랑크분포를 흩뜨리는 일은 없다. 결국 요동은 온도의 차이로서 측정되게 된다. 따라서 운동량(주파수) 의존성에 대해 적분하고, 광자의 에너지 밀도의 요동에 대한 식으로 고쳐 쓸 수 있다.

광자의 에너지 밀도를 분포함수 f를 사용하여 나타내면((식 4.2) 참조), $c^2\rho_\gamma = (8\pi/c^3h^3)\int dp\, p^3 f$이기 때문에 요동은 다음과 같다.

$$\frac{\delta\rho_\gamma}{\rho_\gamma} = \frac{8\pi}{c^3h^3\rho_\gamma}\int dp\, p^3 f - 1 \tag{4.25}$$

여기서 $\rho_\gamma \propto T^4$이므로, 온도요동은 $\Theta \equiv (1/4)\delta\rho_\gamma/\rho_\gamma$로 정의된다. 이 Θ에 대한 볼츠만 방정식은 (식 4.22)에 (식 4.24)를 대입하여 다음 식을 얻을 수 있었다.

$$\frac{\partial\Theta}{\partial\eta} + \gamma^i\frac{\partial}{\partial x^i}(\Theta + \Psi) + \frac{d\gamma^i}{d\eta}\frac{\partial}{\partial\gamma^i}\Theta + \frac{\partial\Phi}{\partial\eta} = \tilde{C}[\Theta] \tag{4.26}$$

그런데 여기서는 스케일 인자의 시간미분 항項이 복잡하기 때문에 시간미분 대신에 공형共形시간conformal time이라고 하는 양 $\eta \equiv \int dt/a$에서의 미분을 채택하고 있다.

산란항 $C[f]$에 대해 여기서는 광자와 전자 간의 콤프턴산란 과정을 생각한다. 양성자와 광자의 산란은 양성자의 질량이 전자보다 1,800배나 무겁기 때문에 콤프턴산란의 산란 단면적(질량의 역자승에 비례)이 전자와 광자의 경우에 비해 현저하게 작고 무시할 수 있다. 한편 양성자는 쿨롱산란을 통해 전자와 강하게 결합되어 있기 때문에 결국 광자는 전자와의 콤프턴산란으로 간접적으로 양성자와 상호작용하게 된다.

또한 여기서 생각하고 있는 상황으로는 광자의 에너지는 전자의 정지질량에너지 $(mc^2 = 511 \text{ keV} = 6 \times 10^9 \text{ K})$에 비해 충분히 낮기 때문에, 산란 전단면적은 비상대론적 극한인 톰슨산란 전단면적 $\sigma_T = (8\pi/3)(ha/2\pi m_e c)^2 = 6.65 \times 10^{-25} \text{ cm}^2$으로 표현된다. 여기서 $a \simeq 1/137$은 미세구조상수이다.

콤프턴산란의 비등방성을 고려하고 불변 산란진폭을 사용하면 산란항 $C[f]$를 평가할 수 있다. 여기서는 그것에 대해 상세하게 다루지 않고 선형화된 최종 결과만을 나타낸다.

$$
C[f] = n_e \sigma_T \left(f_0 - f + \frac{3}{4} \gamma_i \gamma_j \int \frac{d\Omega}{4\pi} \left(\gamma^i \gamma^j - \frac{1}{3} \delta^{ij} \right) f - \gamma_i v_b^i p \frac{\partial f_0}{\partial p} \right)
$$

$$(4.27)$$

여기서 $f_0 \equiv \int (d\Omega/4\pi)f$는 분포함수의 등방 성분, v_b는 바리온(양성자)의 속도(전자의 속도와 동일)이며, 첫 번째 행은 속도에 의존하지 않는 항, 두 번째 행이 속도의 1차 항이다. 속도의 곱하기 등 2차 이상의 항은 선형화했기 때문에 누락하였다. 첫 번째 행의 물리적인 의미는 산란에 의해 등방화되는 효과이며, 톰슨산란의 비등방 성분의 영향으로 $\gamma_i \gamma_j$에 비례하는 항이 따라온다. 두 번째 행은 전자의 운동에 의해 일어나는 도플러효과이다.

산란항에 대해서도 에너지에 대해 적분하여 Θ에 대한 식으로 고쳐 쓸 수 있다. 결국 볼츠만 방정식 (4.26)은 다음 식으로 나타낼 수 있다.

$$\frac{\partial \Theta}{\partial \eta} + \gamma^i \frac{\partial}{\partial x^i}(\Theta + \Psi) + \frac{d\gamma^i}{d\eta}\frac{\partial}{\partial \gamma^i}\Theta + \frac{\partial \Phi}{d\eta}$$

$$= n_e\sigma_T \left(\Theta_0 - \Theta + \gamma_i v_b^i + \frac{1}{16}\gamma_i\gamma_j\Pi_\gamma^{ij}\right)$$

(4.28)

여기서 $\Theta_0 \equiv \int (d\Omega/4\pi)\Theta$는 온도요동의 등방 성분, 톰슨산란의 비등 방 성분의 영향인 $\Pi_\gamma^{ij} \equiv \int (d\Omega/4\pi)(3\gamma^i\gamma^j - \delta^{ij})4\Theta$는 광자유체의 비등방 압력(비등방성 스트레스) 성분이며 f의 4중극 모멘트로 주어진다.

이어서 온도요동을

$$\Theta(\eta, \boldsymbol{x}, \gamma) \equiv \sum_{\boldsymbol{k}} \sum_{\ell=1}^{\infty} \Theta_\ell(\eta)(-i)^\ell \exp(i\boldsymbol{k}\cdot\boldsymbol{x})P_\ell(\boldsymbol{k}\cdot\gamma)$$

(4.29)

와 같이 $\boldsymbol{k}$에 대해 푸리에전개하고, ℓ에 대해 다중극 전개한다. 여기서 P_ℓ는 르장드르 다항식이며, $\Theta_1 = v_\gamma$은 광자유체의 속도, 4중극 모멘트 Θ_2는 광자의 비등방성 스트레스 Π_γ와 $\Theta_2 = (5/12)\Pi_\gamma$라는 관계가 있다. 그리고 이상의 표기는 공간의 곡률이 0인 경우에 성립되는 관계이며, 그 이외의 경우에는 르장드르 배다항식倍多項式을 이용한 보다 일반화된 형태로 표현된다.

(식 4.29)를 이용하여 (식 4.28)을 고쳐 쓰면 다음과 같은 연립방정식이 나온다.

$$\left.\begin{array}{l}\dfrac{d\Theta_0}{d\eta} = -\dfrac{k}{3}\Theta_1 - \dfrac{d\Phi}{d\eta^1} \\[3mm] \dfrac{d\Theta_1}{d\eta} = k\left(\Theta_0 + \Psi - \dfrac{2}{5}\Theta_2\right) - n_e\sigma_T(\Theta_1 - v_b)\end{array}\right\}$$

(4.30)

$$\frac{d\Theta_2}{d\eta} = k\left(\frac{2}{3}\Theta_1 - \frac{3}{7}\Theta_3\right) - \frac{9}{10}n_e\sigma_T(\Theta_2)$$

$$\frac{\partial\Theta_\ell}{\partial\eta} = k\left(\frac{\ell}{2\ell-1}\Theta_{\ell-1} - \frac{\ell+1}{2\ell+3}\Theta_{\ell+1}\right) - n_e\sigma_T\Theta_\ell \quad (\ell > 2)$$

이 방정식은 ℓ에 대해 닫혀 있지 않지만, 실제로는 다음에서 보는 바와 같이 재결합기까지는 $\ell = 0$과 1, 즉 밀도요동과 속도만이 탁월하고 그 후 현재를 향해 ℓ가 큰 곳으로 전파되어 간다.

이 사실은 투영의 효과로 이해할 수 있다. 온도요동은 재결합기에는 지평선 전체로 퍼져 그곳에서의 단극자와 쌍극자로 존재하고 있었다고 생각된다. 하지만 현재 측정하면 수평선 전체조차도 (식 4.8)에 의하면 하늘의 전망 각도로 $1.7°$에 해당된다. 쌍극자 $\ell = 1$이 $180°$에 해당하기 때문에 지평선은 $\ell_h = 180/1.7 \simeq 100$에 대응하게 된다. 즉 $\ell = 0$, 1의 성분이 100으로 전파하게 되는 것이다.

볼츠만 방정식 (4.30)은 실제로는 밀도요동에 대해 적당한 초기 조건을 주어진 수치로 푼다. 그때 Φ나 Ψ에 대해서는 암흑물질과 바리온에 대한 유체방정식을 별도로 세워서 연립시켜 푼다. 이와 같은 소위 볼츠만 코드는 최근에는 공개된 것도 많고 그중 유명한 것으로는 셀작U. Seljak과 잘다리아가M. Zaldarriaga가 개발한 CMBFAST라는 것이 있다.[5]

또한 n_e에 대해서는 원자형성의 비평형과정을 푸는 것으로 별도로 얻을 수 있다.

[5] http://cf-awww.harvard.edu/~mzaldarr/CMBFAST/cmbfast.html로부터 입수 가능하다.

4.1.4 볼츠만 방정식의 근사해

여기서는 온도요동 발생의 물리적 과정을 볼츠만 방정식을 통해 이해하기 위해 수치계산에 의하지 않고 해석적으로 방정식의 해가 어떻게 되어 가는지를 알아보겠다. 앞으로는 암흑물질의 중력은 외장外場으로 처리한다. 한편 광자와 전자를 매개로 산란하는 바리온 성분(양성자)은 연립시켜 풀어야 한다.

바리온 유체에 대한 식은 기본적으로는 연속식(보존법칙)과 오일러 방정식(운동방정식)이 있다. 그러나 광자유체와의 사이에 산란을 통해 운동량의 수송이 이루어지기 때문에 독립된 식이 되지 않는다.

상대론적인 운동량보존은 $(c^2\rho_\gamma + p_\gamma)\delta V_\gamma = \rho_b \delta V_b$로 나타낸다. 여기서 δV_γ, δV_b는 광자와 바리온의 속도 변환 부분이며, 바리온의 압력은 무시하고 있다. (식 4.30)으로부터 광자의 속도 Θ_1에 대해서 산란으로 변화하는 속도 양은 $\delta V_\gamma = n_e \sigma_T(\Theta_1 - v_b)$이기 때문에 바리온의 운동방정식에는 $\delta V_b = -((\rho_\gamma + p_\gamma)/\rho_b)n_e\sigma_T(\Theta_1 - v_b)$만큼의 속도 변화가 운동량 수송의 결과로서 발생하게 된다. 여기서 $(\rho_\gamma + p_\gamma)/\rho_b = 4\rho_\gamma/3\rho_b \equiv 1/R$로 표현된다. $R = 3.0 \times 10^4 \Omega_b h^2/(1+z)$이다.

결과적으로 푸리에변환을 한 연속식과 오일러 방정식은 다음과 같다.

$$\frac{d\delta_B}{d\eta} = -kv_b - 3\frac{d\Phi}{d\eta}$$

$$\frac{dv_b}{\partial\eta} + \frac{1}{a}\frac{da}{d\eta}v_b = k\Psi + \frac{n_e\sigma_T}{R}(\Theta_1 - v_b)$$

(4.31)

광자의 방정식과의 차이를 살펴보자. 먼저 δ_B와 Θ_0에 대한 식의 계수에 있어 전자는 3배 큰 것으로 보인다. 그러나 $\Theta_0 = \delta_\gamma/4$라는 것, 이 4는 광자의 밀도가 스케일 인자의 4제곱에 비례하는 것에 기인하여 나온 것, 그리고 바리온의 밀도는 스케일 인자의 3제곱에 비례하는 것을 생각하면 그 차이는 이해할 수 있다. 오일러 방정식에 대해서는 $da/d\eta$에 비례하는 항이 광자에 나타나지 않는 것은 바리온과 광자의 음속 차이에 의한다. 그리고 광자 쪽만 Θ_0 즉 밀도요동에 비례하는 항이 나타나는 것은 압력 기울기에 의한 효과(바리온의 압력은 무시하고 있다)를 반영하고 있다.

그러면 여기서 (식 4.30)과 (식 4.31)을 연립해서 풀어 보자. 재결합기까지는 광자와 전자, 양성자유체는 잘 결합하고 있었다고 생각된다. 이것은 방정식에서 결합시간스케일의 역수를 나타내는 $cn_e\sigma_T$라는 계수가 매우 크다는 것, 또는 시간스케일 $t_T \equiv 1/cn_e\sigma_T$이 그 시기의 우주연령 $1/H$에 비해 충분히 짧은 것에 대응하고 있다.

따라서 방정식 (4.30)을 t_T로 전개하기로 한다. 우선 t_T의 0차에서는 $d\Theta_1/d\eta$인 식의 우변으로부터 다음의 식을 얻을 수 있다.

$$\Theta_1 = v_\mathrm{b} \tag{4.32}$$

t_T를 0 즉 $cn_e\sigma_T$를 무한대로 가져갔을 때에 방정식이 의미를 갖는 조건이다. 이것은 광자유체가 바리온유체와 동일한 속도를 갖는다는 것을 의미하고 있다. 소위 밀착결합(강결합, tight coupling) 상태이다. 그리고 ℓ이 2 이상인 Θ_ℓ의 시간미분식으로부터는 $\Theta_\ell = 0 (\ell \geq 2)$이라는 해를 얻을 수 있다. 광자와 전자의 결합이 강하기 때문에 고차의 모멘트는 지수함수적으로 감쇠하는 것이다.

다음으로 전개의 1차를 계산해 보자. 당연히 그 효과는 0차로부터의 차이를 나타내기 때문에 $v_\mathrm{b} = \Theta_1 + t_T f$와 같이 전개하면 다음과 같다.

$$\frac{d\Theta_1}{d\eta} + \frac{1}{a}\frac{da}{d\eta}\Theta_1 = k\Psi - \frac{f}{R} \tag{4.33}$$

$$\frac{d\Theta_1}{d\eta} = k(\Theta_0 + \Psi) + f \qquad (4.34)$$

전자는 볼츠만 방정식 (4.30)으로, 후자는 바리온의 오일러 방정식 (4.31)으로 구할 수 있다는 것은 말할 것도 없다. 위의 두 식에서 f를 소거하면 다음과 같다.

$$\frac{d\Theta_1}{d\eta} + \frac{1}{a}\frac{da}{d\eta}\frac{R}{1+R}\Theta_1 = \frac{1}{1+R}k\Theta_0 + k\Psi \qquad (4.35)$$

이 식을 Θ_0에 대해 고쳐 쓰고, 볼츠만 방정식 (4.30)의 Θ_0의 시간미분에 대입하면 다음의 식을 얻을 수 있다.

$$\frac{d^2\Theta_0}{d\eta^2} + \frac{1}{a}\frac{da}{d\eta}\frac{R}{1+R}\frac{d\Theta_0}{d\eta} + k^2 c_s^2 \Theta_0$$
$$= -\frac{d^2\Phi}{d\eta^2} - \frac{R}{1+R}\frac{1}{a}\frac{da}{d\eta}\frac{d\Phi}{d\eta} - \frac{k^2}{3}\Psi \qquad (4.36)$$

다만 여기서 음속 c_s^2은 다음과 같다.

$$c_s^2 = \frac{dp_\gamma/d\eta}{d\rho_\gamma/d\eta + d\rho_b/d\eta} = \frac{c^2}{3(1+R)} \qquad (4.37)$$

(식 4.36)은 우주팽창에 기인하는 좌변 제2항을 제외하면, 좌변이 단진동을 나타내고 있다는 것이 분명해진다. 그리고 그 진동수는 음속 c_s로 규정된다. 이것은 앞에서 설명한 것처럼 광자·전자·바리온 혼합 유체에 초음파 모드인 요동이 발생하는 것과 다르지 않다. 재결합기까지는 우주에는 음音이 가득 차 넘쳐 있었다는 것이다.

다음에는 이 방정식의 해를 직접 구해 보자. 먼저 우변을 0으로 했을 경

우, 즉 제차해齊次解는

$$\theta_0^a = (1+R)^{-1/4}\cos(kd_s^c) \qquad (4.38)$$

$$\theta_0^b = (1+R)^{-1/4}\sin(kd_s^c) \qquad (4.39)$$

2개가 중첩해 $\Theta_0 = A\theta_0^a + B\theta_0^b$가 된다. 여기서 $d_s^c(\eta) = \int_0^\eta c_s(\eta')d\eta'$은 (식 4.12)에서 정의한 공동좌표계에서의 음音지평선이며, A와 B는 상수이다. 다만 여기서는 R의 η에 대한 2계階미분은 진동시간스케일에 비해 매우 느려서 무시했다(이 방법을 WKB근사라고 함).

(식 4.36)의 우변을 만족시키는 특수해特殊解는 그린함수의 방법을 사용하면 엄밀하게 얻을 수 있다. 그러나 여기서는 엄밀한 해를 보여주지 않고 우선 물리적 의미를 알아보겠다. 우변 제1항 $-d^2\Phi/d\eta^2$가 의미하는 것은 공간이 늘어남에 따른 시간의 지연효과이다. 제2항은 분명히 우주팽창의 효과이며, 제3항 $-k^2\Psi/3$은 중력 퍼텐셜로의 낙하에 의한 청색편이의 효과이다.

다음으로 간단한 가정을 해서 일반해를 구해 보자. 물질우세의 우주에서는 우주항이 팽창에 영향을 미치기 전까지는 Ψ, Φ 둘 다 시간진화하지 않는다. 따라서 양자兩者의 η미분을 0으로 놓고, 그리고 간단히 하기 위해 R도 시간진화하지 않는다. 그러면 제차해 θ_0^a, θ_0^b의 $(1+R)^{-1/4}$을 빼도 되게 된다. 그리고 우변은 제3항만 생각하면 되고, 이것 또한 η에 의하지 않게 된다.

결국 풀어야 할 방정식은 중력장의 단진동이 되며, 특수해는 곧바로 $\Theta_0 = -k^2\Psi/3(k^2c_s^2) = -(1+R)\Psi$로 구해진다. 이것에 제차해를 더해서 초기 조건을 고려하면 다음의 (4.40)이 일반해이다.

$\Theta_0(\eta)$

$$= [\Theta_0(0) + (1+R)\,\Psi]\cos(kd_{\mathrm{s}}^c) + \frac{1}{kc_{\mathrm{s}}}\frac{d\Theta_0}{d\eta}(0)\sin(kd_{\mathrm{s}}^c) - (1+R)\,\Psi$$

(4.40)

다음으로 초기 조건에 대해 살펴보자. 밀도요동은 '단열요동'과 '등곡률(또는 비단열)요동'으로 분류되며, 일반적인 밀도요동의 해는 그 두 가지 요동의 중첩으로 나타낼 수 있다는 것이 알려져 있다. 사실 그것들은 이 일반해의 cos과 sin에 각각 대응하고 있다.

단열요동이란 곡률의 요동을 기원으로 해서 생성되는 것으로, 인플레이션에 의해 생성되는 요동은 많은 것이 이쪽이 된다. $\Psi(0) \neq 0$이며, 볼츠만 방정식의 장파장 극한으로 물질우세를 가정하면 $\Theta_0(0) = -2\Psi(0)/3$, 복사우세를 가정하면 $\Theta_0(0) = -\Psi(0)/2$라는 관계를 얻는다. 그리고 단열요동에서는 $d\Theta_0/d\eta$의 초깃값은 0이 된다. 결국 단열요동은 다음과 같이 풀이된다.

$$\Theta_0(\eta) = (1/3+R)\,\Psi\cos(kd_{\mathrm{s}}^c) - (1+R)\,\Psi$$

(4.41)

그리고 온도요동은 관측적으로는 재결합기에서의 요동이 그 곳에서의 중력 퍼텐셜만큼의 중력적색편이를 받은 것을 현재 측정하게 된다. 즉, $\Theta + \Psi$가 관측량이 되는 것이다. 따라서 $\Theta + \Psi$를 kd_{s}^c의 함수로 나타내면 다음과 같다.

$$\Theta_0(\eta) + \Psi = -\left(\frac{1}{3}+R\right)|\Psi|\cos(kd_{\mathrm{s}}^c) + R\,|\Psi|$$

(4.42)

그러나 퍼텐셜요동 Ψ는 물질이 집중되어 있고 밀도요동의 값이 양(+)이

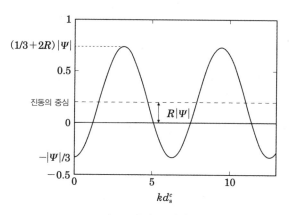

그림 4.2 음파모드의 진동.

면 음($-$)이 되기 때문에 여기서는 음($-$)의 값을 취하는 외장外場으로 다루고 있다. 이것이 관측된 온도요동이며 그 진동의 중심 값은 $R|\Psi|$이며, $kd_s^c=0$에서의 값이 $-|\Psi|/3$, 진폭 $(1/3+R)|\Psi|$라는 것을 알 수 있다. 그림 4.2를 참조하기 바란다.

이와 같이 온도요동은 kd_s^c의 함수로 나타낼 수 있다. 한편 우리가 관측하는 것은 재결합기에서 온도요동의 값이다. 결국 재결합기에 온도요동을 파동수 k의 함수로 나타낸 것이다. 온도요동의 파워스펙트럼(의 평방근)인 것이다. 장파장에서의 극한에서는 온도요동은 $|\Psi|/3$ 값을 취한다. 이것이 앞에서 설명한 작스–볼페효과이다. 이것이 바로 중력에 의한 적색편이를 나타내고 있다는 것을 알 수 있을 것이다.

보다 큰 파동수에서는 초음파 모드에 의한 진동이 보인다. 그 진동은 온도요동의 피크가 $k_m=m\pi/d_s^c$에 나타난다. 파동수가 작은, 즉 큰 요동부터 순서대로 $m=1, 2, 3, \cdots$과 같이 증가한다. 특징적인 것은 m값이 홀수라면 피크의 높이(절댓값)가 $(1/3+2R)|\Psi|$이고, m값이 짝수이면 $(1/3)|\Psi|$이 된다. $R \propto \Omega_b h^2$을 떠올리면 바리온의 양이 증가함에 따라

홀수 번째의 피크만 높아지고, 짝수 번째는 그 높이가 변하지 않는다는 것을 알 수 있다.

등곡률요동의 초기 조건에서는 $\Psi(0) = 0$이다. 온도요동은 엔트로피요동이라고 하는 $S \equiv \delta(n_m/n_r)$로 정의되는 물질과 복사 성분의 수밀도 비의 요동에 의해 생성된다. 물질은 바리온이어도 암흑물질이어도 좋고, 그리고 복사에 대해서는 광자이어도 뉴트리노이어도 상관없다.

등곡률요동의 초기 조건에 특징적인 것은 초기 우주에서는 복사우세이며, 복사의 아주 작은 밀도요동을 물질의 막대한 밀도요동으로 소멸시킴으로써 곡률을 0으로 한다는 것이다. 즉 광자의 요동이 물질의 요동에 비해 거의 없는 초기 조건에서 광자의 요동을 일으킬 수 있다. 이것은 해가 sin모드라는 것에 대응하고 있다.

그리고 관측적으로도 sin과 cos의 위상 차이가 온도요동의 특징적인 크기로 나타난다. 단열요동의 경우 피크가 $k_m = m\pi/d_s^c$이었지만, 등곡률요동이면 $k_m = (m-1/2)\pi/d_s^c$가 된다. 피크의 위치로부터 어느 쪽 초기 조건이었는지를 판정할 수 있다. 이후에 설명할 WMAP 위성의 관측결과에 따르면 등곡률요동은 발견되어 있지 않고 상한값만 정해져 있다.

지금까지 살펴보았듯이 밀착결합(강결합)의 매개변수 t_T의 전개 1차로부터는 초음파 모드의 진동을 얻을 수 있다는 것을 알았다. 마찬가지로 t_T의 전개 2차로부터는 확산에 의한 댐핑, 즉 앞에서 설명한 실크댐핑을 얻을 수 있지만 여기서는 상세하게 다루지 않겠다.

4.1.5 온도요동의 파워스펙트럼

온도요동은 전천숲天의 전파 강도분포의 차이로서 관측적으로 구할 수 있다. 3장에서 다룬 밀도요동과의 차이는 이 경우에는 깊이의 정보가 거의 없고, 깊이 방향에 대해서는 적분한 양이 된다는 점이다. 요동의 성질로 랜덤 및 가우스분포라는 것을 가정하면 통계적 성질은 2차원 각도 파워스펙트럼으로 표현된다. 또는 수학적으로는 동치同値인 각도상관함수로 치환해도 된다.

온도요동의 공간분포를 $\Theta(\boldsymbol{x})$라고 가정하자. 이 온도요동을 구면조화함수 $Y_{\ell m}$으로 다음과 같이 전개한다.

$$\Theta(\boldsymbol{x}) = \sum_{\ell=1}^{\infty} \sum_{m=-\ell}^{\ell} a_{\ell m}(\boldsymbol{x}) Y_{\ell m}(\theta, \phi) \tag{4.43}$$

여기서 $a_{\ell m}$이 온도요동의 진폭을 나타내고, 그 앙상블평균ensemble average은 0이며, 제곱(앙상블) 평균을 C_ℓ이라고 한다. 즉, 다음과 같이 된다.

$$\langle a_{\ell m} \rangle = 0 \tag{4.44}$$

$$\langle a_{\ell m} a_{\ell' m'}^* \rangle = \delta_{\ell \ell'} \delta_{mm'} C_\ell \tag{4.45}$$

이 C_ℓ이 온도요동의 2차원 각도 파워스펙트럼이다. 여기서 ℓ은 관측의 전망 각도와는 역수관계에 있으며, 쌍극자 모멘트 $\ell=1$이 180°에 대응하기 때문에 $\ell \approx 180[1°/\theta]$가 된다.

이 C_ℓ을 사용하여 온도요동의 제곱 평균을 나타내면 다음과 같다.

$$\begin{aligned}\langle |\Theta|^2 \rangle &= \sum_{\ell} \sum_{\ell'} \sum_{m} \sum_{m'} \langle a_{\ell m} a_{\ell' m'}^* \rangle \\ &\quad \times \int \sin\theta d\theta \int d\phi Y_{\ell m}(\theta, \phi) Y_{\ell' m'}^*(\theta, \phi) \\ &= \sum_{\ell=1}^{\infty} \frac{2\ell+1}{4\pi} C_\ell\end{aligned} \tag{4.46}$$

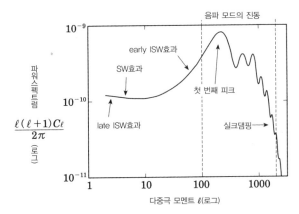

음파 모드의 진동

early ISW효과

SW효과

첫 번째 피크

late ISW효과

실크댐핑

파워스펙트럼

$$\frac{\ell(\ell+1)C_\ell}{2\pi}$$

(로그)

다중극 모멘트 ℓ(로그)

그림 4.3 2차원 각도 파워스펙트럼 C_ℓ. 차가운 암흑물질모델로서 $\Omega_\mathrm{m}=0.3$, $\Omega_A=0.7$, $\Omega_\mathrm{b}=0.04$, $h=7$의 표준적인 값을 채용했다.

이와 관련해서 지금까지의 푸리에공간에서의 Θ_ℓ과의 관계는 다음과 같다.

$$\frac{2\ell+1}{4\pi}C_\ell = \frac{V}{2\pi^2}\int dkk^2|\Theta_\ell|^2/(2\ell+1) \qquad (4.47)$$

우변 적분의 앞의 계수 $V/2\pi^2$는 푸리에변환의 정의나 앙상블평균의 계수 등에 따라 다를 수 있다는 점에 주의해야 한다.

현재의 표준 우주론모델인 우주항이 지배적인 차가운 암흑물질모델의 경우에 대해서 볼츠만 방정식을 수치적으로 풀어 C_ℓ을 구한 결과가 그림 4.3이다. 지금부터 이 그림에 나타나 있는 특징에 대해 설명하겠다.

우선 다중극모멘트 ℓ이 작은 곳, 즉 각도가 큰 곳에서는 $\ell(\ell+1)C_\ell$은 거의 편평하다. 이것은 SW 효과와 ISW 효과의 중첩에 의한 결과이다. SW 효과 자체는 초기 밀도요동의 파워스펙트럼 형태에 따라 달라진다. 여기서는 요동의 지평선을 가로지를 때의 진폭이 일정한, 이른바 스케일 프리 타입(해리슨–젤도비치Harrison Zel'dovich 타입이라고도 함)의 요동을 생각하고 있다. 스케일 프리의 요동에서는 큰 스케일에서는 중력 퍼텐셜의 진폭이 파장에 관계없이 동일하다. 그 결과 중력 퍼텐셜에 기인한 온도요동의 SW 효과도 ℓ에 의존하지 않고 일정한 값이 되는 것이다.

한편 ISW 효과는 앞에서 설명했듯이 우주항이 우주팽창에 영향을 미치게 된 후부터 중요해진다. 대부분 현재의 근처이므로 그 시기의 우주지평선은 ℓ이 아주 작은 곳에 대응한다. 그림 4.3에 보이는 $\ell=2$에서의 작은 상승은 ISW 효과에 의한 것이다.

가장 특징적인 것은 $\ell \sim 100 - 2{,}000$까지 볼 수 있는 진동일 것이다. 이것이 초음파모드의 진동이다. 제일 작은 ℓ에 보이는 진동이, 마침 재결합기의 음흥(音響)지평선에 해당하는 크기이다. 그 앞의 ℓ에 차례로 나타나는 진동은 배음(倍音) 성분이다. 실제로 음지평선의 전망 각도 표식 (4.14)를 이용하면 음지평선에 대응하는 ℓ은 $\ell_s=180(1°/\theta_s)=230$이 된다. 그림의 첫 번째 진동의 피크에서 ℓ에 일치하고 있다는 것을 간파할 수 있다.

그러나 이 진동이 어디까지나 계속되는 것이 아니라, C_ℓ은 $\ell \sim 2{,}000$에서 그 크기가 현저하게 줄고 있다. 이것은 실크댐핑에 의한 것이다. 이 ℓ에 대해서도 (식 4.17)을 사용하면, $\ell_d=180(1°/\theta_d)=1{,}700$이 된다. 확실히 그림의 댐핑 장소와 일치하고 있다.

4.1.6 온도요동의 우주론 매개변수 의존성

앞 절에서 보았듯이 온도요동의 파워스펙트럼은 우주론 매개변수에 의존해서 그 형태를 바꾼다. 다음은 그 의존성을 살펴보자.

우선 바리온의 밀도이다. 여기서 밀도 매개변수는 Ω_b로 나타내지만 바리온 밀도 그 자체는 $\Omega_b h^2$에 비례하는 것에 주의할 필요가 있다. 지금까지 봐 온 것처럼 바리온의 밀도가 재결합기의 음속 c_s나 음지평선 d_s^c를 결

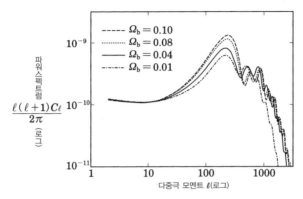

그림 4.4 C_ℓ의 $\Omega_b h^2$ 의존성. $\Omega_b = 0.01$, 0.04, 0.08, 0.10인 경우를 플롯하고 있다($h = 0.7$로 고정). 다른 매개변수는 그림 4.3과 같다. 첫 번째 피크는 $\Omega_b h^2$이 클수록 높아지고 있지만, 두 번째는 의존성이 명백하게 드러나지 않는다. 또 Ω_b가 작은 쪽이 실크댐핑 위치가 보다 작은 ℓ, 즉 큰 규모가 된다는 것을 알 수 있다.

정한다. $\Omega_b h^2$이 크면 음속이 작아지기 때문이다. 음속은 음지평선의 크기, 즉 음파모드의 진동의 파장을 결정할 뿐 만 아니라 진동의 진폭을 결정한다. 음속이 작으면 중력에 저항하는 압력이 약하기 때문에 진폭이 커지는 것이다. 결과적으로, $\Omega_b h^2$이 크면 진폭이 더욱 커진다. 실제로 음파모드의 진동의 해 (식 4.42)로부터 진폭이 R에 의존하는 것을 알아낼 수 있다. 다만 그곳에서도 설명했듯이 $\Omega_b h^2$이 증가하면 홀수 번째의 피크는 높아지지만 짝수 번째는 거의 변화가 없을 것이다.

실제의 수치 결과를 그림 4.4에 나타냈다. 분명히 홀수 번째(첫 번째와 세 번째)는 $\Omega_b h^2$이 증가하면 높아지고 있는 것을 알 수 있다. 한편 두 번째 피크는 명확한 의존성을 보여주지 않고 있다.

그리고 실크댐핑(확산)의 스케일도 (식 4.15)에 보이듯이 $(\Omega_b h^2)^{-1/2}$에 비례하고 있다. 바리온의 밀도가 높을수록 확산 길이가 짧아지고 대응하는 하늘의 전망 각도가 작아진다. 실제로 그림 4.4를 보면, $\ell \sim 2{,}000$에서의 컷오프(파워스펙트럼의 급격한 감쇠)가 $\Omega_b h^2$을 크게 하면 보다 작은 규모

(큰 ℓ)로 이행하는 것을 알 수 있다.

다음에는 물질의 밀도이다. 물질의 밀도는 $\Omega_m h^2$에 비례한다. 이 값이 바뀌면 우주초기의 복사우세기에서 그 후의 물질우세기로 전환하는 시기가 바뀌게 된다. 이 전환시기를 등밀도기(또는 equality기)라고 하며 적색편이를 z_{eq}로 나타낸다. 그러면

$$
\begin{aligned}
\rho_m(z_{eq}) &= \rho_m(0)(1+z_{eq})^3 = \rho_{cr,0}\,\Omega_m\,h^2(1+z_{eq})^3 = \rho_\gamma(z_{eq}) \\
&= \rho_\gamma(0)(1+z_{eq})^4 = \rho_{cr,0}\,\Omega_r\,h^2(1+z_{eq})^4
\end{aligned}
\tag{4.48}
$$

이기 때문에, $1+z_{eq}=\Omega_m/\Omega_r=24000\Omega_m h^2$이 된다. 다만 여기서 Ω_r은 복사의 밀도 매개변수이며 뉴트리노의 기여를 고려하면 광자의 밀도 매개변수 $\Omega_\gamma=2.47\,h^{-2}\times10^{-5}$의 약 1.69배가 된다.

이 표식에서 알 수 있듯이 $\Omega_m h^2$이 작으면 물질의 양이 복사에 비해 적게 되기 때문에 등밀도기가 좀 더 늦어지게(z가 작은 시기에 이동하게 된다) 된다. 표준적인 우주론 모델의 값 $\Omega=0.3$, $h=0.7$을 대입하면 $z_{eq}=3500$이 된다. 이것은 재결합시기 $z=1,100$에 매우 가깝다. 재결합기에는 아직 복사의 영향이 남아 있어 결과적으로 중력 퍼텐셜이 붕괴되고 early ISW 효과가 발생하게 된다. 반대로 만약 $\Omega_m h^2$이 더 큰 값이면 이 효과는 사라지게 된다.

결과적으로 재결합기의 지평선 정도의 스케일, $\ell\sim100$ 부근에서 $\Omega_m h^2$이 작으면 C_ℓ의 값이 보다 커진다. 그리고 early ISW 효과 이외에도 중력 퍼텐셜이 붕괴됨에 따라 마치 초음파노드의 진동을 강제 진동시키는 것과 같은 효과도 생긴다. (식 4.36)의 우변 제1항 $-d^2\Phi/d\eta^2$이 그것이다. 음파의 진동수와 퍼텐셜의 붕괴시간스케일이, 모두 거의 그 시기의 우주연령에 가깝기 때문에 일어나는 현상이다. 이것도 결과적으로 C_ℓ의 진폭

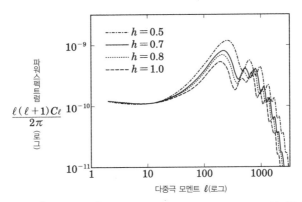

그림 4.5 C_ℓ의 $\Omega_m h^2$ 의존성. $\Omega_b h^2 = 0.02$는 고정한 채 $h = 0.5$, 0.7, 0.8, 0.10인 경우에 대하여 플롯하고 있다. 다른 매개변수는 그림 4.3과 같다. 첫 번째 피크는 $\Omega_m h^2$이 작은 것일수록 높아지고 있다.

을 첫 번째 피크의 부근 $\ell \sim 200$에서 커지게 한다. $\Omega_m h^2$이 작으면 C_ℓ은 최초의 피크 부근에서 커지게 된다.

그림 4.5는 $\Omega_m h^2$ 의존성을 수치적으로 조사한 것이다. 공간의 곡률이나 우주항의 양을 바꾸지 않게 하기 위해 여기서는 h를 움직이고 있다. 그리고 $\Omega_b h^2$도 바꾸지 않게 하기 위해 Ω_b는 h에 따라 변화시키고 있다. 그림에서 알 수 있는 것은 $\Omega_m h^2$이 작으면 최초의 피크를 향해 $\ell \sim 100$ 근방에 이미 상당한 요동이 존재하고 있다. 그러나 $\Omega_m h^2$을 크게 하면 이 성분이 사라지고 최초의 피크 자체도 낮아지는 것을 알 수 있다. early ISW 효과와 퍼텐셜 붕괴의 기여가 적어지기 때문이다.

공간곡률은 온도요동의 생성과정에 직접적인 영향을 거의 미치지 않는다. 우주항과 같이 현재에 가까워지고 나서 곡률의 기여가 팽창법칙에 영향을 미치는 결과로 약간의 ISW 효과를 나타낸다는 것, 그리고 공간의 휘어짐이 지평선 스케일로 직접 보이기 때문에 인플레이션으로 만들어지는 요동에 곡률 크기에 따라 영향이 나타나는 정도이다. 공간의 곡률이 양(＋)이며, 닫힌 토폴로지topology라면 그 크기를 초월한 요동은 물론 존재

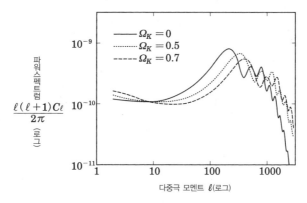

그림 4.6 C_ℓ의 공간곡률 의존성 $\Omega_K \equiv 1 - \Omega_\Lambda - \Omega_m$ 값이 0, 0.5, 0.7인 경우에 대하여 플롯하고 있다. 그 값에 따라 Ω_Λ값도 변한다. 다른 매개변수는 그림 4.3과 같다. Ω_K가 크면 공간이 좀 더 큰 음(−)의 곡률을 갖는다. 따라서 Ω_K가 커질수록 C_ℓ는 전체적으로 오른쪽, 즉 작은 스케일로 이동한다.

하지 않게 된다. 음(−)인 경우에도 곡률에 따라 컷오프cutoff가 발생할 가능성이 지적되고 있다.

공간의 곡률은 온도요동의 생성과정에는 영향을 주지 않는 반면에 온도요동의 공간패턴의 외관을 크게 바꾸는 작용을 한다. 재결합기의 온도요동의 패턴을 현재의 관측자가 볼 때 공간이 렌즈역할을 하여 패턴의 확대(곡률 양), 축소(곡률 음)가 생기게 된다. C_ℓ은 그 결과로서 공간의 곡률이 양(+)이면 전체가 왼쪽으로, 음(−)이면 오른쪽으로 이동하게 된다. 그림 4.6을 참조하기 바란다.

이와 비슷한 효과가 등곡률요동의 경우에 발생한다. 통상의 단열요동과 $\pi/2$만큼 위상이 어긋나 있기 때문에 피크의 위치가 왼쪽으로 이동하게 된다. 그러나 등곡률요동의 경우에는 초기 조건의 차이로 SW 효과가 단열요동에 비해 6배 커지기 때문에 실제로는 거의 피크가 보이지 않게 된다. 그림 4.7은 피크를 두드러지게 하기 위해서 초기 요동의 지수를 스케일 프리(해리슨−젤도비치)로부터 크게 벗어난 값을 취하고 있지만, 그래도 두 번

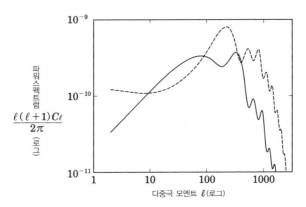

그림 4.7 초기 조건이 등곡률요동인 경우(실선)와 단열요동인 경우(점선)의 비교. 우주론 매개변수는 그림 4.3과 같다. 단, 등곡률요동인 경우에는 초기 밀도요동의 기울기가 해리슨-젤도비치로부터 k^1만큼 기울어져 있다. 등곡률요동은 음파 모드의 진동 위상이 단열요동과 $\pi/2$ 정도 다르기 때문에 피크 위치가 어긋나는 것을 알 수 있다.

째 피크 이후의 형태도 단열요동의 경우와 매우 다르다는 것을 알 수 있을 것이다.

C_ℓ은 이외에도 초기의 별 형성과 더불어 은하 간 가스의 재전리 과정의 영향도 받는다. 시각 t_*에 일어난 재전리로 가스가 전리되면 톰슨산란에 대한 광학적 두께 $\tau_e(t_*) \equiv \int_{t_*}^{t_0} n_e \sigma_T \, dt$가 생긴다. 재결합기의 온도요동은 산란으로 $\exp(-\tau_e)$만큼 감쇠하게 된다. C_ℓ은 제곱 온도요동이므로 $\exp(-2\tau_e)$만큼 전체가 작아진다. 그러나 이 감쇠는 재전리기期의 지평선을 넘어서는 영향을 미치지 않는다. 따라서 그림 4.8에서 볼 수 있듯이 τ_e를 바꾸면 ℓ이 큰 부분만이 균일하게 내려가는 것이다.

이 재전리와 매우 비슷한 의존성을 나타내는 것이 초기 파워스펙트럼 지수 n이다. 스케일 프리(해리슨-젤도비치)의 경우 $n=1$에서 조금 벗어나면 전체가 기울어진다. 예를 들어 n을 1보다 작게 잡으면 가장 왼쪽($\ell=2$) 부분을 고정해서 전체 값이 감소하여 아래로 내려간다. 마치 시계 방향으로 약간 회전한 변화를 하게 된다. 이것은 ℓ이 작은 곳을 제외하면

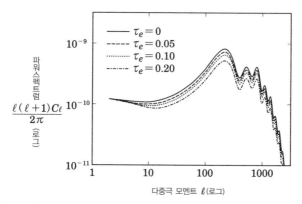

그림 4.8 우주 재전리의 영향을 보기 위해 톰슨산란의 광학적 두께 τ_e를 0, 0.05, 0.1, 0.2로 변화시켰다. 재전리의 영향을 가장 받지 않는 $\ell=2$로 규격화하고 있다. 우주론 매개변수는 그림 4.3과 같다.

τ_e를 바꾼 경우와 거의 같은 효과를 나타낸다.

이 밖에 예를 들면, 제4세대 뉴트리노 등 이제까지는 알려지지 않은 질량 0인 입자를 더해도 C_ℓ 형태는 변화한다. 이때 복사의 양이 증가하기 때문에 $\Omega_{\rm m} h^2$을 감소시키는 것과 같은 역할을 하게 된다. 즉 질량 0인 입자를 더하면 최초의 피크 주변이 높아지는 것이다.

이상에서 살펴본 대로 온도요동의 각도 파워스펙트럼 C_ℓ은 다양한 우주론의 매개변수에 크게 의존해서 그 형태를 바꾼다. 즉, 상세한 온도요동의 측정을 하늘의 넓은 범위에서 실시하면 우주론 매개변수를 결정할 수 있다.

4.2 편광

전자파인 우주마이크로파 배경복사에는 편광(편파)이 생긴다. 일반적으로 전자파가 반사하거나 복굴절성 결정을 투과할 때 등에서도 편광한다. 우주마이크로파 배경복사는 전자와의 톰슨산란 때에 편광하게 된다. 편광은 산란 정보를 전달하기 때문에 우주의 열사熱史에 있어 중요한 지표가 될 것으로 기대되고 있다.

4.2.1 편광의 원리

단색의 전자파가 등방적인 평면파이고 $\boldsymbol{k}$방향(이것을 z방향이라고 한다)에 전파하는 경우에는 전기장電氣場 벡터는 다음 식으로 표현된다.

$$\boldsymbol{E}(\boldsymbol{x},\ t) = (\varepsilon_1 E_1 + \varepsilon_2 E_2)e^{i(\boldsymbol{k}\cdot\boldsymbol{x}-\omega t)} \tag{4.49}$$

여기서 ε_1, ε_2는 각각 x, y방향의 단위벡터이다. 그리고 일반적으로 E_1, E_2는 복소수이며, $E_1 = a_1\exp(i\delta_1)$, $E_2 = a_2\exp(i\delta_2)$로 진폭부분과 위상부분으로 구분하여 나타낼 수 있다.

만일 E_1, E_2가 동일한 위상($\delta_1 = \delta_2$)이면 직선편광이 된다. 이때 편광 벡터의 방향은 ε_1에서 각도 $\theta = \tan^{-1}(E_2/E_1)$만큼 회전한 방향, 진폭은 $E = \sqrt{E_1^2 + E_2^2}$이다.

한편 E_1과 E_2가 다른 위상인 경우 일반적으로 타원편광이 된다. 원편광은 특별한 경우이다. 이것은 E_1과 E_2가 같은 진폭으로 $90°$ 어긋나 있을 때이며 그 진폭을 E_0라고 하면 다음과 같다.

$$\boldsymbol{E}(\boldsymbol{x},\ t) = E_0(\varepsilon_1 \pm i\varepsilon_2)e^{i(\boldsymbol{k}\cdot\boldsymbol{x}-\omega t)} \tag{4.50}$$

이후부터는 편의상 이 원편광을 생각하기로 한다.

여기서 ε_1, ε_2가 x, y방향의 단위벡터이었다는 것, 또한 평면파는 이에 직교하는 z방향으로 전파하기 때문에 $\boldsymbol{E}$벡터의 실부분의 x, y방향은

$$E_x(\boldsymbol{x},\ t) = E_0\cos(kz - \omega t) \tag{4.51}$$

$$E_y(\boldsymbol{x},\ t) = \mp E_0 \sin(kz - \omega t) \tag{4.52}$$

이며, 시간과 함께 진폭 E_0로 회전하는 것을 알 수 있을 것이다. 회전 방향은 $\varepsilon_1 + i\varepsilon_2$인 경우 시계반대 방향으로 회전하며, 왼쪽(회전) 원편광, $\varepsilon_1 - i\varepsilon_2$의 경우에는 시계 방향으로 회전하므로 오른쪽(회전) 원편광이라고 한다. 그리고 전자를 양(+)의 헬리시티helicity, 후자를 음(-)의 헬리시티라고도 한다.

이 회전 상태를 나타내려면 ε_1, ε_2보다는 오히려 그 선형 결합으로 표현한 $\varepsilon_{\pm} \equiv (\varepsilon_1 + i\varepsilon_2)/\sqrt{2}$라는 복소수의 기저基底를 사용하는 것이 간단하다. 원편광의 경우에 한정하지 않고, 일반적으로 이 기저를 사용하여 전기장 벡터는 다음과 같이 나타낼 수 있다.

$$\boldsymbol{E}(\boldsymbol{x},\ t) = (\varepsilon_+ E_+ + \varepsilon_- E_-)e^{i(\boldsymbol{k}\cdot\boldsymbol{x} - \omega t)} \tag{4.53}$$

물론 여기서 E_+와 E_-는 이 기저의 전기장 벡터의 각 성분이다. 만일 E_+와 E_-가 진폭은 다르지만 위상이 동일하다면, 이번에는 주축이 ε_1과 ε_2의 타원편광이며, $E_-/E_+ \equiv r$이라 할 때, 그 축 비율은 $|(1+r)/(1-r)|$이다. E_+와 E_-의 위상이 다르다면 그 차의 절반은 타원의 x축에서의 회전각에 해당한다.

결국 각각의 기저 ε_1, ε_2, ε_+, ε_-에 대한 전기장의 진폭이 편광 상태를 나타내게 된다. 즉 $\varepsilon_1 \cdot \boldsymbol{E}$는 x방향의 직선편광 진폭, $\varepsilon_2 \cdot \boldsymbol{E}$는 y방향의 직선편광 진폭, $\varepsilon_+^* \cdot \boldsymbol{E}$는 양의 헬리시티 타원편광 진폭, $\varepsilon_-^* \cdot \boldsymbol{E}$는 음의 헬리시티 타원편광 진폭을 나타낸다.

여기서 스토크스 매개변수Stokes parameter라는 양을 다음과 같이 정의한다.

$$I \equiv |\varepsilon_1 \cdot \boldsymbol{E}|^2 + |\varepsilon_2 \cdot \boldsymbol{E}|^2 = a_1^2 + a_2^2 \qquad (4.54)$$

$$Q \equiv |\varepsilon_1 \cdot \boldsymbol{E}|^2 - |\varepsilon_2 \cdot \boldsymbol{E}|^2 = a_1^2 - a_2^2 \qquad (4.55)$$

$$U \equiv 2\mathrm{Re}\,[(\varepsilon_1 \cdot \boldsymbol{E})^*(\varepsilon_2 \cdot \boldsymbol{E})] = 2a_1 a_2 \cos\,(\delta_2 - \delta_1) \qquad (4.56)$$

$$V \equiv 2\mathrm{Im}\,[(\varepsilon_1 \cdot \boldsymbol{E})^*(\varepsilon_2 \cdot \boldsymbol{E})] = 2a_1 a_2 \sin\,(\delta_2 - \delta_1) \qquad (4.57)$$

여기에 앞에서 언급한 $E_1 = a_1 e^{i\delta_1}$, $E_2 = a_2 e^{i\delta_2}$의 분해를 사용했다. V에 대해서는 $|\varepsilon_+^* \cdot \boldsymbol{E}|^2 - |\varepsilon_-^* \cdot \boldsymbol{E}|^2$와 $\varepsilon_\pm$의 기저를 사용한 정의 쪽이 그 의미가 알기 쉬운지도 모른다. 단색광의 경우에는 이상의 정의에서 알 수 있듯이 4개의 스토크스 매개변수는 독립적이 아니라 $I^2 = Q^2 + U^2 + V^2$의 관계가 있다.

각각의 매개변수에 대해 설명하겠다. 먼저 I는 전자파의 강도를 나타내고 있다. 다음에 V에 대한 것인데 $\boldsymbol{E}_1$과 $\boldsymbol{E}_2$가 같은 위상의 경우이면 직선편광이기 때문에 $V = 0$이 직선편광의 조건이 된다. 즉 V는 타원편광의 정도를 나타내고 있다. 구체적으로는 타원의 두 주축의 비율인 것이다. Q와 U는 원래 x축으로부터의 타원의 기울기를 나타낸다. 원편광의 경우에는 $Q = U = 0$이다.

그런데 현실적으로는 완전히 편광하고 있는 것 같은 단색광은 존재하지 않는다. 여러 가지의 진폭, 위상 그리고 편광 상태의 전기장이 중첩되어 있는 것이다. 그 경우에도 전기장의 진폭이나 위상의 시간요동이 진동수 ω보다 충분히 늦으면 그 변화의 시간간격 $\varDelta t(1/\omega$ 보다는 긴) 사이는 완전히 편광하고 있는 단색광으로 취급해도 거의 좋을 것이다. $\varDelta t$를 넘으면 진폭과 위상이 변하고, 더 이상 단색광이라고 부를 수 없게 된다. 이러한 경우를 준단색광이라고 한다.

실제의 측정에서 $\varDelta t$보다 충분히 짧은 시간 간격으로 측정이 이루어진다면 거의 단색광으로 다루어도 된다. 그때는 지금까지의 스토크스 매개변수는 Δt보다 짧은 시간에서의 평균값으로 치환하면 된다. 단 평균을 취하기 위해서는 매개변수 간의 관계가 $I^2 \geq Q^2 + U^2 + V^2$와 같이 부등호로 치환된다. 실제로 완전히 편광을 잃은 상태로서 $Q=U=V=0$이 되는 것도 생각할 수 있다. 그리고 편광의 정도를 나타내는 양으로 다음과 같이 정의할 수 있다.

$$\Pi \equiv \frac{\sqrt{Q^2 + U^2 + V^2}}{I} \tag{4.58}$$

4.2.2 톰슨산란에 의한 편광

우주마이크로파 배경복사는 재결합기까지는 전자와 반복해서 톰슨산란을 일으키고 있었다. 그리고 초기의 별 형성 결과로서 은하 간 가스가 다시 전리하면 그것을 통과하는 복사는 다시 전자와 톰슨산란을 일으킨다. 이 톰슨산란이 우주마이크로파 배경복사에 편광을 일으키게 한다.

톰슨산란은 산란된 광자와 같은 방향의 전기장 성분을 완전히 소거하고 산란에 대해 직교하는 성분만을 남긴다. 따라서 매우 효율적으로 직선편광을 만들어 낸다. 예를 들면 원점에 있는 전자에 x축의 양의 방향으로부터 광자가 와서 z축 방향으로 산란했다고 하자. 입사해 온 광자가 y방향과 z방향의 전기장을 가지고 있었다고 해도 산란 결과 y방향의 전기장만 남게 된다. 직선편광인 것이다(그림 4.9).

그러나 현실은 이렇게 간단하지 않다. 전자 입장에서 보면 우주마이크로파 배경복사(그림 4.9)의 강도는 거의 등방이다. 만약 x축의 양의 방향으로부터 온 광자가 y방향으로 직선편광 했다고 해도, y축의 양의 방향에서 오는 광자는 x방향에 직선편광 하게 된다. 양자의 강도가 같으면 결국 편광은 서로 소거된다.

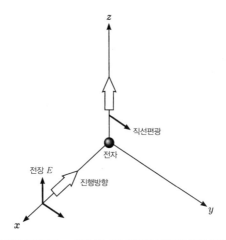

그림 4.9 톰슨산란에 의한 직선편광. x축의 양(+)의 방향에서 원점을 향해 진행해 온 전자파가 원점에 있는 전자에 산란되어 z축의 양의 방향으로 그 진로를 바꾼다. 산란 후 전기장은 y방향의 전기장만 남고 직선편광이 된다.

그러나 우주마이크로파 배경복사는 지금까지 알아 본 것처럼 그 강도분포는 조금이지만 요동하고 있다. x방향으로부터 날아오는 광자와 y방향으로부터의 광자의 강도가 만약 이 요동 때문에 달라져 있으면 그 차가 편광을 일으키게 된다. 이를 위해 필요한 것이 온도요동의 4중극자 모멘트($\ell = 2$)이다. 쌍극자 모멘트에서는 x의 양의 방향으로부터 날아오는 광자와 음의 방향으로부터 날아오는 광자의 강도 차를 일으키는 것뿐이며 편광을 일으키지 않는다. 4중극자 모멘트가 바로 편광을 일으키게 하는 근원인 것이다.

톰슨산란에서는 직선편광을 일으키기 때문에 편광을 기술하는 매개변수는 Q와 U이다. 앞 절에서 알아본 바와 같이 전기장의 톰슨산란으로 Q나 U를 정의할 수 있다. 편광의 강도를 $\Theta_P \equiv \sqrt{Q^2 + U^2}$로 정의하면 이 Θ_P에 대해서 볼츠만 방정식을 세울 수 있다. 여기서는 이에 대해 상세히 기술하지 않지만, Θ_P를 다중극 전개하면 $\ell = 0$과 $\ell = 2$에 온도요동의 4중극

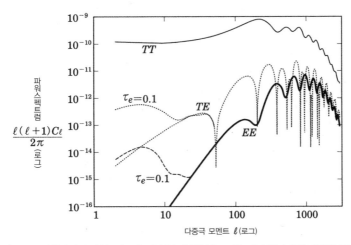

그림 4.10 편광의 각도 파워스펙트럼. 우주론 매개변수는 그림 4.3과 같다. 굵은 실선은 E모드의 파워스펙트럼 C_ℓ^{EE}. 가는 실선은 온도 파워스펙트럼을 참고하기 위해 나타냈다. 또한 파선은 우주 재전리를 고려한 경우로서 톰슨산란의 광학적 두께 $\tau_e = 0.1$인 경우. $\ell \sim 5$에 새로운 피크가 재전리 시의 산란에 의해 생성된 것을 알 수 있다. 그리고 점선은 온도와 편광의 상관 C_ℓ^{TE}이며, $\tau_e = 0.1$인 경우에 대해서는 C_ℓ^{EE}과 같이 $\ell \sim 5$에 피크가 생긴다.

자 Θ_2가 소스 항source terms으로 표현된다.

편광의 존재는 온도요동 Θ의 발전에도 영향을 주며 Θ에 대한 볼츠만 방정식 (4.30)의 $\ell = 2$의 우변에 편광 온도요동에 대한 반작용으로서 Θ_P가 나타나게 된다. 편광에 의해 광자유체의 점성(비등방성 스트레스)이 증가해서 실크댐핑이 약간 강화된다.

수치적으로 얻은 편광각도 파워스펙트럼이 그림 4.10이다. 편광은 재결합기에 만들어지기 때문에 당시의 지평선 안쪽, ℓ이 수백인 곳에 피크가 존재하고 있다. (예를 들면 초기의 별 형성으로부터의 자외선 복사에 의한) 우주의 재전리 과정을 고려하면 $\ell \sim 10$보다도 작은 곳에 새롭게 편광이 생기는 것을 알 수 있다. 이 계산에서는 $z \sim 10$에 일어났다고 가정하고 있는 재전리 과정에서의 지평선 크기에 대응해서 새로운 피크가 생기는 것이다. 편광은 우주의 재전리 과정을 알아내는 매우 좋은 도구임을 알게 될 것이다.

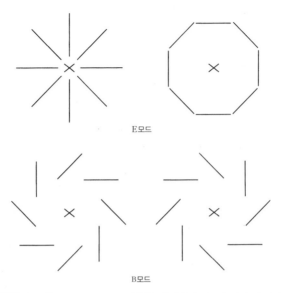

E모드

B모드

그림 4.11 편광의 E모드와 B모드. 스토크스 매개변수 Q나 U와 다르며, 양쪽 다 회전대칭성은 있지만 패리티 변환에 대해서 E모드는 불변이며, B모드는 불변이 아니다.

사실, 나중에 알게 되듯이 WMAP 위성은 편광을 상세하게 측정한 결과 재전리의 시기를 산출하는 데 성공하였다.

편광에 대해서 하나 더 언급해 두지 않으면 안 될 중요한 성질이 있다. 그것은 E모드와 B모드이다. 편광의 강도변화가 항상 편광의 방향에 따라 있거나 또는 직교하는 경우를 E모드라고 한다. 이것은 발산에 대응하는 모드이다. 한편, B모드는 회전에 대응하는 모드이다. 그림 4.11을 참조하기 바란다.

지금까지의 Q나 U는 좌표계를 취하는 방법에 의존하는 양이었다. 실제로 좌표계를 $45°$씩 회전시킬 때마다 $Q \rightarrow U \rightarrow -Q \rightarrow -U \rightarrow Q$로 변환한다. 그 변환은 회전각을 Ψ라고 하면 다음과 같이 된다.

$$Q' = Q \cos 2\Psi + U \sin 2\Psi \qquad (4.59)$$

$$U' = -Q \sin 2\Psi + U \cos 2\Psi \qquad (4.60)$$

이와 같이 좌표계에 의존하는 관측 서베이는 실제의 관측치로 사용하기에는 그다지 적합하지 않다. 그런데 그림 4.11과 같이 E모드, B모드를 정의하면 이들은 회전에 대한 대칭성을 가진 양이다. 따라서 관측 데이터의 해석에는 Q와 U 대신 E모드와 B모드를 사용한다.

다음으로 E모드, B모드와 Q, U의 관계를 살펴보자. 여기서 전자파의 진행 방향에 직교하는 평면을 ε_1과 ε_2 대신에 2차원 각도벡터 θ로 나타낸다. $Q(\theta)$와 $U(\theta)$에 대해 2차원의 푸리에변환을 하면 다음 식으로 나타낼 수 있다.

$$Q(\theta) = \frac{1}{(2\pi)^2} \int d^2\boldsymbol{\ell}\, e^{i\boldsymbol{\ell}\cdot\boldsymbol{\theta}}\, P(\boldsymbol{\ell}) \cos(2\phi_\ell) \qquad (4.61)$$

$$U(\theta) = \frac{1}{(2\pi)^2} \int d^2\boldsymbol{\ell}\, e^{i\boldsymbol{\ell}\cdot\boldsymbol{\theta}}\, P(\boldsymbol{\ell}) \sin(2\phi_\ell) \qquad (4.62)$$

여기서 $P(\boldsymbol{\ell})$는 편광의 2차원 각도 파워스펙트럼이다. 여기서 미리 Q밖에 나타나지 않도록 $\boldsymbol{\ell}$의 좌표계를 정하고, 그 좌표계에 대해서 관측자의 좌표계는 ϕ_ℓ만큼만 회전하고 있는 것으로 한다.

이 $Q(\boldsymbol{\theta})$와 $U(\boldsymbol{\theta})$를 이용하여 E와 B라는 두 회전 불변인 양은 다음과 같이 나타낼 수 있다.

$$E(\boldsymbol{\ell}) = \int d^2\boldsymbol{\theta}\left[Q(\boldsymbol{\theta})\cos(2\phi_\ell) + U(\boldsymbol{\theta})\sin(2\phi_\ell)\right] e^{-i\boldsymbol{\ell}\cdot\boldsymbol{\theta}} \quad (4.63)$$

$$B(\boldsymbol{\ell}) = \int d^2\boldsymbol{\theta}\left[U(\boldsymbol{\theta})\cos(2\phi_\ell) - Q(\boldsymbol{\theta})\sin(2\phi_\ell)\right] e^{-i\boldsymbol{\ell}\cdot\boldsymbol{\theta}} \quad (4.64)$$

실공간에서는 다음과 같다.

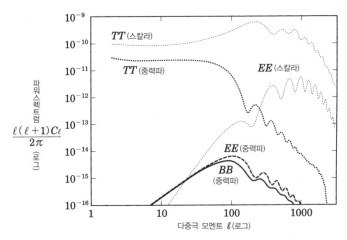

그림 4.12 중력파 모드(텐서모드)에서 생성된 편광의 각도 파워스펙트럼. E모드의 파워스펙트럼 C_ℓ^{EE} 가 굵은 점선, B모드의 파워스펙트럼 C_ℓ^{BB}가 굵은 실선, 온도요동의 파워스펙트럼 C_ℓ^{TT}도 굵은 파선으로 플롯하고 있다. 참고로 스칼라모드인 C_ℓ^{TT}와 C_ℓ^{EE}도 가는 파선으로 나타나 있다. 여기서는 텐서모드의 진폭은 스칼라모드의 3할을 차지하고 있으며, 다른 우주론 매개변수는 그림 4.3과 같다. 재전리는 포함시키지 않았다.

$$E(\boldsymbol{\theta}) = \frac{1}{(2\pi)^2} \int d^2\boldsymbol{\ell}\, e^{i\boldsymbol{\ell}\cdot\boldsymbol{\theta}} E(\boldsymbol{\ell}) \qquad (4.65)$$

$$B(\boldsymbol{\theta}) = \frac{1}{(2\pi)^2} \int d^2\boldsymbol{\ell}\, e^{i\boldsymbol{\ell}\cdot\boldsymbol{\theta}} B(\boldsymbol{\ell}) \qquad (4.66)$$

앞에서 언급했듯이 E모드와 B모드는 좌표계를 취하는 방법에 좌우되지 않는다. 또한 그림 4.11에서 알 수 있듯이 경상鏡像변환(패리티 변환)에 대해서 E모드는 불변이며 B모드는 불변이 아니다. 게다가 지금까지 생각해 왔던 자기중력에 의해 성장하는 밀도의 요동은 직접적으로는 E모드만 만들어지는 것으로 알려져 있다. 또한 비선형 효과로 B모드도 생성된다. 따라서 스칼라 타입이 아닌 요동, 예를 들어 중력파가 얼마나 존재하는지에 대해서는 편광의 B모드가 중요한 지표가 되는 것이다. 그림 4.12를 참조하기 바란다.

또한 편광은 온도요동의 4중극자 모멘트로부터 생성되기 때문에 온도요동 정도를 상한으로 하고, 실제로는 온도요동의 1/10 정도의 크기 밖에 생성되지 않는다. 한편에서는 은하계로부터의 싱크로트론 복사도 편광하고 있어, 가뜩이나 미약한 우주마이크로파 배경복사의 편광 성분을 측정할 때의 노이즈가 된다. 이 때문에 지금까지 측정이 매우 어려웠다.

그러나 4중극자 모멘트로부터 생성된다는 것은 한편으로 온도요동과 편광 사이에 상관이 있다는 것도 의미하고 있다. 따라서 그림 4.10에 나타나듯이 E모드나 B모드의 각도 파워스펙트럼 C_ℓ^{EE}나 C_ℓ^{BB}뿐만 아니라 온도요동(T)과의 상관인 C_ℓ^{TE} 등도 보다 더 강한 신호를 주는 관측량으로서 실제로 이용되고 있다.

경상변환에 대해 대칭인 우주에서는 다른 패리티를 가진 양量끼리의 상관인 C_ℓ^{TB}와 C_ℓ^{EB}는 모두 0이라는 사실을 덧붙여 둔다.

4.3 관측의 성과

펜지어스와 윌슨에 의한 1965년의 발견 이래 우주마이크로파 배경복사의 스펙트럼과 천구 상의 온도분포를 상세하게 측정하는 시도가 계속되어 왔다. 관측수단은 지상의 전파망원경에 의한 관측, 기구氣球나 로켓에 의한 높은 고도에서의 관측, 그리고 인공위성에 의한 우주로부터의 관측 등 여러 방면에서 이른다.

장파장 쪽의 전파는 대기 중의 수증기에 의해 별로 흡수되지 않기 때문에 표면까지 투과해 오지만, 파장이 약 2 mm(주파수로 약 150 GHz)보다 짧아지면 대기에 의한 흡수에 의해 지상으로부터의 관측은 매우 어렵다. 우주마이크로파 배경복사의 스펙트럼 강도가 최대가 되는 것은 파장 2 mm 미만이다. 플랑크 분포로 예측되는 것과 같이 스펙트럼이 최댓값을 가지며 단파장 쪽으로 강도가 떨어지고 있음(그림 4.1)을 확인하기 위해서는 지상관측 대신 기구, 로켓, 나아가서는 인공위성에서의 관측이 필요했다.

그중에서도 1987년에 나고야대학과 캘리포니아대학 버클리가 공동으로 시행한 로켓관측에서는 파장 1 mm 이하에서 플랑크 분포가 크게 벗어나는 것으로 보고되어 큰 충격을 주었다. 과연 우주마이크로파 배경복사는 플랑크 분포를 하고 있는가? 아니면 단파장 쪽으로 치우쳐 있는가? 최종적인 답은 다음에 설명하는 COBE 위성의 관측에 맡겨진다.

스펙트럼의 측정과 동시 진행하는 형태로 온도요동을 검출하는 시도도 미국을 중심으로 지상/기구/로켓을 이용해서 경쟁적으로 이루어졌다. 지구의 운동에 의한 도플러효과로 인해 일어나는 쌍극적인 요동dipole은 1970년대에 검출되고 있었지만, 지금까지 설명한 우주론적인 기원의 온도요동에 관해서는(지나고 나서 보면 상당히 아쉬운 데까지 갔었지만) 이러한 관측은 한계가 있었으며, 확정적인 검출은 COBE 위성의 관측을 기다리지 않으면 안 되었다.

요동의 관측은 장파장 쪽에서 관측할 수도 있지만 수시로 변하는 대기요동의 영향 때문에 지상에서의 관측은 곤란했으며, 기구/로켓에 의한 관측도 대기의 영향으로부터 완전히 자유로울 수는 없었다. 또한 기구나 로켓은 아무래도 그 비행시간에 제약이 따르기 때문에 측정할 수 있는 하늘의 영역이 좁아지게 된다. 역시 궁극의 관측은 우주에서 수행하는 것이다.

그러나 지상관측 및 기구관측에 수반하는 제약도 관측기술의 발전과 함께 해소되고 있으며, 최근에는 이러한 관측도 큰 성과를 거두고 있으며, 또한 앞으로도 거둘 것이라는 것을 덧붙여 둔다.

지금부터는 최근에 큰 성과를 거둔 두 위성미션인 COBE와 WMAP에 대해 설명하겠다.

4.3.1 COBE에 의해 알려진 일

십수 년의 준비기간을 거쳐 1989년 미국항공우주국NASA에 의해 발사된 COBE 위성은 매우 큰 성과를 올렸다. COBE위성은 3가지의 검출 장비 (FIRAS / DMR / DIRBE)를 탑재하고 있었다.

그 중 DIRBE는 적외선검출기로서 우주마이크로파 배경복사를 대상으로 하지 않았다. DIRBE는 보다 단파장 쪽의 원적외선(240 μm)으로부터 근적외선(1.25 μm)을 측정하는 장치이며, 우주마이크로파 배경복사(초대의 별이나 은하로부터의 빛의 중첩으로 생각되고 있음)의 측정을 목적으로 큰 성과를 거뒀다.

나머지 두 검출기인 FIRAS와 DMR은 우주마이크로파 배경복사가 대상이며, 이들 검출기에 의한 성과로 2006년 노벨 물리학상을 수상했다.

FIRAS는 단파장 쪽의 우주마이크로파 배경복사의 에너지스펙트럼을 정밀하게 측정하는 장치(분광기)였다. 그 성과는 이미 이 장의 처음에 설명한 것처럼 스펙트럼이 매우 높은 정밀도로 플랑크 분포와 일치하는 것을 나타내고 있는 것이다.

신호강도의 천구 상의 공간분포, 즉 온도요동을 측정한 것은 DMR이었다. 이것은 각도로 해서 $60°$ 떨어진 하늘의 두 점의 전파강도분포의 차, 즉 온도 차를 측정함으로써 강도의 절댓값을 구하는 것보다 훨씬 높은 정밀도로 상대적인 분포를 얻을 수 있는 장치인 것이다. 이 작업을 하늘 전체에 걸쳐 반복함으로써 DMR이 우주마이크로파 배경복사의 온도요동의 전천도全天圖를 그리는 데 성공하였다.

DMR은 31.5 GHz, 53 GHz, 90 GHz의 3가지 파장 대역에서 전파강도를 측정하였다. 우주배경복사의 강도는 파장에 의존하지 않으므로 복수의 파장을 사용하여 파장에 의존하지 않는 성분만을 추출함으로써 파장 의존성이 있는 은하계로부터의 싱크로트론복사, 제동복사 및 성간먼지로부터의 복사를 측정해서 검출할 수 있게 되었다. DMR에 의해 처음으로 하늘 전체의 온도분포가 10만분 1의 정밀도로 얻어져서 온도요동이 발견되었다. 1992년의 일이다. COBE는 신뢰할 수 있는 최초의 온도요동을 발견한 것이다.

DMR이 측정한 온도분포를 그림 4.13에 나타냈다. 맨 위의 그림은 평균온도를 나타낸 것으로 어느 방향에서든 2.725 K가 된다. 이 평균값을 빼면 쌍극자 모멘트가 보인다(가운데 그림). 이 쌍극자 모멘트의 존재는 이미 1970년대에 지상관측으로 밝혀졌다. 이것은 지구가 우주마이크로파 정지계靜止系에 대해서 일어나고 있는 고유운동에 의한 도플러효과인 것으로 생각되고 있다.

쌍극자 모멘트의 의미를 생각하기 전에 이 그림의 좌표를 읽는 방법부터 간단히 설명하겠다. 이 그림은 전천의 온도요동을 평면 위에 나타낸 것이다. 좌표는 '은하좌표'를 사용하고 있다. 그림의 중심이 은하중심에 대응하고, 동서 방향(장축 방향)의 가장자리는 우리 쪽에서 보아 은하중심과 역방향에 대응한다(즉 양끝이 모두 같은 점을 나타내고 있음). 남북 방향(단축 방향)의 끝은 북쪽(위쪽)이 은하의 북극을, 남쪽(아래쪽)이 은하의 남극을 각각 나타내고 있다.

쌍극자 모멘트로 돌아가 보자. COBE가 얻은 값은 3.35 mK이며, 이것은 고유속도로 하면 약 370 km s^{-1}에 대응하고 있다. 이 고유속도는 쌍극자 모멘트의 크기에 광속을 곱하고 평균온도로 나누면 얻을 수 있다. 그리고 운동 방향은 사자자리 방향이다. 즉 지구는 사자자리를 향해서 370 km s^{-1}으로 운동하고 있는 것인데, 이것은 여러 가지 운동의 중첩으로 나타나 있다는 것을 알아야 한다. 우선 지구는 태양 주위를 30 km s^{-1}으로 운동하고 있지만, 이 효과는 이미 제외되고 있다. 따라서 이 성분은 370 km s^{-1}에는 포함되지 않는다. 그러나 우주마이크로파 정지좌표계에

그림 4.13 COBE에 탑재된 검출기 중의 하나인 DMR이 포착한 우주마이크로파 배경복사의 온도요
동. 전천의 온도요동이 평면 위에 한꺼번에 표시되어 있으며 은하좌표가 사용되고 있다. 그림의 중심
이 은하중심 방향에 대응하고, 동서 방향의 가장자리는 우리 쪽에서 볼 때 은하중심과 역방향에 대응한
다. 남북 방향의 가장자리는 북쪽이 은하의 북극을, 남쪽이 은하의 남극을 각각 나타낸다. 위 그림은
(DMR로는 측정할 수 없음) 균일한 2.725 K 성분의 모식도이며, 가운데 그림은 쌍극자 성분, 아래 그림은
그것들을 뺀 나머지 성분이다(Bennett *et al.*, 1996, *ApJL.*, 464, 1; Legacy Archive For Microwave
Background Data Analysis(LAMBDA), NASA Goddard Space Flight Center, http://lambda.gsfc.nasa.gov).

대해 운동하고 있는 태양의 주위를, 지구가 1년간에 걸쳐 공전운동하고 있

다는 것을 나타내는 이 측정은 지동설의 완전한 증명이 되어서 흥미롭다.

그런데 태양계는 은하계의 중심 주위를 220 km s^{-1}으로 운동하고 있

다. 이 효과를 제거함으로써 은하가 어디로, 얼마만큼의 속도로 향하고 있는지를 알 수 있다. 이 해석의 결과 은하계는 $550\,\mathrm{km\ s^{-1}}$의 속도로 운동하고 있는 것을 알아내었다.

은하계는 국소 은하군이라고 하는 30개가 넘는 크고 작은 은하 집단에 속해 있다. 은하계 속도로부터 국소 은하군의 중심重心에 대한 은하계의 고유운동을 제거하면 국소 은하군의 속도로 $630\,\mathrm{km\ s^{-1}}$을 구할 수 있다. 그 방향은 지구에서 보면 바다뱀자리와 켄타우루스자리 사이이다. 바다뱀자리도 켄타우루스자리도 은하계 내의 별이지만 그 방각方角으로 쭉 벡터를 길게 뻗어서 은하계의 가장자리를 훨씬 넘어 가면 거기에 아마 거대한 구조가 존재해서 국소 은하계군 전체가 거기를 향해 빠져 들어가고 있을 것으로 생각되고 있다. 그리고 이 운동의 방향은 먼 은하에 대한 국소 은하군의 구성원 은하의 고유운동의 방향과 잘 일치하고 있는 것으로 알려져 있다. 즉 먼 은하 정지계靜止系와 우주마이크로 배경복사 정지계는 일치하고 있는 것이다.

쌍극자 모멘트를 제거한 것이 그림 4.13의 아래 그림이다. 은하중심 방향을 지나서 동서 방향으로 뻗어 있는 띠 모양의 고온부분은 은하계로부터의 복사이다. 은하면을 남북 방향으로 떨어진, 고은위(高銀緯, 은위는 은하좌표의 위도)부분에서의 온도 얼룩이야말로 구조의 종種이 된 요동이다.

DMR이 측정한 온도요동을 분석함으로써 다음의 것을 알 수 있었다. 첫째, 온도요동의 크기가 DMR의 각도분해능(반치폭半値幅으로 7°)으로 측정할 수 있는 범위 내에서는 각도 스케일에 거의 좌우되지 않는다, 즉 거의 스케일이 변하지 않는 요동이 있다는 것을 알게 되었다. 이것은 수학적으로 $\ell(\ell+1)C_\ell$이 ℓ에 관계없이 거의 일정하다는 것과 등가等價이며, DMR의 관측에서 $\ell(\ell+1)C_\ell$은 DMR의 해상도에 대응하는 $\ell\sim20$까지 거의 일정하다는 것이 밝혀졌다.

이 각도 스케일에서는 온도요동은 초기 밀도요동, 보다 정확하게는 중력 퍼텐셜 Ψ에 비례하고 있다. 이미 논한 작스–볼페 효과인 것이다. 초기 밀도요동이 스케일 프리, 즉 해리슨–젤도비치 스펙트럼이라는, 그 결과 얻어지는 $\ell(\ell+1)C_\ell$은 ℓ이 작은 부분에서는 평탄하게 된다. 확실히 그림 4.3 등에서도 거의 평탄해져 있다. 이 그림에서 약간 ℓ이 작아진 곳에서 올라간 것은 late RSW 효과 때문이란 것은 이미 설명한 대로이다.

결국 DMR의 관측결과를 정량적으로 환언하면, 초기 밀도요동의 제곱 평균의 파워스펙트럼을 k^n이라고 하면 $n=1.2\pm0.3$이 된다. DMR의 관측결과는 해리슨–젤도비치 스펙트럼에서는 $n=1$이며 이를 포함한 범위가 된다. 또한 이와는 반대로 n을 고정한 경우에는 온도요동의 크기가 결정된다. 즉 밀도요동의 파워스펙트럼의 진폭이 결정된다.

DMR의 각도분해능에서는 은하나 대규모 구조의 種에 직접 상당하는 100 Mpc 스케일 이하의 작은 구조를 볼 수 없다. 재결합기의 지평선 크기가 1.7°에 대응하고 있었다는 것을 떠올리면, DMR이 본 것은 지평선을 넘은 요동, 즉 인플레이션의 시대에 만들어진 요동 그 자체, 및 재결합보다 더 후에 생긴 요동(late RSW 효과)임을 알 수 있다. 분해능을 ℓ로 고치면 $\ell=180/7=26$이다. DMR은 작스–볼페 효과 및 late RSW 효과만 측정하고 있는 것이다.

또한 이 각도스케일은 공동좌표에서는 $d=(7\times\pi/180)d_{\rm H}(t_0)=$ 1900 Mpc이라는 엄청난 크기에 대응하고 있다. DMR이 결정한 파워스펙트럼의 진폭은 이러한 거대한 스케일에서만 결정된 것이다. 그러나 차가운 암흑물질모델과 우주론 매개변수를 가정하면 3장에서 보았듯이 은하 스케일도 포함한 모든 규모의 파워스펙트럼이 결정된다. 실제로 이러한 DMR이 얻은 1,900 Mpc 스케일의 밀도요동 스펙트럼의 진폭을 이론 파워스펙트럼에 의해 외삽함으로써 편의상 자주 사용되는 $8\,h^{-1}$Mpc에서의 요동의 크기로 고치는 것도 가능하다. 그 값은 Ω_m 등의 값에 따라 다르지만 은하단의 관측으로 얻은 결과와 거의 동일했다.

DMR에 의한 요동의 발견으로 가장 큰 혜택을 받은 것은 역시 인플레이션 이론일 것이다. 이론에서 기대되는 스케일 프리의 요동을 관측적으로 지지한 것이다. 그러나 앞 절까지 설명한 우주론 매개변수의 결정에 필요한 1도각度角 스케일 이하의 구조는 분해할 수 없기 때문에 우주론 매개변수의 결정은 차세대 위성의 임무가 되었다. 따라서 차세대 우주마이크로파 측정 위성으로 계획한 것이 WMAP(당초에는 MAP)인 것이다.

4.3.2 COBE에서 WMAP로

COBE에 의한 요동의 발견을 뒤로 하고, 바로 우주마이크로파 배경복사 관측연구의 초점은 COBE로 분해할 수 없었던 작은 각도 스케일의 요동, 특히 인플레이션 이론이 정말 옳고 우주의 기하가 평탄하다고 하면 존재할 0.8도각 스케일($\ell = 220$)의 피크를 $\ell(\ell+1)C_\ell$로 알아내는 것으로 옮겨졌다.

COBE에 의해 ℓ이 20 정도보다 작은 부분에서는 $\ell(\ell+1)C_\ell$이 일정하다는 것이 알려졌다. 그러나 인플레이션 이론에 근거한 우주이론과 선형 밀도요동 이론에 의하면 ℓ이 큰 부분에서 $\ell(\ell+1)C_\ell$은 일정하게 유지되지 않는다. 지금까지 자세히 살펴보았던 것처럼 $\ell(\ell+1)C_\ell$은 ℓ이 작아질수록 점차 증가하며 $\ell = 220$ 부근에서 최댓값을 보이고, 그 후로는 진폭을 약화시키면서 진동을 반복하는 양상이 기대된다(그림 4.3). 이 최초의 피크를 발견하기 위해 문자 그대로 치열한 경쟁이 펼쳐졌던 셈이다.

지상관측과 기구관측에 의한 높은 수준의 관측 경쟁이 이루어진 결과, 2000년경까지는 분명히 피크가 존재한다는 것, 그리고 그 피크의 위치(각도 스케일)로부터 우주가 평탄하다는 것을 알아냈다.

대표적인 지상관측은 칠레의 고산에 설치한 망원경을 이용한 미국 프린스턴대학 주도의 TOCO, 그리고 대표적인 기구관측으로는 이탈리아(로마대학)와 미국(캘리포니아공과대학 등)의 공동프로젝트 BOOMERanG 및 미국의 캘리포니아대학 버클리가 주도한 MAXIMA 등 이었다. 이러한 관측은 유례없는 대성공을 거두었다. 그러나 이 3가지 관측 데이터는 동일한 각도 스케일, 즉 $\ell(\ell+1)C_\ell$의 동일한 영역을 측정하고 있음에도 불구하고, 측정 데이터 간에 약간의 차이를 보이는 등 아직 오차가 컸다. 당시로서는 최첨단 기술을 구사하였지만 지상의 기구관측으로는 한계가 있었던 것이다. 따라서 역시 인공위성에 의한 관측을 간절히 바라게 되었다.

한편 COBE에 의한 요동의 발견 후 인공위성을 발사하여 작은 각도 스케일까지 관측하는 프로젝트가 미국에서는 3가지, 유럽에서는 프랑스와 이탈리아를 중심으로 2가지가 제안되었다. 미국에서는 3가지 사이에 경쟁이 있었으며, 결국 미국 동해안의 NASA 고다드Goddard 비행센터와 프린스턴대학을 중심으로 한 그룹(COBE의 DMR팀의 수 명이 중심)이 NASA의 승인을 얻는 데 성공하고, MAP이라고 명명되었다. DMR팀 중 뜻을 같이하는 사람과 그 외 젊은 수 명의 신입회원을 더해 팀이 구성되었다. 개발은 순조롭게 진행되어 MAP위성은 2001년에 발사되었다. 또한 유럽의 계획은 PLANCK로 통합되어 2009년 5월 발사되었다.

COBE의 궤도는 지구를 도는 것이었지만, MAP은 라그랑주2(L2)라는 지구와 태양이 만드는 중력의 준 안정점安定點에 투입되었다. 그 이유는 MAP위성을 지구로부터 가능한 한 멀리 떼어놓아 지구 자기권의 영향으로 검출기가 오작동을 일으키는 것을 막기 위해서다. 실제로 COBE의 DMR은 자기권의 영향으로 31.5 GHz의 데이터가 쓸모없게 되었다. L2점은 태양의 반대 방향으로 150만 km 떨어진 곳이고, 위성은 지구와 함께 1년 동안 태양 주위를 돌고 있다. 거기서는 자기권의 영향 이외에 지구로부터 나오는 전파의 영향을 무시할 수 있으며, 항상 태양전지판을 태양 쪽을 향하게 하고 검출기는 태양과는 반대 방향을 향하게 된다. 또한 반년 만에 전천을 관측할 수 있다.

발사 후 데이터를 검색하는 동안 COBE팀의 일원이며, MAP위성의 창시자의 한 사람이자 정신적 지주였던 프린스턴대학의 윌킨슨D. Wilkinson 교수가 애석하게도 세상을 떠났다. 2002년의 일이었다. 윌킨슨 교수의 공적을 기려 MAP 위성과 교수의 첫 글자를 따서 WMAP로 개 명되었다. 팀원 전원의 의향에 의한 개명이었다.

COBE의 DMR은 3개의 주파수로 측정했지만, WMAP은 23, 33, 41, 61, 94 GHz의 5개 주파수로 측정했다. 멤버의 절반 가까이가 DMR 의 일원이었고, 관측방법과 데이터 해석방법은 DMR로부터 인계받은 것 도 많았다. 예를 들어 DMR과 마찬가지로 WMAP에서도 차분검출법을 채택해 140° 떨어진 하늘의 두 점의 전파강도 차이를 측정하고, 그것을 반 복함으로써 요동의 전천도全天圖로 그리는 방법을 택했다. 각도분해능은 주파수에 따라 다르지만 가장 좋다는 94 GHz에서 0.2도각이고, COBE와 비교해서 35배 정도 작은 스케일의 구조를 분해할 수 있는 계산이 된다. 검출기의 감도도 COBE를 훨씬 능가해서 1년의 측정으로 온도요동에 대 해 10^{-6} 수준의 정밀도에 도달할 수 있었다.

또한 DMR에 없고 WMAP에 있는 능력으로 편광 성분을 측정하는 능력이 있다. DMR은 입사광의 편광에 신경 쓰지 않고 일괄적으로 취급 하지만, WMAP는 직선편광, 스토크스 매개변수로 말하면 Q와 U를 나 누어 검출할 수 있다. 실제로 WMAP이 이룬 큰 성과 중의 하나는 우주 마이크로파 배경복사의 편광 파워스펙트럼을 측정한 것이었다.

WMAP팀은 2003년 2월에 초년도의 데이터와 해석결과를 발표하고, 2006년 3월에 3년간의 데이터와 해석결과를 발표했다. 여기서는 3년간의

그림 4.14 WMAP의 3년간 데이터로부터 그려진 고각도 분해능의 온도요동 전천도(위). 온도요동의 지도에 큰 각도 스케일의 직선편광 방향을 겹친 것(화보 8 참조)(아래). 선의 길이는 편광도의 세기를 나타낸다. 편광의 각도 분해능은 온도요동에 비해 크게 떨어져 있다(Hinshaw *et al.*, 2007, *ApJS*, 170, 288; Legacy Archive For Microwave Background Data Analysis(LAMBDA), NASA Goddard Space Flight Center, http://lambda.gsfc.nasa.gov).

데이터로 얻은 결과들을 정리하겠다.

그림 4.14 (위)는 WMAP에 의해 측정된 전천의 온도요동 분포이다. 또한 여기서는 은하계로부터의 복사는 제외한다. COBE의 것과는 비교가 안 되는 높은 각도분해능임이 곧바로 알 수 있게 된다. 이 온도요동의 파워스펙트럼 C_ℓ^{TT}를 나타낸 것이 그림 4.15이다. 여기서는 편광의 파워스펙트럼과 구별하기 위해 온도요동의 의미로 첨자 TT를 붙인다.

다음으로 그림 4.14 (아래)는 온도요동의 분포에 큰 각도 스케일의 편광 방향을 나타내는 선을 써 넣은 것이다. 편광의 강도는 이 각도 스케일에서

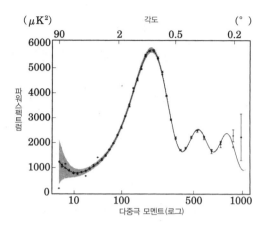

그림 4.15 WMAP의 3년간 데이터로 얻은 온도요동의 파워스펙트럼 $\ell(\ell+1)C_\ell^{TT}/(2\pi)$. 오차막대가 붙은 점이 측정점이며, 오차는 검출기 잡음에 의한 기여(원래 모든 ℓ에 대하여 측정점이 있는데, 보기 쉽게 하기 위해 일정한 ℓ의 구간별로 구분해 평균화하고 있다). 실선은 데이터에 가장 적합한 우주론 매개변수로부터 예측되는 이론곡선이며, 그 위의 오차막대가 없는 점은 데이터 점과 같은 ℓ의 구간마다 구분하여 이론곡선을 평균화한 것이다. 회색으로 표시된 것은 전천의 데이터로부터 얻은 파워스펙트럼이 가지는 우주론적 분산(cosmic variance)이라는 통계적 부정성(不定性). 예를 들어 $\ell=2$에서 전천으로부터 $m=$ −2, −1, 0, 1, 2의 5가지 샘플밖에 얻을 수 없는 것에 기인한다. ℓ이 클수록 부정성은 $\sqrt{2\ell+1}$에 반비례해서 작아진다. 우주론적 분산은 이론곡선을 중심으로 68%의 신뢰영역을 갖는다(Hinshaw *et al.*, 2007, *ApJS*, 170, 288; Legacy Archive For Microwave Background Data Analysis(LAMBDA), NASA Goddard Space Flight Center, http://lambda.gsfc.nasa.gov).

는 온도요동의 강도의 100분의 1 정도 밖에 되지 않기 때문에 그림에 나타난 편광 데이터 신호/잡음 비(신호에 대한 잡음의 강도)는 2 정도이다. 아쉽게도 정밀도는 그다지 좋지 않고, 이 2 정도라는 것은 마침 COBE의 DMR 검출기에 의한 2년 동안의 관측으로 얻어진 온도요동 지도의 정밀도와 거의 같은 정도이다.

이 편광 데이터로부터 E모드와 B모드의 편광 파워스펙트럼 C_ℓ^{EE}, C_ℓ^{BB} 을 측정하여 온도요동과 편광의 데이터를 조합함으로써 온도와 E모드 편광의 상관 파워스펙트럼 C_ℓ^{TE}도 측정되었다. 그림 4.16은 C_ℓ^{TT}, C_ℓ^{TE}, C_ℓ^{EE} 의 데이터 점, 및 C_ℓ^{BB}의 상한값을 나타내고 있다. 위부터 순서로 파워스펙트럼의 크기가 급속하게 작아지고 있는 것을 알 수 있다. 아래로 갈수록

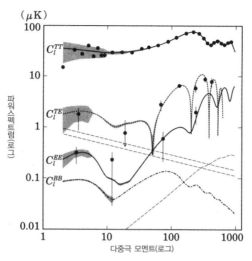

그림 4.16 WMAP의 3년간 데이터로부터 얻은 온도요동과 편광도의 파워스펙트럼. 위부터 C_ℓ^{TT}, C_ℓ^{TE}, C_ℓ^{EE}, C_ℓ^{BB}의 측정점과 이론곡선을 나타내고 있다(그림에 표현된 것은 $\sqrt{\ell(\ell+1)C_\ell/(2\pi)}$이며, 단위는 μK). 오차막대와 회색으로 표시된 영역의 의미는 그림 4.15와 같다. C_ℓ^{BB}에 관해서는 95% 신뢰도로서 최고치를 보이며, 점선의 이론곡선은 초기 중력파의 기여(중력파의 파워스펙트럼이 Ψ의 파워스펙트럼의 30% 정도라고 가정)이고, 짧은 파선은 중력렌즈효과에 의한 기여이다. 오른쪽으로 기울어져 아래를 향해 내려가는 두 개의 긴 파선은 은하계 복사에 의한 편광스펙트럼으로 위부터 각각 C_ℓ^{EE}와 C_ℓ^{BB}이다. 은하계의 복사를 제거하는 것이 편광의 측정, 즉 C_ℓ^{BB}의 측정에 있어서 중요하다는 것을 알 수 있다 (Page *et al.*, 2007, *ApJS*, 170, 335; Legacy Archive For Microwave Background Data Analysis(LAMBDA), NASA Goddard Space Flight Center, http://lambda.gsfc.nasa.gov).

관측이 점점 어려워지고 있는 것이다. 특히 C_ℓ^{EE}와 C_ℓ^{BB}의 측정에 관해서는 어떻게 하면 은하계로부터의 복사를 제거할 수 있을지가 관건이다.

지금까지 설명한 것처럼 이 4가지 파워스펙트럼(TT, TE, EE, BB)의 정보를 이용하는 것으로 우주론 매개변수를 측정할 수 있다. WMAP의 3년 동안의 관측결과에 의해 우주론 매개변수가 다음과 같이 상세하게 결정되었다. 먼저 확인해 둘 것은 오차는 모두 1σ, 즉 68%의 신뢰영역을 나타내는 것으로 한다. 각 매개변수의 분포는 대부분 가우스분포로 근사할 수 있기 때문에 별도로 명시하지 않으면 2σ 또는 95%의 신뢰영역은 오차를 2배로 하면 얻을 수 있다는 것으로 이해해도 될 것이다. 결과를 항목별로 살펴보자.

4.3.3 우주의 평탄성과 허블상수

관측 가능한 영역에 있어서는 우주의 기하학은 평탄이다. 즉, 관측 가능한 우주를 구성하는 모든 물질과 에너지 요소(광자, 뉴트리노, 바리온, 암흑물질, 암흑에너지)를 더하면 $\Omega = 1$이다. 그리고 이 장의 전반에서 사용했던 기호로 $\Omega \equiv \Omega_r + \Omega_m + \Omega_\Lambda$가 된다. 좀 더 정량적으로 말하면 WMAP의 3년간 데이터에서 $\Omega = 1.014 \pm 0.017$을 유도했다. 단, 이것은 허블상수를 $H_0 = 72 \pm 8\,\mathrm{km\ s^{-1}\,Mpc^{-1}}$(오차도 포함해서)으로 한 결과이며 허블상수의 제한을 두지 않고 WMAP의 데이터만을 이용하면 Ω에의 제한은 약해진다. 이 허블상수의 제한은 허블망원경을 사용한 이웃 은하의 거리측정으로 얻은 고전 천문학적 방법의 집대성적 의미를 갖는 값이다.

허블상수 대신 초신성 레거시 서베이(Supernova Legacy Survey, SNLS)에 의해 얻은 Ia형 초신성의 광도거리−적색편이의 데이터와 WMAP의 데이터를 조합하면 $\Omega = 1.011 \pm 0.012$를 얻는다. 그리고 슬론디지털 스카이 서베이(SDSS)의 은하분포로부터 얻은 각지름거리−적색편이 관계의 데이터와 WMAP의 데이터를 조합하면 $\Omega = 1.012 \pm 0.010$을 얻는다. 어느 쪽이든 평탄한 우주모델이 데이터를 잘 기술하고 있다는 것을 알 수 있다.

인플레이션 이론의 자연적인 귀결로서 $\Omega = 1$이 예언되고 있으며, WMAP의 데이터는 그 예언을 강하게 지지하고 있다. 따라서 이후부터는 평탄한 우주모델에만 초점을 맞추어 우주론 매개변수를 결정하는 것으로 한다.

그리고 암흑에너지는 우주상수로 보고, 뉴트리노의 세대수는 소립자의 표준이론에 따라 3(전자 뉴트리노, 뮤 뉴트리노, 타우 뉴트리노)이라 하고, 초기 밀도요동은 단열적인 것으로 한다. 특별히 명시하지 않는 한 초기 중력파의 온도요동과 편광은 무시한다.

마지막으로 앞으로 나타내는 결과는 WMAP의 데이터만을 사용하여 구해진 것이며 다른 데이터를 일체 사용하지 않는다.

이번에는 우주의 평탄성을 가정하면, 역으로 WMAP의 데이터만을 사용하여 허블상수를 결정할 수 있으며 $H_0 = 73.2 \pm 3.2 \, \mathrm{km\,s^{-1}\,Mpc^{-1}}$을 얻을 수 있다. 앞에서 설명한 허블망원경으로부터 얻은 제한보다 2배 이상 정밀도가 높은 값을 얻은 것은 매우 흥미롭다.

4.3.4 우주의 에너지조성

우주마이크로파 배경복사로 가장 자주 결정되는 매개변수는 바리온밀도와 광자밀도의 비 ρ_b/ρ_γ이다. 이것은 앞에서 설명했듯이 이 비율이 음속을 직접 결정하고, 파워스펙트럼의 진동파형에 직접적인 영향을 주기 때문이다. 광자밀도는 광자의 온도만으로 결정되며 매우 정밀하게 측정되고 있다. 결국 ρ_b/ρ_γ에 대한 WMAP의 결과로부터의 제한은 $\Omega_b h^2 = (2.229 \pm 0.073) \times 10^{-2}$이 된다. 오차는 실로 3%밖에 되지 않는다! 정밀 우주론의 면모를 뚜렷이 보여주고 있는 것이다.

다음으로 early ISW 효과를 통해 구해지는 것은 복사우세기와 물질우세기의 경계시기, 즉 전체 복사밀도와 전체 물질밀도가 같아진 시기 equality이다(4.1.6절 참조). 앞에서 설명한 것과 같이 이 시기가 늦어질수록 중력 퍼텐셜이 엷어지기 때문에 보다 많은 온도요동이 이 시기의 지평선 크기에 해당하는 $\ell \sim 200$ 근방에 생성된다.

그런데 중요한 점은 이 시기의 직색편이가 현재의 '전全' 물질량(바리온+암흑물질)을 '전全' 복사량(광자+뉴트리노)으로 나눈 것으로 주어진다는 것이다. 즉 다음과 같다.

$$1 + z_{eq} = \frac{\Omega_m}{\Omega_r} = \frac{\Omega_b + \Omega_{DM}}{\Omega_\gamma + \Omega_\nu} \tag{4.67}$$

좌변을 WMAP의 관측 데이터로(오차와 더불어) 구하면 $1+z_{eq} = 3065 \pm$ 192이다. Ω_γ는 광자의 온도만으로 결정되기 때문에 이미 알려져 있다. Ω_b 는 이미 언급하였다. 따라서 뉴트리노 밀도 매개변수 Ω_ν를 알기만 하면 Ω_{DM}을 구할 수 있다. 이것은 뉴트리노의 세대수 N_ν가 주어지면 정해지는 양이며 다음과 같다.

$$\Omega_\nu = 0.6905 \times \left(\frac{N_\nu}{3.04}\right)\Omega_\gamma \tag{4.68}$$

소립자의 표준 이론에서는 뉴트리노의 세대수는 3이지만, 이것은 여러 가지 이유로 $N_\nu = 3.04$에 해당한다(자세한 내용은 여기서 언급하지 않는다). 이 값을 가정하면 Ω_{DM}만 남게 된다.

이상의 고찰로 $\Omega_{DM}h^2 = 0.105 \pm 0.008$, 또는 전 물질량으로 $\Omega_M h^2$ $= 0.128 \pm 0.008$을 얻을 수 있다. 오차가 요동밀도의 정확도에 비해 2배 정도 나쁜 것은 다음과 같은 이유 때문이다. 바리온은 음속을 통해 맑게 갬 시기의 파형에 직접 영향을 준다. 한편 early ISW 효과는 복사우세 시기에 가장 유효한 효과로 우주의 맑게 갬 시기가 이미 물질우세기에 들어가 있기 때문에 효과가 떨어진다. 결과적으로 전술 물질밀도의 측정의 정확도는 바리온의 정확도에 비해 나빠지는 것이다. 하지만 이 효과 덕분에 $\Omega_m h^2$이 결정되므로 감사해야 한다.

허블상수에 제한을 가함으로써 최종적으로 $\Omega_m = 0.241 \pm 0.034$를 얻을 수 있다. 허블상수의 오차 때문에 Ω_m의 오차는 14%로 여전히 매우 크다. WMAP의 향후 관측, 특히 마지막 해가 되는 8년째(2009년)의 데이터가 기대된다.[6]

광자나 뉴트리노의 Ω에의 기여는 현재 무시할 수 있는 만큼 작기 때문에 이 결과는 다시 말하자면 우주의 전 물질을 통합해도 우주에너지의 24%밖에 설명할 수 없음을 보여주고 있다. 나머지의 76% 또는 $\Omega_\Lambda = 0.759 \pm 0.034$가 암흑에너지(지금은 우주상수 Λ로 가정하고 있다)로서 설명돼야 할 성분이다! 우주가 평탄하다면 WMAP의 데이터만으로 암흑에너지의 존재가 이끌어진 것은 주목할 만하다.

현재의 우주조성이 이것으로 판명된 것으로 바리온은 4%, 암흑물질은 20%, 암흑에너지는 76%를 각각 차지하고 있다.

4.3.5 우주연령

이러한 양들로부터 현재의 우주연령 t_0를 계산할 수 있다. 우주연령은 다음의 적분으로 주어진다.

$$
\begin{aligned}
t_0 &= \int_0^{t_0} dt = \int_0^1 \frac{da}{Ha} \\
&= 97.78\text{억 년} \int_0^1 \frac{da}{\sqrt{\Omega_\mathrm{m} h^2/a + \Omega_\mathrm{r} h^2/a^2 + \Omega_\Lambda h^2 a^2}}
\end{aligned}
\tag{4.69}
$$

단, Ω_r은 현재의 전 복사밀도로서 광자밀도와 뉴트리노 밀도의 합으로 주어진다. 이 적분을 실행하면 $t_0 = 137.3^{+1.6}_{-1.5}$억 년을 얻는다. 측정오차는 불과 1%이다!

$\Omega_\mathrm{m} h^2$ 등이 그 정도의 정확도로 구해지지 않은 것에 대해 이상하게 생각될지도 모른다. 이것은 적분 안에 있는 매개변수의 조합이 서로의 부정

6 WMAP의 관측 마지막 해인 2009년의 데이터는 http://lambda.gsfc.nasa.gov에 수록되어 있다 (역주).

성을 잘 상쇄하도록 되어 있기 때문이다.

보다 물리적으로 말하면 온도요동의 파워스펙트럼 피크에 의해 거의 직접적으로 구해지는 양이 맑게 갬까지의 각지름거리이며, 공간곡률 0의 평탄한 우주에서는 $d_A = c\int_{a_{rec}}^{1} da/(Ha^2)$로 주어진다. 여기에서 $a_{rec} = 1/(1+z_{rec}) \simeq 1/1100 \ll 1$이기 때문에 평탄한 우주에서는 d_A는 현재의 지평선 크기 $d_H^c(t_0) = c\int_{0}^{1} da/(Ha^2)$와 거의 같다. 이 양은 WMAP의 파워스펙트럼 피크의 위치에서 1%의 정확도로 구해지는데 d_A와 t_0는 비적분함수가 스케일 인자 a만 차이가 있다. 따라서 t_0는 d_A와 동일한 정확도로 구해진다는 것이다.

4.3.6 초기 밀도요동의 스펙트럼과 초기 중력파

지금까지 결정된 매개변수는 현재의 우주에 대한 것뿐이었지만, 우주마이크로파 배경복사로부터 얻을 수 있는 매우 중요한 정보로서 초기 요동에 대한 정보가 있다. 특히 밀도요동의 파워스펙트럼을 k^n이라 할 때의 거듭제곱지수 n이다.

이 거듭제곱(멱지수)가 중요한 이유는 다수의 인플레이션 이론 중 어느 것이 올바른 이론인지 관측적으로 판단할 때 중요한 지표가 되기 때문이다. 인플레이션 이론은 대부분 n이 1에 가깝다고 예언하고 있다.

WMAP의 3년간 데이터로부터 $n=0.958\pm0.016$을 구했다. 즉 통계적인 유의성은 2.6σ에서 n은 1보다 작다는 것을 시사하고 있는 것이다.

성급한 사람은 이것을 가지고 '인플레이션 이론이 입증됐다'고 결론 내리는데 그 이유는 대부분의 인플레이션 이론이 'n은 1에 가까우나 1에서 벗어나 있고, 또한 1보다 작다'라고 예언하기 때문이다.

그러나 경솔한 생각은 금물이다. 먼저 통계적 유의성 2.6σ는 확정적인 증거라고 말하기 어렵다. 최소한 5σ가 되어야 한다. 이것은 WMAP의 앞으로의 관측에 기대하는 것으로 하고, 이러한 제한이 유도되었을 때의 가정에도 주의하지 않으면 안 된다.

이 제한을 이끄는 데 가장 중요한 가정은 초기 중력파에 의한 온도요동을 무시한 것이다. 자세하게는 논하지 않지만 초기 중력파의 기여를 허용하면 WMAP의 온도요동 데이터는 보다 큰 n을 허용하는 경향이 있다. 즉 초기 중력파의 기여가 밀도요동(보다 정확하게는 중력 퍼텐셜)의 파워스펙트럼의 3할 이상이 되면 $n > 1$이 가장 확실하게 보이는 값이 되는 것이다.

현재의 WMAP 데이터는 초기 중력파의 기여는 상한값밖에 정해져 있지 않고, 95%의 신뢰도로 초기 중력파의 기여는 중력 퍼텐셜의 파워스펙트럼의 65% 이하로 되어 있다. 따라서 $n = 1$도 완전히 허용되고 있는 것이다.

향후의 과제는 어떻게 하면 n의 오차를 줄일 수 있을 것인가, 그리고 어떻게 하면 초기 중력파의 기여를 정확하게 측정할 수 있을 것인가라는 것이 될 것이다. 여기에 향후 우주마이크로파 배경복사를 이용한 과학의 미래가 있다고 해도 과언이 아니다.

4.3.7 편광과 우주 재전리

WMAP는 우주마이크로파 배경복사의 편광 파워스펙트럼을 측정하였다. 그 중 약 3° 이하에서의 작은 각도 스케일로 측정된 온도요동–편광도의 상관스펙트럼 C_l^{TE}는 WMAP로 측정된 온도요동을 기초로 선형 섭동이론을 이용해서 예언할 수 있었으며, 예언과 관측이 정확히 일치하였다. 이것으로 우주마이크로파 배경복사이론 및 우주에 있어서 요동의 진화이론이 옳다는 것이 입증되었다.

한편 WMAP는 3°보다 큰 각도 스케일에서도 E모드의 편광 C_l^{EE}를 검출하였다. 이것은 온도요동의 정보로는 예언할 수 없는 새로운 성분이다. 앞에서 언급했듯이 이 각도 스케일에 나타나는 편광은 맑게 갬의 시기에 발생한 것이 아니라 보다 현재에 가까운 곳에서 생긴 것이다.

편광은 우주마이크로파 배경복사의 광자가 전자에 의해 산란되지 않으면 생기는 일은 없다. 그러나 $z \sim 1,100$에서 맑게 갬의 시기에 전자는 극히 소량을 남기고는 모두 양성자에 포획되어 중성수소로 되어 있기 때문에 맑게 갬 이후에 편광을 생성하는 것은 불가능해 보인다.

WMAP가 큰 각도 스케일에서 검출된 편광은 우주가 $z \sim 10$에서 다시 전리하고 대량의 전자가 방출된 것을 말해주고 있다. 이러한 전자는 어디에서 온 것일까.

현재 이들은 제1세대 별, 즉 우주에서 생긴 가장 최초 세대의 별들에서 방출되는 강한 자외선이 그 주위에 있는 중성수소를 다시 전리함으로써 흩뿌려진 것이라고 이해되고 있다.

WMAP의 3년간 데이터에 의해 맑게 갬으로부터 온 우주마이크로파 배경복사의 약 9%가 그 후 우주의 재전리로 방출된 전자에 산란된 사실을 알았다. 이것은 전자의 산란에 의해 우주가 약간 흐렸다라고 해석할 수 있다. 이 '약간 흐림 지수'라고도 말할 수 있는 양으로 이미 지금까지 몇 번이나 나오고 있는 톰슨산란의 광학적 두께 τ_e를 사용한다. τ_e가 작은 근사에서는 τ_e는 전자에 의해 산란된 광자의 비율에 해당하기 때문에 약 9%가 산란되었다고 하는 것은 $\tau_e \sim 0.09$인 것이다. WMAP가 3년간의 데이터에서 얻은 값은 $\tau_e = 0.089 \pm 0.030$이다. 이 τ_e에서 얻은 전자의 밀도로부터 우주가 $z \sim 10$ 근방에서 전리한 것으로 나타난다.

τ_e는 향후 가장 정밀도의 개선을 기대할 수 있는 매개변수이다. 8년의 데이터가 모아졌을 때 제1세대 별 형성에 대해 무엇을 알게 될 지 기대되고 있다.

4.3.8 편광과 초기 중력파

B모드의 편광에 대해서는 도대체 무엇을 말할 수 있을까. WMAP는 아직 C_ℓ^{BB}의 검출에 성공하지 못하고 있다. 즉 WMAP는 초기 중력파의 검출에는 성공하지 못하는 것이다. 이것은 인플레이션의 예언과 정합整合하고 있다. 인플레이션 이론은 초기 중력파의 존재를 예언하지만, 그 크기는 WMAP의 3년간 관측으로는 검출할 수 없을 정도로 작은 것이다.

기존의 인플레이션 이론에서 예측되는 최대 중력파의 양은 파워스펙트럼으로 말하자면 밀도요동의 파워스펙트럼의 30% 정도이다. 이 중력파를 C_ℓ^{BB}를 사용하여 검출하려면 WMAP는 15년간 관측을 계속해야만 한다는 계산이 된다. WMAP는 8년간 운영한 후 중지하도록 정해져 있으므로 C_ℓ^{BB}의 검출은 차세대의 관측 프로젝트에 맡겨지게 된다.

4.3.9 요동의 가우시안성

WMAP의 데이터는 인플레이션 이론의 여러 예언과 아주 잘 정합整合되고 있다. 우주의 평탄성, 거의 스케일 불변의 초기 요동의 스펙트럼과 함께 '초기 요동의 가우시안성'도 고정밀도로 확인되고 있다(가우시안성에 대해서는 3.4절 참조). 요동의 가우시안성은 우주마이크로파 배경복사의 온도분포를 히스토그램[7]으로 해 보면 금방 알 수 있다. 히스토그램은 매우 보기 좋게 정규분포, 즉 가우스분포를 따르고 있어 이것으로 '요동은 가우시

---

[7] 그림 4.14로 히스토그램을 작성하려면 다음과 같이한다. 우선 그림은 온도요동, 즉 온도 평균값으로부터의 차이를 나타내고 있기 때문에 이 그림의 평균온도는 0이다. 따라서 기의 0 K를 가진 픽셀의 수를 센다. '거의' 0 K라는 것을 정의하기 위해 적당히 0±1 μK라고 하자. 다음에 2±1 μK를 가진 픽셀의 수를 먼저 센다. 마찬가지로 −2±1 μ℃를 가진 픽셀의 수를 센 다음에는 4±1, −4±1과 같이 작업을 반복하여 모든 온도에 대해서 픽셀의 수 계산이 끝나면 수를 세로축, 온도를 가로축으로 해서 그림을 그린다. 이렇게 해서 그린 그림을 히스토그램이라고 한다. 일상생활에 익숙한 히스토그램은 8월 기온의 과거 분포 등을 들 수 있다. 이 경우에도 평균 기온(예: 30 K) 전후 2 ℃를 기록한 연수를 세고, 다음에 34±2 K, 26±2 K의 작업을 반복하여 과거의 온도분포 히스토그램을 그린다.

안이다'라고 결론지을 수 있다.

보다 강력한 가우시안성의 테스트는 3점 상관함수(바이스펙트럼)를 사용하여 할 수 있다. 파워스펙트럼이 천구 상의 2점 상관강도를 측정하는 반면, 바이스펙트럼은 천구 상의 3점 상관강도를 측정한다. 중요한 것은 가우스분포에 대해서 바이스펙트럼은 0이 된다는 것이다.

WMAP 데이터로는 통계적으로 의미가 있는 바이스펙트럼은 검출되지 않았다. 이것은 인플레이션 이론이 옳다는 것을 보다 강하게 뒷받침하는 것이며 인플레이션 이론에 대한 관측적인 제한의 3개 기둥 중의 하나를 담당하고 있다.

4.3.10 '이상異常'은 있는가?

WMAP의 데이터는 암흑물질과 암흑에너지의 존재를 인정해 버리면 인플레이션 이론에 근거한 표준 우주이론의 틀에서 완전히 설명이 가능하며 현재의 우리들의 우주에 관한 지식이 정확하다는 것을 뒷받침하고 있다.

반면에 무엇인가 표준 우주이론을 뒤집는 것 같은 '이상함'이 데이터에 포함되어 있지 않나 해서 탐사하고 싶어하는 것은 과학자의 정상적인 욕망이기도 하다.

2003년에 초년도의 데이터가 발표된 이래 엄청난 수의 '이상함'의 보고가 이루어졌다. 예를 들면 우주가 유한하다는 증거를 잡았다, 비단열요동(등곡률요동)을 포착했다, 우주의 비등방성을 검출했다 등의 보고는 다방면에 걸친다.

그런 보고들의 대부분은 매우 큰 각도의 온도요동인 $\ell = 2$인 모드에서 발단이 되고 있다. WMAP의 측정에서는 $\ell = 2$인 파워스펙트럼은 $6C_2^{TT,\ \text{WMAP}}/(2\pi) = 211\ \mu K^2$이 된다. 한편, WMAP의 관측 전체를 가장 잘 재현하는 이론 매개변수를 취하면 $6C_2^{TT,\ \text{theory}}/(2\pi) = 1252\ \mu K^2$과 같이 매우 큰 값을 예언한다. 따라서 '너무 작은' $\ell = 2$인 데이터가 '이상'이 아닐까 하고 논의되고 있다.

그러나 $\ell = 2$인 데이터는 통계적으로는 결코 '이상'이 아니다. 이러한 큰 각도 스케일의 요동을 측정하는 데는 큰 부정성不定性이 수반된다(우주론적 분산cosmic variance이라고 한다. 자세한 내용은 그림 4.15의 설명을 참고하기 바란다). 이 부정성 때문에 $\ell = 2$인 데이터가 이론에서 예언되는 값 $1252\,\mu K^2$ 혹은 그보다 큰 값과 정합하는 확률은 16%로 결코 작지 않다. 즉, $\ell = 2$인 데이터가 이론값보다 작은 것에 대한 통계적 유의성은 84%이며, 2σ에조차 도달하지 않는다. 그림 4.15의 $\ell = 2$인 데이터 점과 회색으로 나타낸 68%의 우주론적 분산으로부터의 신뢰 영역을 비교하기 바란다.

4.3.11 우주론은 어디까지 알았나?

COBE와 WMAP의 화려한 성과로 빅뱅이론의 정당성은 입증되고, 인플레이션 이론은 그 토대를 더욱 공고히 하고, 우주연령, 우주의 조성, 허블 상수, 재전리 시기 등 다양한 우주론 매개변수가 구해졌다.

그렇다면 우주론은 이미 완성되었다고 말할 수 있을까?

대답은 불행히도 아니오이다. 우선 우리는 우주의 에너지 96%를 차지하는 암흑에너지와 암흑물질을 이해하지 못하고 있다. 알게 된 것은 '그것들이 얼마나 있을까' 라는 것뿐이다.

인플레이션이라 해도 많은 인플레이션 이론 중 어느 것이 올바른 것인지 모르기 때문에 인플레이션이 '언제' '무엇에 의해서' '어떻게' 생겼는지 전혀 알려져 있지 않고 있다.

암흑에너지와 암흑물질에 관해서 우주마이크로파 배경복사가 더 이상할 수 있는 일은 얼마 남지 않았다. 따라서 별도의 방법(가속기에 의한 소립자실험이나 초신성이나 은하 서베이를 이용한 관측)과 우주마이크로파 배경복사로부터 얻은 지식을 결합하여 이러한 정체를 해명하는 것이 다음 단계가 된다.

한편 인플레이션 이론에 관해서는 초기 중력파에 의해 생기는 B모드의 편광 검출이라는 큰 목표가 있다. 또한 초기 밀도요동의 스펙트럼의 n을 보다 정확하게 측정하는 것도 큰 목표 중의 하나이다. 이러한 두 매개변수가 정확하게 측정되면 인플레이션이 '언제' '무엇에 의해서' '어떻게' 일어났는지 알 수 있을지도 모른다. B모드의 첫 검출을 노리는 미국과 유럽의 다양한 지상관측이나 대기관측, 2009년 5월에 발사된 유럽의 PLANCK 위성[8], 나아가서는 아직 계획 중이지만 편광을 측정하기 위해 특화된 위성 프로젝트에 기대하고 싶다.

COBE와 WMAP의 결과에서 우리는 많은 것을 배웠지만, 아직도 해야 할 중요한 일이 많다. 굳이 짧게 말한다면 현대 우주론은 '양量'을 정확하게 구하는 시대에서 '질質'을 구하는 시대로 전환하였다. 소수점 이하 자릿수를 다투는 정밀 우주론Precision Cosmology의 시대를 맞이해 본질을 잃어버리는 일이 있어서는 안 된다. 오래도록 우주론 연구를 이끌어 온 프린스턴대학의 피블스P.J.E. Peebles 교수의 경구를 소개하면서 이 장을 마치도록 하겠다.

"영어로는 Precision(Precise)과 Accurate는 다른 의미이다. 사람들은 정밀한 우주론Precision Cosmology을 경쟁하고 있지만, 그것이 반드시 정확한 우주론Accurate Cosmology을 의미하는 것이 아니라는 사실을 잊지 말아야 한다."

---

[8] PLANCK 위성의 관측 데이터는 2011년에 처음으로 발표되었으며 2013년에는 우주론적 해석 결과도 나왔다. CMA 복사온도가 2.7 K라는 것을 알고 있지만 PLANCK 위성으로 조금 더 정밀한 온도를 측정하기도 하였다(역주).

제5장
은하형성이론

지금까지의 장에서 빅뱅부터 시작하는 팽창우주의 역학과 기하학, 그리고 불균일성의 중력불안정에 의한 구조 형성에 대해 논하였다. 이 장에서는 이러한 우주의 팽창을 뿌리치고 중력수축하는 물질에서 어떻게 해서 빛나는 은하가 태어나는지, 은하계 형성과정과 더불어 은하 간 물질은 어떻게 진화하는지와 같은 바리온의 물리과정에 대해 설명하고자 한다. 마지막으로 현재의 은하형성이론의 미해결 문제에 대해 설명하겠다.

5.1 은하형성의 조건

우리들의 우주에 있는 은하 또는 현재의 은하 이전에 형성된 은하의 토대가 되었다고 생각되는 보다 작은 전前 은하천체가 형성되기 위한 조건을 생각해 보자. 우리 은하계(은하수)를 비롯한 은하(앞으로는 전 은하천체를 포함하여 은하라고 한다)는 매우 많은 별의 집단으로 생각된다. 팽창우주의 내에서 원시은하가 형성되고, 그 속에서 수많은 별이 형성되었을 때 은하가 형성되었다고 생각할 수 있다.

그런데 우주가 중성화되기 이전에는 복사와 가스 간의 상호작용이 강하다. 그 때문에 가스는 복사의 강한 압력을 받기 때문에 수축해서 원시은하를 만드는 것은 거의 불가능하다. 우주가 중성화되고 우주마이크로파 배경복사(CMB)가 형성됨과 동시에 가스가 복사압에서 해방되어 그때부터 천체형성이 시작되는 것이다. 이것은 자기중력적인 수축이 가능한지 어떤지를 나타내는 진스 질량의 변화에 의해 명확하게 볼 수 있다. 우주 중성화 전의 진스 질량은 $10^{14} M_\odot$ 정도이며 그 시대의 지평선의 질량과 같은 스케일이며 은하질량을 크게 웃돈다. 그것이 우주 중성화 이후는 $10^{16} M_\odot$ 정도로 크게 감소한다. 그 결과 그 이상의 질량을 가진 가스운의 수축이 가능하게 되어 원시은하운原始銀河雲의 형성이 시작되는 것으로 생각된다.

여기서 원시은하운의 구성요소를 생각해 보자. 현재 우주의 에너지밀도의 대부분을 차지하고 있는 것은 암흑에너지라고 하는 진공에너지로 간주되고 있다. 그러나 진공에너지는 균일하게 존재하는 것이며, 특정한 장소에 집중하는 것은 아니기 때문에 천체형성에 직접 관여하지 않는다. 그리고 진공에너지 밀도는 우주팽창에 의해 변하지 않는 반면, 물질의 밀도는 우주팽창에 따라 감소한다. 즉 우주초기에는 현재보다 훨씬 고밀도가 되기 때문에 최초의 은하형성기에 있어서 물질 쪽이 에너지밀도가 높아진다. 따라서 원시은하운의 중력원으로서 중요하게 인식되는 물질 중에서 가장 다량으로 존재한다고 생각되는 것이 암흑물질이라는 것이다.

또한 암흑물질은 은하를 형성하는 요동의 기원으로서도 중요하다. 별 등의 형성 원료인 바리온(일반 물질)은 복사압을 받기 때문에 우주가 중성화 될 때까지 요동이 성장할 수 없으며, 또한 우주 중성화 직전에는 요동의 감쇠도 일어난다. 그에 반해서 암흑물질은 복사압을 받지 않기 때문에 우주 중성화 이전부터 요동이 성장할 수 있다. 그 때문에 우주 중성화 이후에 일어나는 은하 등의 천체형성의 종種이 되는 요동은 암흑물질이 만든 셈이 된다(3장 참조). 그러나 암흑물질은 중력 이외의 상호작용을 거의하지 않아 냉각할 수 없기 때문에 수축하지 못하고 별의 재료가 될 수 없다. 따라서 원시은하운 내에서 별이 형성되고, 은하로 진화하기 위해서는 냉각을 이루고 별의 원료가 될 수 있는 바리온이 중요하다. 원시은하운이 형성되었을 때 바리온으로 존재하는 것은 빅뱅우주에서 형성된 대부분의 수소와 헬륨만으로 구성된 시원가스라고 생각된다.

5.2 바리온의 냉각과정

은하형성을 위해서는 충분한 별 형성이 일어나는 것이 필요하다. 여기서는 원시은하운의 시원가스로부터 처음 별이 형성되기 위한 조건을 생각해 보자. 이를 결정하기 위해서는 가스의 냉각과정을 살펴볼 필요가 있다. 다음에서 설명하는 것처럼 냉각효과가 없는 가스는 그다지 수축하지 못하고 별까지 진화할 수 없기 때문이다.

5.2.1 냉각의 중요성

은하나 별 등의 천체형성에 있어서 우선 중요한 것은 자기중력이다. 그러나 자기중력으로 수축을 시작하면 반드시 천체형성으로 이어지는 것은 아니다. 중력은 거리의 제곱에 반비례하는 힘이기 때문에 수축하면 강해진다. 그러나 그것만으로는 수축하는 조건으로 충분하지 않다. 중력에 대항하여 수축을 막는 힘인 압력이 어떻게 변하는지를 생각할 필요가 있다. 질량 M에서 반경 R인 가스운을 생각해 보자. 중력에너지 E_G는 다음과 같다.

$$E_G = -a\frac{GM^2}{R} \tag{5.1}$$

여기서 a는 1 정도의 계수로 가스의 밀도분포에 의해 정해진다. 압력에너지 E_P는 다음과 같다.

$$E_P = bR^3\overline{P} \tag{5.2}$$

여기서 $\overline{P}$는 평균 압력이며, b는 형상 등에 의한 자릿수 1의 계수이다. 이 가스운이 수축할 때 중력에너지의 변화는 평균밀도 $\overline{\rho}$는 $\overline{\rho} \propto R^{-3}$이기 때문에 다음과 같이 된다.

$$E_G \propto R^{-1} \propto \overline{\rho}^{1/3} \tag{5.3}$$

그에 반해서 수축이 단열적으로 일어난다고 하면, 단열지수 γ를 사용하여 $P \propto \rho^\gamma$가 되기 때문에 압력에너지의 변화는 다음과 같다.

$$E_P \propto R^3 \bar{\rho}^\gamma \propto R^{3-\gamma/3} \propto \bar{\rho}^{\gamma-1} \qquad (5.4)$$

단열지수 γ는 단單원자분자나 이온의 경우에는 $\gamma = 5/3$이 되기 때문에 단열적인 중력수축은 E_G의 변화율보다 E_P의 변화율 쪽이 더 크다는 것을 알 수 있다. 즉, 단열적인 경우는 중력수축이 발생해도 곧바로 압력 기울기가 중력을 상회하여 수축이 멈추어 버리게 된다. 따라서 자기중력에 의한 은하나 별 등의 천체형성을 위해서는 냉각이 충분히 잘 되게 해서 압력 상승을 억제할 필요가 있는 것이다.

5.2.2 냉각과정에 대해서

시원始原가스에는 중원소가 포함되어 있지 않기 때문에 수소와 헬륨에 의한 냉각과정을 생각할 필요가 있다. 이 점이 현재의 별 형성과정과 크게 다른 점이다. 수소 및 헬륨의 원자나 이온에 의한 냉각률을 그림 5.1에 나타냈다. 그림에서 H ex 및 He ex는 수소원자 및 헬륨원자의 여기勵起에 의한 복사냉각을 나타내고 있으며, free-free는 이온에 의해 전자가 가속 운동을 함에 따라 일어나는 열적 제동복사(자유-자유 천이에 의한 복사)를 나타내고 있다. 이 그림에서 알 수 있듯이 시원가스 내에는 원자나 이온에 의한 냉각과정에서 온도가 10^4 K를 밑돌면 냉각률이 급속히 저하된다.

그러나 별 형성을 위해서는 10^4 K 이하에서도 냉각이 필요하다. 이것은 원시은하의 온도가 10^4 K에 머물게 되면 은하의 전형적인 밀도에 있어서의 진스 질량은 태양 질량의 $10^7 \sim 10^8$배나 되어 별의 질량규모보다 훨씬 커지기 때문에 그대로는 별 형성은 어렵다고 생각되기 때문이다. 따라서

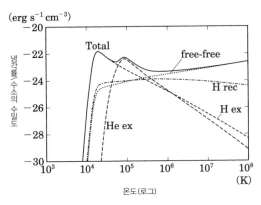

(erg s⁻¹ cm⁻³)

그림 5.1 시원(始原)가스인 수소 및 헬륨의 원자나 이온에 의한 냉각률을 수소의 수밀도로 나눈 것으로 $(\Lambda(T)/n_{\mathrm{H}}^2)$를 나타냈다. 원시은하운에 있어서는 가스밀도가 매우 낮고 냉각률은 입자수 밀도의 제곱에 비례하므로 $\Lambda(T)/n_{\mathrm{H}}^2$은 밀도에 좌우되지 않고 그릴 수 있다. 여기서 전리도는 온도만으로 결정되는 화학평형 상태가 된다고 가정하였다. 합계의 냉각률(실선, Total)과 주요 냉각과정에 의한 냉각률을 나타내고 있다. 주요 냉각과정으로는 10^4 K 부근에서 중요한 수소원자의 충돌여기(勵起)에 의한 복사냉각(짧은 파선, H ex), 10^5 K 부근에서 중요한 헬륨 원자의 충돌여기에 의한 복사냉각(긴 파선, He ex), 10^6 K 이상의 고온에서 중요한 열적 제동복사(점선, free-free, thermal Bremsstrahlung) 및 전체 온도 범위에 걸쳐 약간의 기여가 있는 수소원자의 재결합에 의한 냉각(일점쇄선, H rec)이 있다(Nishi 2002, *Prog. Theor. Phys. Suppl.*, 147, 1).

중요한 것은 수소분자의 진동·회전준위의 여기에 의한 복사냉각이다. 그런데 원시은하운의 구성 재료인 시원가스 내에는 원래부터 수소분자는 거의 존재하지 않는다. 따라서 수소분자의 생성과정(및 해리과정)을 제대로 고찰하여 수소분자가 형성되는 양을 평가할 필요가 있다.

5.2.3 수소분자의 형성

수소분자는 같은 원자핵이 결합된 등핵 2원자분자이며 전기쌍극자 모멘트를 가지지 않기 때문에 기상(氣相)에서 수소원자끼리의 충돌로는 거의 형성되지 않는다. 그 이유는 다음과 같다. 가스 내에서 수소원자끼리 충돌해서 수소분자의 여기상태를 만들었다고 해도 전기쌍극자 복사가 안 되기 때문에 여분의 에너지를 좀처럼 버리지 못하고 안정된 결합 상태가 될 수 없다. 그러다가 다시 2개의 원자로 되돌아가게 되는 것이다. 이 때문에 현재의 성간공간에서는 고체미립자 상에서의 형성과정이 중요하게 된다. 즉 여분의 에너지를 고체미립자에 줌으로써 수소분자 형성이 가능하게 되는 것이다. 그러나 여기서 생각하고 있는 시원가스 내에는 수소 및 헬륨 이외의 원소는 거의 존재하지 않는다. 즉 고체입자는 존재할 수 없는 것이다. 따라서 전자나 수소이온(양성자)을 촉매로 해서 수소분자를 형성하는 아래의 H^- 과정 및 H_2^+ 과정이 중요해진다.

H^- 과정 :

$$H + e^- \rightarrow H^- + \gamma \tag{5.5}$$

$$H^- + H \rightarrow H_2 + e^- \tag{5.6}$$

H_2^+ 과정 :

$$H + H^+ \rightarrow H_2^+ + \gamma \tag{5.7}$$

$$H_2^+ + H \rightarrow H_2 + H^+ \tag{5.8}$$

여기서 γ는 여분의 에너지를 복사형태로 방출하고 있는 것을 나타낸다. 온도가 $10^4\,K$에 가까운 고온의 경우에는 H_2^+ 과정 쪽이 더 효율성이 높지만, 그 외의 경우에는 H^- 과정이 더 중요하다.

시원가스 내의 수소분자 형성으로는 입자수 밀도가 $10^8\,cm^{-3}$ 이상의 고밀도에서 중요하게 되는 3체 반응도 있으며, 별 형성의 후기 단계에서는 중요하게 되지만(자세한 내용은 제6권 참조) 여기서는 별 형성이 가능하게 하는 조건을 생각하고 있기 때문에 무시할 수 있다.

즉, 수소분자 형성에는 적당히 전자나 수소이온이 존재하는 것이 필요한 것이다. 그렇다면 문제가 되는 것은 전리도이다. 수소분사에 의한 냉각이 중요하게 되는 것은 온도가 $10^4\,K$ 정도보다 내려갔을 때이다. 그러나 전리도가 화학평형에 의해서 정해진다면 10^4 K 이하에서는 전리도가 급속히 저하되고, 거의 전자나 수소이온은 존재하지 않게 된다. 또한 수소분자는 2,000 K 정도 이상의 온도에서는 다른 입자와의 충돌에 의해 전리하기 때문에 10^4 K 이상의 고온에서 만들어서 나중에 이용할 수도 없다.

그러나 실제로는 원시은하운이 진화할 때 수축에 의한 밀도변화와 냉각에 의한 온도변화가 빠르기 때문에 전리도는 비화학평형상태가 되어 10^4 K 이하의 온도에서도 적당한 전리도를 기대하는 것은 가능한 것이다. 단지, 최초의 별 형성이 일어날 것으로 기대되는 것은 비교적 소질량의 가스운이며, 형성 시 기대되는 충격파의 가열이 약하고, 그렇게 고온이 되지 않기 때문에 애초부터 전리를 기대할 수 없다. 이 때문에 촉매가 될 전자나 수소이온을 공급하는 것은 우주의 중성화가 일어났을 때 우주팽창 때문에 전리도가 유한으로 머무르게 됨에 따른 것이다. 즉, 우주의 중성화가 진행될 때 전리도가 저하되면 수소이온이나 전자는 결합하는 상대가 감소하기 때문에 반응률이 떨어진다. 게다가 우주팽창에 의해 전체의 밀도가 감소하기 때문에 도중에 중성화 반응이 동결되어 유한의 전리도가 남게 되는 것이다. 그 결과 전리도는 $10^{-3.5}$ 정도가 된다.

우주팽창으로부터 원시은하운이 분리되어 수축하면 가스운의 밀도가 상승해서 여러 가지 반응이 일어나게 된다. 즉, 수소분자 형성반응이 시작됨과 동시에 재결합에 의한 전리도의 저하도 진행된다. 중성화반응이 빠른 경우에는 촉매가 없어지기 때문에 충분한 수소분자를 형성할 수 없게 된다. 그리고 형성된 수소분자에 의해 냉각이 진행되면 가스운 자체의 물리량이 변하므로 그 반응도 고려할 필요가 있다. 이 과정은 비화학평형과정이지만 수소분자 형성, 해리의 시간스케일, 전자 재결합의 시간스케일 및 냉각시간스케일을 비교함으로써 형성되는 수소분자의 양을 추정할 수 있다. 여기서는 $10^{-3.5}$인 초기 전리도의 경우에 형성되는 수소분자의 양을

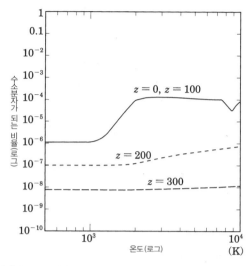

그림 5.2 수소 전체 중 수소분자가 되는 비율(y_{H_2})을 비리얼 온도의 함수로 그린 그래프. 원시은하운의 형성시기를 $z=300$, 200, 100, 0인 각각의 경우를 조사하였다(Nishi & Susa 1999, *ApJL*, 523, 103; Susa 2002, *Prog. Theor. Phys. Suppl.*, 147, 11도 참조).

가스운의 비리얼 온도(가스운이 중력과 압력 기울기의 평형상태가 되었다고 생각할 때 기대되는 온도. 원시은하운의 경우에는 주로 암흑물질이 만드는 중력 퍼텐셜의 깊이를 반영한다)에 대해 나타내고 있다(그림 5.2).

적색편이 z가 100 이하에서 형성된 원시은하운에서는 z의존성이 거의 없다. 이 단계에서 형성되는 수소분자의 비율은 최대 10^{-4} 정도이다. 단, 이 계산에서는 가스운의 밀도를 고정하고 있지만, 냉각에 의해 압력이 감소하고 가스운이 수축하면 수소분자 형성이 계속해서 일어나 수소분자 비율은 상승한다. 또한 비리얼 온도가 10^3 K 이하인 원시은하운에서는 재결합반응이 빨리 일어나므로 촉매인 전자나 수소이온이 없어져 버리기 때문에 수소분자가 거의 형성되지 않는다. 그리고 비리얼 온도가 10^4 K 근방의 원시은하운에서는 수소분자 비율은 온도와 전리도로부터 기대되는 화학평형의 값이 된다. 그러나 이 경우에도 전리도는 화학평형이 된다고는

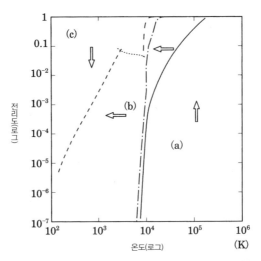

그림 5.3 온도−전리도 평면에서의 충격파에 의해 가열된 시원가스의 진화. 영역 (a)는 전리의 시간스케일이 가장 짧아지는 영역으로 가스는 온도가 거의 변하지 않고 전리가 진행된다. 영역 (b)는 냉각의 시간스케일이 가장 짧아지는 영역이며 가스는 냉각에 의해 온도가 내려가지만 전리도는 거의 변하지 않는다. 영역 (c)는 재결합의 시간스케일이 가장 짧아지는 영역으로 가스는 온도가 거의 변하지 않고 전리도가 하강한다. 영역 (b)와 영역 (c)의 경계는 어떤 냉각과정이 효과가 있는지에 따라 3종류로 나뉜다. 긴 파선에서는 수소원자의 여기에 의한 복사냉각이, 그리고 점선과 짧은 파선에서는 수소분자의 여기에 의한 복사냉각 효과가 있다. 단 점선 영역에서는 수소분자의 비율은 그 점에 있어서의 온도와 전리도로부터 정해지는 화학평형 값이 되며, 짧은 파선의 영역에서는 수소분자 형성은 거의 멈춰서 수소분자 비율은 약 2×10^{-3} 정도가 된다. 일점쇄선은 수소원자의 전리율과 재결합률이 같아지는 경계이다. 일점쇄선보다 고온 측(오른쪽)은 전리가 우세하며, 전리도는 증가하려고 한다. 반대로 저온 측(왼쪽)은 재결합이 우세하며 전리도는 하강하려고 한다(Yamada 2002, *Prog. Theor. Phys. Suppl., 147, 43*; Susa *et al.*, 1998, *Prog. Theor. Phys.,* 100, 63도 참조).

할 수 없다.

  $100 \lesssim z$에서 형성된 원시은하운의 경우에는 우주배경복사의 광자에너지가 높기 때문에 중간생성물인 H^-가 깨져 버린다. 이 때문에 H^- 과정이 일어나지 않고 수소분자 비율은 작아진다. 그리고 $200 \lesssim z$에서 형성된 경우에는 H_2^+도 파괴되기 때문에 수소분자는 거의 형성되지 않는다. 사실 이것이 원시은하운의 최초 구성 재료인 시원가스가 거의 수소분자를 포함하지 않는 이유이다. 만약 우주배경복사의 효과가 없으면 우주가 중성화될 때 동시에 어느 정도의 수소분자(수소분자 비율 $y_{H_2} \approx 10^{-3}$)가 형성된다는 것

이 기대되고, 그 후의 원시은하운의 진화에 영향을 주게 되었을 것이다.

그런데 비리얼 온도가 10^4 K 정도 이상인 원시은하운(비교적 큰 질량의 원시은하운)의 경우에는 상황이 다르다. 이 경우에는 원시은하운의 형성 시에 있어 비교적 강한 중력 때문에 가스가 큰 속도로 낙하하고, 수축이 멈출 때의 충격파 가열의 효과가 커진다. 이 때문에 일단 전리가 일어난 후에 냉각이 일어나고 비화학평형과정에서 수소분자가 형성된다. 이 과정도 수소분자 형성, 해리의 시간스케일, 전자의 재결합 시간스케일 및 냉각의 시간스케일을 비교함으로써 해석이 가능하게 된다(그림 5.3). 우선 충격파 가열에 의해 고온이 된 가스는 전리가 진행하기 때문에 위쪽으로 향한다(영역 (a)). 전리가 어느 정도 진행되면 냉각 쪽이 더 빨라지고 온도가 내려가 왼쪽으로 향한다(영역 (b)). 그리고 온도가 8,000 K 정도가 되면 수소원자에 의한 냉각 효율이 매우 나빠지기 때문에 냉각효과가 없게 된다. 이때 이미 온도가 내려가 있기 때문에 가스는 중성화를 향해서 전리도가 감소하고 긴 파선의 경계를 따라 아래로 향한다. 전리도가 어느 정도 내려가면 수소분자의 냉각이 일어나기 때문에 또 냉각되어 왼쪽으로 향한다. 이때 수소분자의 존재 비율은 온도 및 전리도로부터 결정된 화학평형의 값이 된다는 것을 시간스케일의 해석으로 알게 되었다. 그 후 온도가 2,000 K 까지 내려가면 수소분자 형성의 시간스케일이 냉각의 시간스케일보다 길어져 수소분자의 비율은 약 2×10^{-3} 정도에서 고정된다. 그 수소분자 비율을 가정하여 그린 냉각시간과 재결합시간이 같아지는 선이 짧은 파선이다(약 2,000 K 이하인 저온에서의 영역 (b)와 영역 (c)의 경계선). 마지막은 이 선을 따라 가스는 진화한다.

그림 5.4는 실제로 충격파에 가열된 가스의 진화를 수치적으로 조사한 결과를 나타내고 있다. 그림 5.3에 나타낸 시간스케일의 비교에 의한 논의가 거의 맞았다는 것을 알 수 있다.

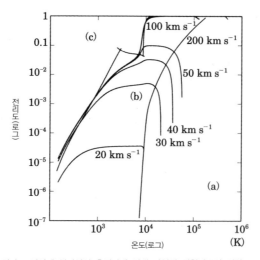

그림 5.4 온도-전리도 평면에 있어서의 충격파에 의해 가열된 시원가스의 진화. 그림 5.3의 해석과 수치계산의 결과를 비교해 거의 일치하는 것으로 나타났다. 또한 충격파 속도가 약 50 km s^{-1} 이상일 때에는 진화 선이 수렴하는 것을 알 수 있다(Yamada 2002, *Prog. Theor. Phys. Suppl.*, 147, 43; Susa *et al.*, 1998, *Prog. Theor. Phys.*, 100, 63도 참조).

이 과정에서 전리도는 거의 완전히 비화학평형이며 수소분자에 대해서도 화학평형을 이룬 영역은 일부분뿐이다. 그러나 수소분자 비율이 그 점의 전리도와 온도에 대한 화학평형에 의해 정해지는 영역이며, 많은 초기조건인 경우의 진화를 나타내는 선이 수렴하는 것을 알 수 있다(그림 5.4). 그 결과 비리얼 온도가 10^4 K 이상인 원시은하운에서는 거의 비리얼 온도에 의하지 않고 수소분자 비율이 2×10^{-3} 정도가 되는 것을 알 수 있다.

5.2.4 냉각 가능한 원시은하운

수소분자가 얼마나 형성되는지를 알게 되었으므로 어느 시각 (z)에 형성된, 어느 비리얼 온도를 가진 원시은하운에 대해 냉각시간을 계산하여 냉각이 충분히 일어나는지 어떤지를 조사할 수 있다(그림 5.5). 비리얼 온도가 약 10^4 K 이상인 원시은하운에서 냉각시간은 구름의 자유낙하시간보다

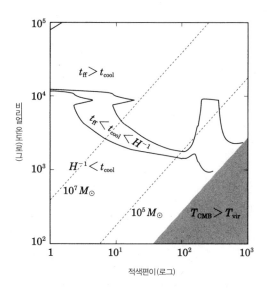

그림 5.5 적색편이–비리얼 온도 평면에서 냉각이 가능한 영역. $t_{ff} > t_{cool}$인 영역에서는 원시은하운의 수축 시간스케일인 자유낙하시간(t_{ff})보다 냉각 시간스케일이 짧기 때문에 가스가 충분히 냉각된다. 수소 원자에 의한 냉각효과가 없는 온도인 약 10^4 K 이하에서도 냉각이 잘 되는 영역으로 확산되는 것을 알 수 있다. 이것은 수소분자에 의한 냉각 효과이다. $t_{ff} < t_{cool} < H^{-1}$인 영역에서는 자유낙하시간 내에 냉각 되지 않지만, 우주 진화의 시간 스케일인 허블시간 H^{-1}(여기서 H는 허블매개변수)보다는 짧은 시간에 냉각될 수 있다. $H^{-1} > t_{cool}$인 영역에서는 가스 냉각은 거의 일어나지 않는다고 볼 수 있다. 오른쪽 아래 $T_{CMB} > T_{vir}$인 영역에서는 우주배경복사의 온도가 가스의 초기 온도보다 높기 때문에 복사 냉각이 불가 능한 영역이다. 파선은 암흑물질을 포함한 원시은하운의 총 질량을 나타낸다. 우주 최초기 천체의 모체로 서 기대되는 $z \sim 20$ 전후에 형성되는 총 질량이 $10^6 \sim 10^7 M_\odot$인 원시은하운에서는 비리얼 온도가 수천 도 (°C)이기 때문에 수소분자에 의한 냉각이 매우 중요하다는 것을 알 수 있다(Susa 2002, *Prog. Theor. Phys. Suppl.*, 147, 11; Nishi & Susa 1999, *ApJL*, 523, 103 참조).

짧다. 이 영역에서는 수소원자에 의한 냉각의 효율이 매우 좋기 때문이다. 그리고 비리얼 온도가 수천 도의 구름에도 형성되는 시각인 z가 수십에서 100 정도인 경우 냉각시간은 구름의 자유낙하시간보다 짧아진다. 여기서 는 수소분자에 의한 냉각이 유효하게 진행되고 있다. 저온, 저밀도(z_{vir}가 작다)의 왼쪽 아래 영역에서는 허블시간 내(H^{-1})에 냉각할 수 없다. 이 영 역의 천체에서는 별 형성은 일어나지 않는다. 그러한 영역 사이에는 자유 낙하시간으로는 냉각할 수 없지만 허블시간 내에는 냉각 가능한 영역이 존재한다.

$t_{ff} > t_{cool}$인 영역의 원시은하운에 있어서는 중력수축을 나타내는 자유낙하시간보다 냉각의 시간스케일이 짧다. 이 때문에 원시은하운의 시원가스는 우선 냉각에 의해 온도가 내려가 압력이 감소한다. 그 후 압력의 영향을 거의 받지 않으면서 거의 자유낙하시간에 동적으로 수축할 수 있다고 생각된다. 그 냉각과 수축과정에서 진스 질량은 매우 감소하기 때문에 가스운은 작은 덩어리로 분열이 가능해져서 다수의 별이 형성되어 은하계와 같은 천체로 진화할 것으로 기대되고 있다.

이에 반해서 $t_{ff} < t_{cool} < H^{-1}$ 영역의 원시은하운에서는 냉각의 시간스케일보다 자유낙하시간이 짧다. 이 때문에 가스운은 거의 냉각하지 않고 먼저 수축한다. 그러면 단열수축에 의해 압력이 높아져 수축이 멈추게 되고, 역학적 평형상태에 가까워진다고 생각된다. 그 후 우주팽창의 시간스케일인 허블시간 내에서는 냉각이 일어나기 때문에 역학적으로는 거의 평형상태를 유지하면서 천천히 냉각에너지를 잃은 만큼 수축하게 된다. 즉 준 정적 수축이 일어난다. 수축이 진행되면 온도가 상승하기 때문에 냉각의 시간스케일이 짧아지고 냉각의 효과로 압력이 감소하여 동적 수축으로 이행할 것으로 기대된다. 이 경우에도 천체형성이 기대되지만 다수의 별보다 매우 큰 질량의 소수의 별이 형성될 것이다. $H^{-1} < t_{cool}$ 영역에서는 허블시간 내에서는 냉각효과가 없기 때문에 천체형성은 기대할 수 없다.

5.3 우주암흑시대와 제1세대 천체

우주의 맑게 갬 시기, 즉 우주연령이 38만 년 경(적색편이로 1,100) 우주는 플라스마상태에서 중성수소로 상천이相轉移한다. 이때 복사된 빛은 현재 우주배경복사로서 전파나 마이크로파에서 관측되고 있다(1.1.3절 참조). 우

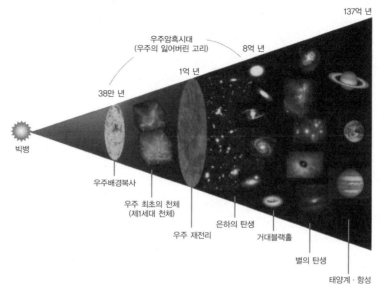

그림 5.6 우주사와 우주암흑시대.

주배경복사의 관측으로 우주의 맑게 갬 시기는 밀도의 농담이 10만분의 1 정도 밖에 되지 않고, 별이나 은하는 탄생하지 않았다는 것이 알려져 있다. 한편 대형망원경을 이용한 가시광선·적외선 관측으로 우주탄생부터 8억 년 경(적색편이로 6~7)의 우주에 젊은 은하가 많이 발견되고 있다. 우주연령 38만 년에서 8억 년 사이를 '우주암흑시대'라고 하며, 이 시대에 우주 최초의 천체가 탄생했다고 생각된다. 이것을 '우주 제1세대 천체'라고 한다(그림 5.6). 우주 제1세대 천체의 형성은 우주의 맑게 갬 후의 열적熱的 역사와 중력불안정성에 의해 정해진다.

우주의 맑게 갬 시기의 중성수소의 수밀도 n_{HI}은 자외선에 의한 광전리와 자유전자의 재결합에 의해 결정되며 다음 식으로 주어진다.

$$\frac{dn_{HI}}{dt} = -\gamma_{UV}n_{HI} + \alpha_A n_e n_p \qquad (5.9)$$

여기서 n_e, n_p는 각각 전자 수밀도, 양성자 수밀도, γ_{UV}는 광전리율이다. 그리고 α_A는 수소원자가 모든 속박 상태에 빠지는 재결합 계수의 합이며 다음 식으로 주어진다.

$$\alpha_A = 2.1 \times 10^{-11} T^{-1/2} \phi(1.6 \times 10^5/T) \quad [\text{cm}^3 \, \text{s}^{-1}] \tag{5.10}$$

$$\phi(y) = \begin{cases} 0.5(1.7 + \ln y + 1/6y) & y \geq 0.5 \tag{5.11} \\ y(-0.3 - 1.2 \ln y) + y^2(0.5 - \ln y) & y < 0.5 \tag{5.12} \end{cases}$$

여기서 T는 가스 온도이다. 자유전자가 수소의 기저상태(1S 상태)로 재결합할 때는 라이먼 가장자리 이상의 에너지의 광자를 복사한다. 이 광자는 다시 수소원자를 전리할 수 있다. 그리고 자유전자가 수소의 2P 여기상태에 재결합하는 경우에는 전리에너지 이하의 광자와 2P → 1S인 전기쌍극자 복사[1]에 의해 라이먼 α 광자가 1개 방출된다. 라이먼 α 광자는 곧바로 중성수소에 흡수되어 1S에서 2P로 여기상태를 일으키고, 2P로 재결합할 때 발생한 광자가 2P로부터의 전리를 일으킨다. 이러한 과정이 반복될 경우 수소원자의 중성화는 실질적으로 진행되지 않는다.

그러나 전자가 수소 2S 여기상태로 재결합하는 경우에는 기저상태(1S 상태)로의 전기쌍극자 복사가 일어나지 않으며, 2개의 광자 복사에 의해 2S → 1S 천이가 일어난다. 2광자 복사는 2개의 광자를 합해서 라이먼 α 광자의 에너지가 된다는 조건을 만족시키면 좋기 때문에 연속광의 복사가 된다. 2S → 1S의 천이확률은 2P → 1S 천이의 천이확률보다 8자릿수 가까이 작지만, 복사되는 연속광은 전리에 전혀 기여하지 않는 광자이며, 이에 따라 수소는 점차 중성화되어 간다.

---

[1] 궤도각운동량 양자수의 변화가 1인 천이를 전기쌍극자천이라고 하고, 이 천이로 인해 하나의 광자가 방출된다.

그러나 전자의 재결합 시간스케일($1/n_e\alpha_A$)이 우주팽창의 시간스케일보다 길어지면 재결합이 발생하지 않기 때문에 중성화는 진행되지 않게 된다. 중성화가 멈추었을 때 우주의 전리도는 다음과 같은 정도가 된다.

$$x_e \equiv n_e/n \approx 10^{-4} \tag{5.13}$$

이것을 '잔존전리'라고 한다. 우주의 맑게 갬 이후 빛과 중성원자의 상호작용은 레일리산란(빛의 파장보다 작은 입자에 의한 산란)이 되기 위하여 단면적이 극단적으로 작아진다. 그러나 잔존전리의 전자는 빛과 콤프턴 산란을 하며 복사장으로부터 에너지를 받을 수 있다. 우주의 맑게 갬의 시점에서 복사의 에너지밀도는 물질의 열에너지밀도에 비해 1만 배 이상 크기 때문에 소량의 전자를 통해 복사에서 물질로 큰 에너지 수송이 일어난다. 이것은 적색편이 100 정도까지 계속되며 우주의 맑게 갬으로부터 적색편이 100까지 물질의 온도는 복사의 온도와 같이 변한다(그림 5.7).

우주암흑시대에 있어서의 천체형성은 바리온물질(수소, 헬륨 등의 핵자물질)이 암흑물질의 중력 퍼텐셜에 빠져들어 밀도요동의 성장을 일으키는 것에서 시작된다(그림 5.8). 암흑물질과 바리온의 밀도요동을 δ_{DM}, δ_b라고 하면 그 시간발전은 다음의 방정식에 의해 결정된다.

$$\ddot{\delta}_{DM} + 2\frac{\dot{a}(t)}{a(t)}\dot{\delta}_{DM} = 4\pi G \left(\rho_{DM}\delta_{DM} + \rho_b\delta_b\right) \tag{5.14}$$

$$\ddot{\delta}_b + 2\frac{\dot{a}(t)}{a(t)}\dot{\delta}_b = 4\pi G \left(\rho_{DM}\delta_{DM} + \rho_b\delta_b\right) \tag{5.15}$$

여기서 $a(t)$는 우주의 스케일 인자이다. 이 두 식을 빼면 다음과 같다.

$$(\ddot{\delta}_{DM} - \ddot{\delta}_b) + 2\frac{\dot{a}(t)}{a(t)}(\dot{\delta}_{DM} - \dot{\delta}_b) = 0 \tag{5.16}$$

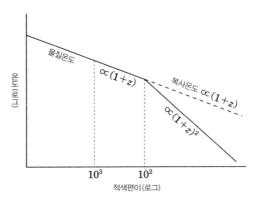

그림 5.7 우주의 물질온도와 복사온도의 변화.

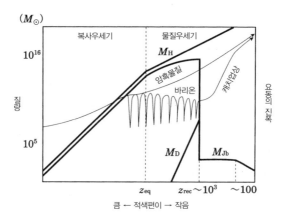

그림 5.8 요동의 성장. M_H는 지평선 질량, M_D은 복사성 감쇠질량, M_{Jb}는 진스 질량.

$\dot{a}/a = 2/3t$인 관계를 사용하여 맑게 갬의 시각 t_{rec}가 $\dot{\delta}_b(t_{rec}) = 0$인 것으로 해서 풀면 다음의 식을 얻을 수 있다.

$$\delta_b(t) = \delta_b(t_{rec}) + \delta_{DM}(t) - 3\delta_{DM}(t_{rec}) + 2\delta_{DM}(t_{rec})\left(\frac{t}{t_{rec}}\right)^{-1/3} \quad (5.17)$$

밀도요동 진폭이 작은 선형성장단계에서는 $\delta_{DM}(t) = \delta_{DM}(t_{rec})(t/t_{rec})^{2/3}$ 이기 때문에 t_{rec}의 수 배의 시간에서 바리온의 밀도요동은 암흑물질의 밀도요동에 가까워지는 것을 알 수 있다. 이것을 캐치업 상相이라고 한다. 이후 바리온과 암흑물질은 같이 움직이고 마침내 중력적으로 붕괴collapse되어 버린다(중력붕괴).

중력붕괴 이후 냉각과정이 없으면 단열적으로 온도가 상승하고, 이로 인한 압력 상승으로 중력불안정성은 어디선가 멈춘다. 따라서 중력불안정에 의한 천체형성을 위해서는 유효한 냉각과정이 필요하다. 우주의 맑게 갬 이후에 생기는 중성수소는 유효한 냉각제가 되고, 이로 인해 온도가 1만 도(10^4 K) 부근까지 저하된다. 온도가 1만 도 이하로 낮아지기 위해서는 수소원자가 아닌 수소분자의 형성이 필요하게 된다. 수소분자는 등핵等核이고 중성인 두 원자로 되어 있기 때문에 전기쌍극자 모멘트를 가지지 않는다. 따라서 수소원자 두 개가 광자를 방출해서 결합하는 과정에 의한 수소분자 형성은 일어나지 않는다.

수소분자를 만드는 하나의 과정은 3체반응

$$3H \rightarrow H_2 + H$$
$$2H + H_2 \rightarrow 2H_2$$

이며, 수밀도가 10^8 cm^{-3}을 초과하는 경우에 유효하게 된다. 그러나 제1세대 천체형성 시에 있어서는 가스밀도가 이것보다 더 낮기 때문에 3체반응에 의한 분자형성은 유효하지 않다. 저밀도 경우에는 앞 절에서 보았듯이 양성자 또는 전자의 촉매반응에 의해 수소분자 형성이 가능해진다. 따라서 중요한 역할을 하는 것이 (식 5.13)의 잔존전리이다. 수소분자 형성은 형성과정과 분리과정이 대항하면서 비평형으로 진행된다. 결과적으로 우주 잔존전리에 의해 형성되는 수소분자의 비율은 $x_{\mathrm{H_2}} \simeq 10^{-6}$ 정도가 된다. 양은 적지만 형성된 수소분자는 온도를 1만 도 이하로 낮추는 데 유효하게 작동한다. 중력불안정과 더불어 밀도가 상승하는 경우 최종적인 수소분자의 양은 $x_{\mathrm{H_2}} \simeq 10^{-4} \sim 10^{-3}$까지 증가한다. 그리고 충격파에 의해 전리가 일어나는 경우나 자외선으로 광전리 되는 경우에는 $x_{\mathrm{H_2}} \simeq 10^{-3} \sim 10^{-2}$까지 수소분자의 양이 증가한다.

수소분자는 회전·진동 준위 간의 천이에 의해 빛을 복사한다. 수소분자의 i번째 여기상태 준위는 다음 식으로 결정된다.

$$\begin{aligned}
&\sum_{j<i} n_i\, A_{ij} + \sum_{j \neq i} n_i\, B_{ij}\, u(\nu_{ij}) + \sum_{j \neq i} n_i\, n_e C_{ij} \\
&= \sum_{j>i} n_j\, A_{ji} + \sum_{j \neq i} n_j\, B_{ji}\, u(\nu_{ij}) + \sum_{j \neq i} n_j\, n_e C_{ji}
\end{aligned} \tag{5.18}$$

여기서 A는 자발복사계수, B는 유도복사계수, C는 충돌성 천이계수이다. $u(\nu_{ij})$는 진동수 ν_{ij}인 광자의 에너지 밀도이다. 밀도가 어느 밀도 n_{cr}보다 낮으면 준위 간의 하향 천이는 자발복사(A계수)에 지배되고, 상향 천이는 주로 충돌(C계수)에 지배된다. 이 경우 $n_i\, A_{ij} \approx n_e n_j\, C_{ji}$가 되므로 휘선복사에 의한 냉각률은 다음과 같으며 n^2에 비례하게 된다.

$$\Lambda_{\mathrm{H_2}} = \sum_{i \geq 2} \sum_{j<i} n_i\, A_{ij}\, h\nu_{ij} = \sum_{i \geq 2} \sum_{j<i} n_e n_j\, C_{ji}\, h\nu_{ij} \tag{5.19}$$

n_{cr}보다 밀도가 높은 경우에는 상하 천이 모두 충돌계수 C에 의해 지배된다. 이때 준위분포는 볼츠만분포

$$\frac{n_j}{n_i} = \frac{g_j}{g_i} \exp\left(-h\nu_{ij}/kT\right) \quad j>i \tag{5.20}$$

가 되므로 냉각속도는

$$\Lambda_{H_2} = \sum_{i \geq 2} \sum_{j < i} n_i \, A_{ij} \, h\nu_{ij} \tag{5.21}$$

이 되고, n에 비례한다. 즉, 밀도가 n_{cr}을 초과하면 냉각률의 밀도 의존성이 약해져 냉각률이 떨어진다. n_{cr}은 '임계밀도'라고 하며 A계수나 C계수의 값에 의해 결정된다. 수소분자의 경우에는 $n_{cr} \simeq 10^4 \, \mathrm{cm}^{-3}$이 된다.

수소분자 외에 중요한 분자로서 중수소화 수소분자(HD)가 있다. 중수소(D)는 빅뱅 원소합성에 의해 소량으로 $n_D / n \simeq 10^{-5}$ 정도 만들어지는 것뿐이다. 그러나 HD는 전기쌍극자 모멘트를 가지기 때문에 수소분자보다 A계수가 크다. 이 때문에 소량으로도 복사냉각에 기여할 수 있다. HD는 수소분자보다 여기에너지가 작기 때문에 온도가 $100\,\mathrm{K}$ 근처까지 내려갔을 때 유효하게 된다. HD 형성은 수소분자를 통해서 다음과 같은 반응으로 진행된다.

$$D^+ + H_2 \;\rightarrow\; H^+ + HD : 저밀도$$
$$D + H_2 \;\rightarrow\; H + HD : 고밀도 \tag{5.22}$$

또한 HD의 임계밀도는 $n_{cr} \simeq 10^7 \, \mathrm{cm}^{-3}$이며 수소분자의 경우보다 고밀도까지 냉각이 유효하게 작동한다.

수소분자나 HD분자의 냉각에 의해 밀도요동이 진스 질량을 상회하면 중력불안정이 진행된다. 3.1.2절에서 구해진 진스 질량을 밀도 nm_p(m_p는 양성자질량), 음속 $(kT/m_p)^{1/2}$으로 나타내면 다음의 식이 된다.

$$M_J = \left(\frac{kT}{G} \right)^{3/2} m_p^{-2} \, n^{-1/2} \tag{5.23}$$

중력불안정이 가속하는 조건은 중력이 압력기울기에 의한 힘을 웃도는 것이며 그 조건은 다음 식으로 주어진다.

$$\frac{GM(<r)\rho}{r^2} > \frac{P}{r} \tag{5.24}$$

여기서 P는 바리온가스의 압력, ρ는 밀도, r은 계의 스케일, $M(<r)$은 r 내에 포함된 질량이다. 여기서 압력과 밀도 간의 관계로 다음과 같은 형식을 생각한다.

$$P \propto \rho^{\Gamma} \tag{5.25}$$

이러한 관계를 폴리트로프polytrope 관계라고 한다. 단열과정의 경우는 정압비열을 c_p, 정적비열을 c_v라고 하면 $\Gamma = c_p/c_v$가 된다. 단원자분자의 경우에는 $c_p/c_v = 5/3$, 2원자분자의 경우에는 $c_p/c_v = 7/5$이 된다. 그리고 등온적 변화는 $\Gamma = 1$로 볼 수 있다.

(식 5.24)를 만족하면 중력불안정이 가속하지만 이를 위한 Γ의 조건은 기하학적 형상形狀에 따라 다르다. 구대칭의 경우는 $M =$ 일정으로 수축하기 때문에 $r = (3M/4\pi\rho)^{1/3}$이며, (식 5.24)는 $P < G(4\pi/3)^{1/3}M^{2/3}\rho^{4/3}$가 된다. 즉 $\Gamma \leq 4/3$이면 중력불안정성은 가속한다. 평판의 경우는 표면밀도가 일정하게 수축하기 때문에 $M/r^2 \sim \rho r =$ 일정이며, (식 5.24)는 $P < G(M/r^2)^2$이 된다. 우변은 밀도에 의존하지 않는 (ρ^0)에서 중력불안정이 가속하는 것은 $\Gamma \leq 0$일 때이다. 원통(원기둥)의 경우는 $M/r =$ 일정으로 수축하기 때문에 $\Gamma \leq 1$이면 중력불안정성은 멈추지 않는다.

정리하면 중력불안정이 가속하기 위한 임계적 Γ값은 다음과 같다.

$$\Gamma_{crit} = \begin{cases} 4/3 & \text{구} \\ 0 & \text{평판} \\ 1 & \text{원통} \end{cases} \tag{5.26}$$

중력불안정성은 비등방성을 증대시키는 효과가 있기 때문에 초기에 구 대칭에 가까운 분포라도 중력붕괴에 의해 평판에 가까운 분포가 된다. (식 5.26)에서 알 수 있듯이 냉각이 잘 되어 등온적으로 변화하는 경우에도 평판의 중력수축은 반드시 멈춘다. 평판 내에서는 더욱 비등방성이 증대하기 때문에 원통상圓筒狀 가스운으로 분열한다. 원통상 가스운은 $\Gamma_{crit} = 1$이므로 등온적인 상태에서 아슬아슬한 수축이 가능하다. 즉 등온성이 조금이라도 깨질 경우 원통상 가스운의 중력수축은 멈춘다. 이때 원통상 가스운 속에서 비등방성이 증가하고, 덩어리로 분열한다.

제1세대 천체의 형성은 초기에는 암흑물질의 중력에 의해 바리온 가스가 중력불안정을 일으키는 것에서부터 시작된다. 이때 수소분자에 의한 냉각으로 최초로 중력붕괴를 일으키는 천체의 질량은, 암흑물질을 포함하여 총 질량은 $10^6 \, M_\odot$(바리온 질량으로 $10^5 \, M_\odot$) 정도이며, 그 형성시기는 적색편이 $z = 15 \sim 20$이다. 초기에 구대칭에 가까운 분포라도 냉각이 잘 되고 있는 동안에는 중력불안정에 의해 평판에 가까운 분포가 된다. 평판은 나아가서 원통상 가스운으로 분열한다. 원통은 중력불안정 수축하지만 수축을 계속하고 있는 동안 분열은 일어나지 않는다. 원통은 등온성이 깨질 때 수축이 멈추고 거기서 분열이 일어나게 된다.

앞에서 설명한 것과 같이 임계밀도를 넘은 곳에서 수소분자에 의한 냉각의 효율이 급격히 약해지기 때문에 원통의 수축이 멈춘다. 이때의 원통상 가스운의 선밀도는 대략 정수압평형에 있는 가스운의 선밀도로 주어진다. 그것은 음속 $c_s = (kT/\mu)^{1/2}$(μ는 분자량)만으로 주어지며, $l = 2c_s^2 /G$

이 된다. 또한 원통상 가스운 분열의 최대 성장률은 다음과 같이 된다.

$$\lambda_{\mathrm{m}} = 22.1 \frac{c_{\mathrm{s}}}{[4\pi G \rho(0)]^{1/2}} \tag{5.27}$$

따라서 임계밀도에서 분열이 일어난다고 하면 분열체의 크기는 다음과 같이 평가된다.

$$M_{\mathrm{frag}} = l\lambda_{\mathrm{m}} = 2.8 \times 10^3 \, M_\odot \left(\frac{T}{300\ \mathrm{K}}\right)^{3/2} \left(\frac{n}{10^4\ \mathrm{cm}^{-3}}\right)^{-1/2} \tag{5.28}$$

이것은 제1세대 별('종족 III별'이라고도 한다)의 전형적인 질량의 하나로 생각된다. 냉각이 HD에 의해 지배되는 경우에는 임계밀도가 높기 때문에 다음과 같이 된다.

$$M_{\mathrm{frag}} = l\lambda_{\mathrm{m}} = 17 \, M_\odot \left(\frac{T}{100\ \mathrm{K}}\right)^{3/2} \left(\frac{n}{10^7\ \mathrm{cm}^{-3}}\right)^{-1/2} \tag{5.29}$$

한편, 초기에 임계밀도를 초과하는 가스운에서 별이 탄생하는 경우에는 3체반응으로 유효하게 수소분자가 형성되기 때문에 냉각효율은 떨어지지 않고 원통상 가스운의 수축이 계속된다. 최종적으로는 수소분자의 휘선복사에 대해 원통이 광학적으로 두터워진 곳에서 냉각이 약해지고 분열을 일으킨다. 이 경우 제1세대 별의 크기는 다음과 같다.

$$m_{\mathrm{min}} = \alpha_{\mathrm{F}}^{-1/2} \, \mu^{9/4} (M_{\mathrm{p}}^3 / m_{\mathrm{p}}^2) \approx 0.5 M_\odot \tag{5.30}$$

여기서 α_{F}는 미세구조상수($\alpha_{\mathrm{F}} = 2\pi e^2 / hc = 1/137$), $M_{\mathrm{p}} = (hc/G)^{1/2}$은 플랑크 질량이다.

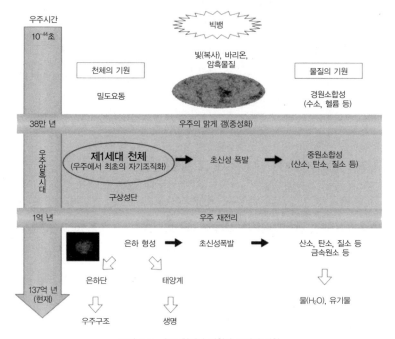

그림 5.9 우주 천체의 기원과 물질의 기원.

분열체가 중력수축하면 중심에 밀도가 높은 코어가 발생하여 코어에 대한 질량 강착에 의해 별의 질량이 증가한다. 최초에 생기는 코어의 질량은 $10^{-3} \, M_\odot$ 정도이다. 이 코어에 대한 질량 강착률은 다음과 같다.

$$\dot{M} \propto c_s^3 / G \qquad (5.31)$$

수소분자 냉각에 의한 제1세대 별 형성의 경우에는 온도가 $300 \, \mathrm{K}$ 정도에서 질량강착이 일어난다. 이때 질량 강착률은 다음과 같이 된다.

$$\dot{M} \approx 10^{-3} \left(\frac{T}{300 \, \mathrm{K}} \right)^{3/2} M_\odot \, [\mathrm{yr}^{-1}] \qquad (5.32)$$

따라서 $10^3 M_\odot$인 대질량 별이라도 10^6년 정도에서 생성된다.

제1세대 천체 중에서 대질량의 초신성 폭발이 일어나면 중원소가 방출된다. 이것은 우주에서 최초의 중원소 방출이 되며 그 후의 물질진화와 은하형성에 큰 영향을 주게 된다(그림 5.9).

5.4 우주 재전리와 은하 간 물질의 진화

우주에 천체가 형성되면 다양한 파장대의 전자기파를 복사하고, 이것이 우주공간의 물리적 상태를 변화시켜 나간다. 그 중에서도 자외선은 수소원자의 전리나 수소분자의 해리 등에 의해 우주공간의 물질 상태에 커다란 변화를 가져온다. 우주공간 가스의 물질 상태를 조사하는 데 자주 이용되는 것은 먼 천체의 스펙트럼에 보이는 흡수선이다. 멀리에 밝은 천체가 있으면 그 천체와 우리 사이의 우주공간에 있는 물질에 의해 빛의 흡수가 일어난다. 일반적으로 우주공간의 가스 자신으로부터의 복사는 매우 약하고 검출이 어려운 반면 빛의 흡수 관측은 비교적 쉽다. 먼 우주의 정보를 얻기 위해 퀘이사quasar가 이용되고 있다. 퀘이사는 $10^{11} \sim 10^{14} L_\odot (L_\odot$은 태양광도)의 광도를 가지며, 우주에서 가장 밝은 천체이므로 그 흡수선을 이용함으로써 현재 적색편이(z) 6까지의 우주공간 정보를 얻을 수 있게 되어 있다.

퀘이사흡수선을 사용하면 우주공간의 수소원자의 전리 상태에 대한 자세한 정보를 얻을 수 있다. 수소원자가 에너지 준위 n과 m 사이의 천이로 내는 빛의 파장은 다음 식으로 주어진다.

$$\lambda_{nm} = \frac{ch^3}{2\pi^2 m_e e^4} \left(1 + \frac{m_e}{m_p}\right) \left(\frac{1}{n^2} - \frac{1}{m^2}\right)^{-1}$$

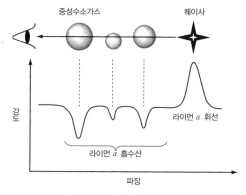

중성수소가스　　　　　퀘이사

라이먼 α 휘선

라이먼 α 흡수선

강도

파장

그림 5.10 퀘이사 흡수선의 개념도.

$$= 912\text{Å} \left(\frac{1}{n^2} - \frac{1}{m^2} \right)^{-1} \tag{5.33}$$

특히 $n=1$(기저상태)인 천이는 라이먼계열이라고 한다. 라이먼계열의 스펙트럼은 파장이 긴 쪽으로부터 α, β, γ, …라고 한다. 예를 들면 라이먼 $\alpha(n=1,\ m=2)$는 $\lambda_{\text{Ly}\alpha} = 1216\,\text{Å}$, 라이먼 $\beta(n=1,\ m=3)$는 $\lambda_{\text{Ly}\beta} = 1026\,\text{Å}$, 라이먼 가장자리($n=1,\ m=\infty$)는 $\lambda_{\text{Ly limit}} = 912\,\text{Å}$이다. 우리와 퀘이사 사이에 중성수소 가스가 있으면, 그것은 퀘이사의 스펙트럼으로 라이먼 α 휘선보다 짧은 파장의 흡수선으로 보인다(그림 5.10 참조).

그림 5.11에 적색편이 $z=3.035$에 있는 퀘이사 Q 0102-190 스펙트럼을 나타냈다. 라이먼 α 휘선의 단파장 쪽에는 다수의 흡수선이 보인다. 통상 라이먼 α 흡수선은 퀘이사 1개당 수10에서 100개 가까이 볼 수 있어 '라이먼 α의 숲'이라고 한다. 흡수선 1개의 중성수소 기둥밀도column density는 $10^{12} \sim 10^{17}\ \text{cm}^{-2}$이다. 이 흡수선의 2점 상관함수($n$은 흡수체의 개수밀도)를 살펴보면 상관관계가 매우 약하고($\xi \ll 1$), 우주공간에서 거의 균일하게 분포하고 있는 것을 알 수 있다.

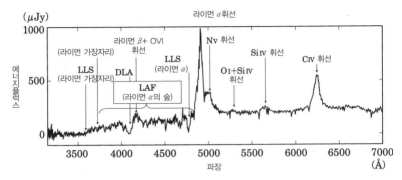

그림 5.11 퀘이사 Q0102-190(z=3.035)의 스펙트럼. 세로축은 단위 파장당 복사에너지 플럭스. LLS 는 라이먼 가장자리 흡수선, DLA는 감쇠 라이먼 α 흡수선.

$$\xi(r) \equiv \frac{\langle n(\boldsymbol{x})n(\boldsymbol{x}+\boldsymbol{r})\rangle}{\langle n\rangle^2} - 1 \qquad (5.34)$$

라이먼 α 숲의 성인成因으로 우주공간의 밀도 농담에 의해 야기된 중성수소 양의 공간변화가 원인이라고 생각되고 있다.

라이먼 α 흡수선 중에는 중성수소 주柱밀도가 $10^{17} \sim 10^{20}$ cm^{-2} 정도이며, 라이먼 가장자리의 흡수를 일으키는 것도 있다. 이것을 라이먼 가장자리 흡수선계(LLS)라고 한다. LLS는 먼 곳에 있는 은하원반 내의 가스나, 은하를 둘러싼 가스 헤일로가 일으키는 흡수로 생각되고 있다. 그리고 중성수소 주밀도가 $10^{20} \sim 10^{22}$ cm^{-2} 으로 매우 높고 흡수선에 감쇠 윙wing이라고 하는 윤곽을 볼 수 있는 것도 있다. 이것은 감쇠 라이먼 α 흡수선계(DLA)라고 한다. 이 흡수는 대질량의 원시은하나 은하원반이 일으키고 있다고 생각되고 있다.

그림 5.11의 스펙트럼은 라이먼 α 휘선의 단파장 쪽뿐만 아니라 C IV(3계 전리탄소)나 Si IV(3계 전리규소)의 단파장 쪽에도 흡수선이 보인다. 이들은 퀘이사와 우리 사이에 있는 C IV나 Si IV가 흡수를 일으키고 있는 것으

로 중원소흡수선계(MAL)라고 한다. 중원소흡수선은 LLS나 DLA를 만들고 있는 천체 중의 중원소에 의해 발생하는 경우도 있고, 특별히 대응하는 수소의 흡수를 볼 수 없는 경우도 있다. 중원소흡수선계에 있어서 중원소의 양은 태양조성 정도의 1/10 정도이다.

그리고 라이먼 α의 숲에 대응하는 파장으로 태양조성의 $10^{-3} \sim 10^{-4}$ 정도의 매우 낮은 중원소흡수가 발견되고 있다. 이것은 은하 간 공간이 미량이지만 중원소를 포함하고 있으며, 완전한 원시조성의 가스가 아니라는 것을 의미하고 있다. 그 중원소의 기원에 대해서는 은하에서 분출된 가스류流(은하풍이라고 함)나 제1세대 천체의 초신성 폭발의 가능성 등이 생각되고 있다. 퀘이사 α 흡수선계의 성질을 표 5.1에 정리해 놓았다.

라이먼 α의 숲은 우주의 고밀도 영역의 중성수소에 의해 생기지만, 그 영역이 완전한 중성은 아니며 퀘이사로부터의 강한 자외선에 의해 광전리光電離가 일어난다. 지금은 간단하게 하기 위해 수소원자만으로 구성된 가스를 생각한다. 자외선 강도를 $I_\nu [\mathrm{erg\ s^{-1} cm^{-2} Hz^{-1} Str^{-1}}]$라고 하면 자외선에 의한 전리율은 다음과 같이 주어진다.

표 5.1 퀘이사 흡수선계의 성질.

흡수선	중성수소 주밀도(cm^{-2})	퀘이사당 개수	2점 상관 ξ	중원소량 ($Z_\odot$)	흡수체
LAF	$10^{12 \sim 17}$	수 10~100	$\xi \ll 1$	$10^{-3} \sim 10^{-4}$	은하 간 중성수소
LLS	$10^{17 \sim 20}$	2~3	—	0.01~0.1	은하원반 은하헤일로
DLA	$10^{20 \sim 22}$	$\leqq 1$	—	0.01~1	원시은하 은하원반
MAL	$10^{16 \sim 22}$	2~3	$\xi > 1$	0.1~1	은하원반 은하헤일로

LAF는 라이먼 α의 숲, LLS는 라이먼 가장자리 흡수선계, DLA는 감쇠 라이먼 α 흡수선계, MAL은 중원소흡수선계. $Z_\odot$는 태양의 중원소량.

$$\gamma_{\mathrm{UV}} = \int_{\nu_{\mathrm{L}}}^{\infty} d\nu \int_{0}^{4\pi} \frac{I_{\nu}}{h\nu} a_{\nu} \, d\Omega \qquad (5.35)$$

여기서 ν_{L}은 라이먼 가장자리의 진동수, Ω는 입체각이다. a_{ν}는 광전리의 단면적이며 다음과 같다.

$$a_{\nu} = a_{\nu_{\mathrm{L}}} (\nu/\nu_{\mathrm{L}})^{-3} = 6.3 \times 10^{-18} \; \mathrm{cm}^2 \; (\nu/\nu_{\mathrm{L}})^{-3} \qquad (5.36)$$

이들을 이용하여 자외선의 스펙트럼이

$$I_{\nu} = I_{\nu_{\mathrm{L}}} (\nu/\nu_{\mathrm{L}})^{-\alpha} \qquad (5.37)$$

의 형태의 경우 전리율을 계산하면 다음과 같다.

$$\gamma_{\mathrm{UV}} = 4\pi (\alpha+3)^{-1} I_{\nu_{\mathrm{L}}} a_{\nu_{\mathrm{L}}} /h = 1.18 \times 10^{-11} (\alpha+3)^{-1} I_{21} \; [\mathrm{s}^{-1}] \quad (5.38)$$

여기서 $I_{21} = I_{\nu_{\mathrm{L}}} /10^{-21} [\mathrm{erg \; s^{-1} \; cm^{-2} \; Hz^{-1} \; Str^{-1}}]$이다. 라이먼 α 숲의 관측으로 적색편이 $z = 2 \sim 4$에서는 $I_{21} = 0.1 \sim 1$이라는 것을 알고 있다. 수소가스가 전리평형상태에 있다고 하면 (식 5.9)로부터 전리도는

$$\gamma_{\mathrm{UV}} n_{\mathrm{H\,I}} = \alpha_{\mathrm{A}} n_{\mathrm{e}} n_{\mathrm{p}} \qquad (5.39)$$

에 의해 결정된다. 여기서 α_{A}는 모든 속박준위에의 재결합계수이며 (식 5.12)로 주어진다. 전리도가 높은 경우에는 $n = n_{\mathrm{e}} = n_{\mathrm{p}}$이기 때문에 중성수소의 비율은 다음 식과 같이 결정된다.

$$x_{\mathrm{H\,I}} = \frac{n \alpha_{\mathrm{A}}}{\gamma_{\mathrm{UV}}} \qquad (5.40)$$

지금 우주공간이 밀도가 일정한 수소가스로 되어 있다고 가정하고 전리
도가 (식 5.40)으로 주어지는 경우의 라이먼 α 흡수의 강도를 생각해 보자.
라이먼 α 선에 대한 흡수단면적은 다음의 형태로 표현된다.

$$\sigma(\nu) = \frac{\pi e^2}{m_e c} f_{\nu_a} \phi(\nu - \nu_a) \tag{5.41}$$

여기서 ν_a는 라이먼 α의 진동수이며, $\phi(\nu - \nu_a)$는 선윤곽(흡수계수의 파장
의존성)이다. 또한 f_{ν_a}는 라이먼 α의 진동자 강도이다. 관측파장을 ν_0라 하
면 적색편이 z에서의 흡수단면적은 $\sigma(\nu_0(1+z))$이기 때문에 흡수의 광학
두께는 다음과 같이 주어진다.

$$\tau_{\nu_a}(z) = \int_0^z n_{\mathrm{H1}}(z)\sigma(\nu_0(1+z))c \left(\frac{dz}{dt}\right)^{-1} dz \tag{5.42}$$

이것은 건–피터슨Gunn-Peterson의 광학적 두께라고 하며 라이먼 α 휘선의
단파장 쪽에서는 $e^{-\tau_{\nu a}}$가 흡수된다.

적색편이 z와 시간 t의 관계는 허블상수 H_0, 우주밀도 매개변수 Ω_{m},
우주상수 매개변수 Ω_Λ에 의해서 다음으로 주어진다.

$$\frac{dz}{dt} = -H_0(1+z)[\Omega_{\mathrm{m}}(1+z)^3 - (\Omega_{\mathrm{m}} + \Omega_\Lambda - 1)(1+z)^2 + \Omega_\Lambda]^{1/2} \tag{5.43}$$

지금 선윤곽 $\phi(\nu - \nu_a)$를 델타함수 $\delta(\nu - \nu_a)$로 근사할 수 있다고 하면 위
의 적분식 (5.42)는 다음과 같이 된다.

$$\tau_{\nu_a}(z) = \frac{c}{H_0} \frac{\pi e^2}{m_e c \nu_a} n_{\mathrm{H1}}(z)[\Omega_{\mathrm{m}}(1+z)^3 - (\Omega_{\mathrm{m}} + \Omega_\Lambda - 1)(1+z)^2 + \Omega_\Lambda]^{-1/2}$$

$$\tag{5.44}$$

$\Omega_{\mathrm{m}}=0.3$, $\Omega_{\Lambda}=0.7$, $H_0=70\,\mathrm{km\,s^{-1}Mpc^{-1}}$인 우주를 생각해서 $n_{\mathrm{HI}}(z)=$ $x_{\mathrm{HI}}\Omega_{\mathrm{b}}\rho_{\mathrm{c}}/m_{\mathrm{p}}$를 사용하면 다음과 같다.

$$\tau_{\nu_\alpha}(z) = 1.3\times10^4 x_{\mathrm{HI}}\left(\frac{\Omega_{\mathrm{b}}}{0.04}\right)h_{70}(1+z)^3\left[0.3(1+z)^3-0.7\right]^{-1/2}$$

(5.45)

따라서 만약 우주공간이 완전히 중성 가스($x_{\mathrm{HI}}=1$)라면 라이먼 α 휘선의 단파장 쪽에서 연속광이 매우 강하게 흡수된다. 하지만 그림 5.11의 스펙트럼에서는 연속광의 강한 흡수는 일어나지 않았다. 이것은 은하 간 공간이 중성이 아니라 전리되고 있다는 것을 의미하고 있다. 우주는 맑게 갬의 시점에서 중성화 했다는 것을 생각하면 우주가 어디선가 다시 전리된 셈이 된다. 이것을 '우주 재전리'라고 한다.

중성수소의 비율이 $10^4\,\mathrm{K}$인 가스의 전리평형으로 정해져 있다고 하면 (식 5.40)으로부터

$$x_{\mathrm{HI}} = 8.4\times10^{-9}(\alpha+3)I_{21}^{-1}\left(\frac{\Omega_{\mathrm{b}}}{0.04}\right)h_{70}^2(1+z)^3 \qquad (5.46)$$

이 되므로,

$\tau_{\nu_\alpha}(z)$

$$= 1.1\times10^{-4}(\alpha+3)I_{21}^{-1}\left(\frac{\Omega_{\mathrm{b}}}{0.04}\right)^2 h_{70}^3(1+z)^6\left[0.3(1+z)^3-0.7\right]^{-1/2}$$

(5.47)

라는 값을 얻을 수 있다. 적색편이 $z=2\sim4$에서 $I_{21}=0.1\sim1$임을 감안할 때 $\tau_{\nu_\alpha}=0.01\sim1$이며 강하게 흡수되는 일은 없다. 그러나 그림 5.12에 나타

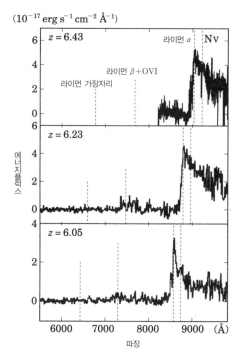

$(10^{-17}\ \mathrm{erg\ s^{-1}\ cm^{-2}\ \AA^{-1}})$

그림 5.12 적색편이 6 이상인 퀘이사의 스펙트럼(Fan *et al.*, 2003, *AJ*, 125, 1649). 세로축은 파장($\overset{\circ}{\mathrm{A}}$), 가로축은 단위 파장당 복사의 에너지플럭스.

난 바와 같이 $z > 6$인 퀘이사 스펙트럼을 보면, 라이먼 α 휘선의 단파장 쪽에서 연속광이 매우 강하게 흡수되고 있다. 이것은 은하 간 물질이 중성 상태에 있다는 것을 의미하는 것처럼 보이지만 실제로는 (식 5.45)와 (식 5.46)에서 알 수 있듯이 $z > 6$에서는 $I_{21} \approx 0.1$ 정도의 자외선 복사장場에 의해 보다 고高전리 상태가 실현되더라도 $\tau_{\nu_\alpha} > 1$로 되어 라이먼 α 휘선의 단파장 쪽에서 강하게 흡수된다.

퀘이사 스펙트럼이 실제로 어떤 전리 상태에 대응하는지를 보기 위해서는 우주의 전리사電離史를 시뮬레이션하고, 거기서 얻어진 흡수선의 강도와 관측을 비교할 필요가 있다. 우주공간에서 밀도가 매우 높은 영역에서는 외부의 수소가 자외선을 차폐하여 중심에 중성영역이 형성될 수 있다. 이것을 자기차폐遮蔽효과라고 한다. 자기차폐가 일어나는 조건은 가스운 내부에서 재결합하는 전자의 수가 단위시간당 외부에서 가스운으로 들어오는 전리광자의 수를 웃도는 것이다. 균일밀도의 가스운의 경우 자기차폐가 일어나는 임계밀도는 다음과 같다(여기서 $M_\odot$은 태양질량).

$$n_{\text{shield}} = 2.3 \times 10^{-2} \left(\frac{M}{10^8 M_\odot} \right)^{-1/5} \left(\frac{I_{21}}{\alpha} \right)^{3/5} [\text{cm}^{-3}] \qquad (5.48)$$

또한 인근에 자기차폐된 영역이 있으면 그 그늘이 되는 효과에 의해 전리가 일어나지 않는 영역도 나온다.

실제의 불균일한 우주에서 자기차폐나 그늘효과를 계산하기 위해서는 빛의 전파를 제대로 풀어야 한다. 빛의 전파를 결정하는 것은 복사수송방정식이라고 하는 방정식으로 다음과 같이 주어진다.

$$\frac{1}{c} \frac{\partial I_\nu}{\partial t} + \boldsymbol{n} \cdot \nabla I_\nu = \chi_\nu (S_\nu - I_\nu) \qquad (5.49)$$

여기서 χ_ν는 감광계수, S_ν는 광원함수이다. 이것은 6차원방정식이며, 그리고 전리과정에서의 산란과정을 수반하는 경우에는 S_ν가 I_ν로 되기 때문에 미분적분방정식이 된다. 이 때문에 반복해법에 의한 해의 결정이 필요하다. 그림 5.13에 6차원 복사수송을 풀어서 얻은 우주의 전리사에 대한 결과를 나타냈다.

이 결과를 사용하여 그림 5.14에 나타낸 것처럼 퀘이사의 흡수선계 스펙트럼을 재현할 수 있다. 따라서 흡수선계 스펙트럼에서 각 적색편이로 전리도의 평균값($\bar{x}_{\text{HI}}$)과 연속광의 흡수비율(D_A)을 구한다. 그림 5.14를

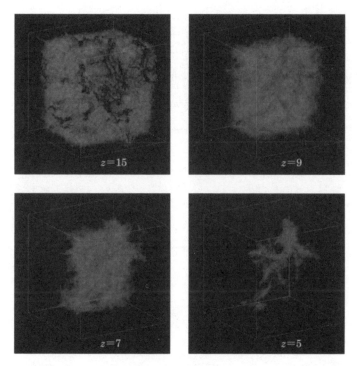

그림 5.13 우주 재전리의 6차원 복사수송 시뮬레이션 이론(화보 9 참조. Nakamoto *et al.*, 2001, *MNRAS*, 321, 593). 적색편이 $z=15$부터 $z=5$까지의 시간변화를 나타내고 있다.

보면 알 수 있듯이 $z=5$에서는 전리도가 높더라도 $D_A=0.90$이 되어 연속광의 90%는 흡수되어 버린다. 이 시뮬레이션을 관측된 퀘이사 스펙트럼에서 얻은 연속광의 흡수비율과 비교하면 전리사에 대한 정보를 얻을 수 있다.

그림 5.15에 적색편이 $z=6$까지의 연속광의 흡수비율(D_A)의 관측값을 나타냈다. 적색편이가 4인 시대에서 D_A는 아직 작은 값이지만, 적색편이 6에서 급속하게 1에 접근하고 90% 이상의 흡수를 나타내고 있다. 퀘이사 흡수선계의 시뮬레이션과 관측을 비교하면 적색편이 6의 우주는 강한 연속광 흡수를 나타내고는 있지만, 그것은 우주공간의 1% 정도의 중성수소

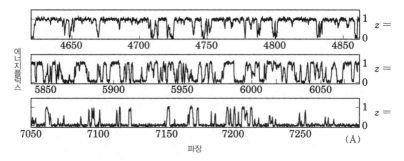

그림 5.14 우주 재전리 시뮬레이션으로부터 재현된 퀘이사 흡수선계 스펙트럼. 전리도($\bar{x}_{HI}$)의 평균 값과 연속광의 흡수비율(D_A)은 $z=3$에서 $\bar{x}_{HI}=1.5\times10^{-6}$, $D_A=0.163$, $z=4$에서 $\bar{x}_{HI}=2.8\times10^{-5}$, $D_A=0.515$, $z=5$에서 $\bar{x}_{HI}=1.5\times10^{-3}$, $D_A=0.90$이다.

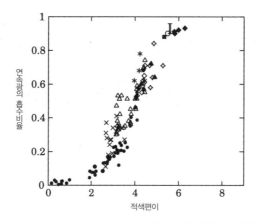

그림 5.15 퀘이사 스펙트럼에서 볼 수 있는 연속광의 흡수비율의 적색편이 의존성.

에 의해 일어나고 있는 것으로 99%는 전리하고 있음을 알 수 있다. 즉, 우주 재전리 시기는 D_A의 급격한 증가 시기보다 더 옛날이며, $z=7\sim10$이라는 결론이 나온다. 최근 들어 WMAP 위성은 우주배경복사를 정밀 관측하고, 그 데이터를 통해 우주 재전리 시기를 $z=8\sim13$으로 추정했다. 이 것은 퀘이사 스펙트럼 데이터에서 얻은 결론과 거의 일치한다(4.3.7절 참조).

5.5 차가운 암흑물질과 은하형성이론의 문제점들

차가운 암흑물질(Cold Dark Matter, CDM)에 기초한 구조형성론·은하형성이론은 우주에 있어서 여러 가지 대구조의 모습을 잘 설명할 수 있으며, 현재의 이론적 패러다임이 되고 있다. 그림 5.16에는 차가운 암흑물질의 계층적 합체에 의해 중력적으로 속박된 계系인 암흑헤일로가 형성되는 모습이 나타나 있다. 개개의 헤일로마다 그 형성사史는 다르며 초기에 그 골격이 되고, 그 후 소小질량 헤일로가 강착해서 성장하는 경우(왼쪽 그림)나, 동일한 정도의 질량을 가진 헤일로의 합체과정이 자주 일어나는 경우(오른쪽 그림) 등이 있으며 각각 다른 합체의 역사를 가진다.

이러한 헤일로 속에서 형성된 은하나 은하단과 같은 밝게 빛나는 천체, 또는 가스 상태에 머물러 있는 은하 간의 구름 등은 우주공간에 균일하게 분포되어 있는 것이 아니라 그 중력상호작용에 의해 서로 상관관계를 가진 분포를 나타내고 있다. 그리고 이와 같은 차가운 암흑물질이 예측하는 천체의 모이는 방법은 실제로 관측되는 은하나 은하단의 공간분포를 매우 잘 재현하고 있다는 것이 분명해졌다(3장 참조). 그리고 4장에서와 같이 관측되는 우주배경복사의 온도요동은 (우주항項이 있는 팽창우주에 있어서) 차가운 암흑물질을 기초로 계산한 예측과 정확히 일치하는 것도 알려져 있다. 이와 같이 차가운 암흑물질은 공간스케일로 $1\,\mathrm{Mpc}$을 초월하는 우주의 대구조를 잘 설명할 수 있으며 우주 전체의 밀도의 약 3할을 차지하고 있는 것도 알려지게 되었다.

그런데 최근에 계산기의 발전에 따라 팽창우주에 있어서의 차가운 암흑물질의 계층적 합체과정에 관해서 이전보다 훨씬 고해상도의 N체 수치실험이 가능하게 되어, 그 결과 은하나 은하단의 공간스케일로 $1\,\mathrm{Mpc}$보다 작은 공간스케일에 있어서 관측과 모순되는 문제가 판명되고 있다. 이 때

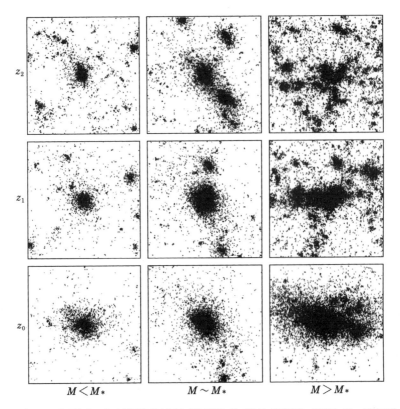

그림 5.16 우주론적 N체 수치실험에서 얻은 암흑헤일로의 계층적 합체과정. 기준이 되는 질량스케일 M_*(현재 비선형 단계에 있는 질량)과 비교하여 3가지 다른 질량 $M(M < M_*,\ M \sim M_*,\ M > M_*)$의 암흑헤일로의 시간발전을, 각각 위에서 아래의 패널은 적색편이 ($z_2 > z_1 > z_0$)에 거쳐 합체과정으로 성장하는 모습을 나타내고 있다(Navarro et al., 1997, ApJ, 490, 493).

문에 차가운 암흑물질의 표준이론이 실제로 맞는지를 검토할 필요성이 제시되었다. 다음에서는 이러한 개개의 문제를 다루겠다.

5.5.1 각운동량 문제

차가운 암흑물질의 계층적 합체와 더불어 총 질량이 대략 1할 정도의 바리온 즉 가스도 중력적인 합체·집적과정에 편입된다. 암흑물질의 경우는

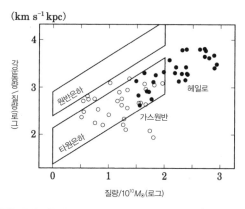

그림 5.17 수치실험을 통해 얻은 은하의 각운동량과 관측과의 비교(Navarro *et al.*, 1995, *MNRAS*, 275, 56). 실선으로 둘러싸인 영역은 실제 은하가 갖는 각운동량, 동그라미는 수치실험을 통해 얻은 것을 나타낸다.

무충돌 중력계이기 때문에 합체과정에 있어서, 그 에너지가 흩어져 없어지지는 않지만, 바리온의 경우는 복사하기 때문에 에너지 산일散逸과정을 수반한다. 따라서 암흑물질에 의해 최종적으로 암흑헤일로가 만들어지지만, 바리온가스의 분포는 암흑헤일로의 공간적인 퍼짐과 달리 에너지 산일에 의해 더욱 중심에 집중하는 구조가 만들어진다. 그리고 바리온가스의 운동상태도 암흑헤일로의 그것과 다른 상태로 정착한다. 이 바리온가스에서 최종적으로 별이 태어나 원반은하나 타원은하가 형성되는 것으로 기대된다.

그런데 실제로 이런 과정을 3차원의 가스역학을 고려한 수치실험을 통해 추적해 보면 관측되는 것과 같은 각운동량을 가진 원반은하가 재현되지 못하고 각운동량이 한 자릿수나 작아지는 문제가 판명되었다. 그림 5.17에 역학평형에 정착한 최종적인 가스계의 각운동량을 나타냈다. 실선으로 둘러싼 영역은 실제로 관측된 원반은하와 타원은하가 가지는 각운동량의 범위를 나타낸다. 수치실험 결과는 가스원반상의 구조가 만들어짐에도 불구하고, 그 각운동량은 원반은하의 그것과 달리 타원은하와 같이 한 자릿수 작은 값이 되어 있는 것을 알 수 있다. 또한 이 문제와 관련하여 수치실험에서 얻어지는 가스원반은 실제의 은하원반에 비해 체계적으로 작은 반경을 가진다. 이것이 각운동량 문제이다.

각운동량 문제의 원인은 계층적 합체과정 속에서 암흑물질과 가스로 된 덩어리가 최초에 가졌던 각운동량을 잃는 효과, 즉 덩어리끼리의 중력 토크나 합체과정에 의해 각운동량이 헤일로 내부에서 외부로 재분배되는 과정이 작동하기 때문이다. 이 결과 암흑헤일로는 스핀을 거의 갖지 않는 퍼진 상태가 되는 한편, 가스는 각운동량을 잃으면서 중심으로 빠져들어 콤팩트한 상태가 된다. 따라서 관측되는 각운동량을 가진 가스원반을 재현하기 위해, 가스는 온도가 높고 암흑물질의 덩어리보다 퍼진 공간분포를 하고 있으면 된다. 왜냐하면 이러한 퍼진 가스는 강한 중력 토크 등의 효과를 받지 않기 때문에 최초로 가졌던 각운동량을 보유할 수 있으며 천천히 원반을 만드는 것이 가능하게 되기 때문이다. 즉, 현존의 수치실험에서는 가스가 과잉으로 그 에너지가 흩어져 없어져서 온도가 감소해 공간적으로 콤팩트한 상태가 되어 버리는 것이 각운동량 문제의 원인이다.

이러한 가스의 과냉각을 방지하려면 항성풍이나 초신성 폭발에 수반하는 에너지 해방과정, 또는 갓 태어난 별에서 쏟아지는 자외선이나 우주배경 자외선에 의한 광전리 과정과 같은 가스를 가열하는 효과를 제대로 고려할 필요가 있다. 그러나 현존의 수치실험에서는 그런 현실적인 물리과정을 정밀하게 계산하는 것이 어려우며, 향후의 과제가 되고 있다.

5.5.2 커스프 문제

차가운 암흑물질은 그 자기중력으로 합체·집적하는 결과 일정한 역학평형에 있는 암흑헤일로가 만들어진다. 이러한 과정을 우주론적 N체 수치실험을 통해 추적하면 암흑헤일로의 밀도분포 $\rho(r)$이 그 중심부에 커스프상cusp shape($\rho(r)\propto r^{a}$, $a<0$)이 되며, 코어core를 갖지 않는 발산형形이 되는 것을 알았다. 그리고 이러한 커스프상의 밀도분포는 개개 암흑헤일로의 크기나 질량에 관계없이 보편적인 함수형이 될 것이라는 것이 상세한 N체 수치실험의 결과에서 밝혀져 왔다. 그 대표적인 것으로 중심부에서 항상 $\rho(r)\propto r^{-1}$이 되는 것이 나바로J.F. Navarro, 프랭크C.S. Frenk, 화이트S.D.M. White의 3명에 의해 1996년에 제창되어 머리글자를 딴 NFW 프로파일로서 널리 보급되어 왔다. 또한 동일한 N체 수치실험에서 계산 정밀도의 향상에 의해 $\rho(r)\propto r^{-1.5}$라고 주장한 사람도 있고, 어떤 지수 a가 참값인지도 검토되어 왔다. 어쨌든 수치실험을 통한 커스프상의 암흑헤일로가 기대되고 있다.

그런데 이러한 암흑헤일로의 중심밀도분포는 실제 은하에서는 실현되지 않을 가능성이 지적되고 있다. 이 경우 일반적으로는 은하의 회전곡선 관측에서 그 (역학적) 질량분포를 얻을 수 있는데, 은하계와 같은 밝은 은하에서는 그 중심부에 은하벌지 등의 항성계로 대표되는 바리온 성분이 많이 있기 때문에 암흑헤일로만의 질량분포를 정확하게 구하는 것은 곤란하다. 따라서 별의 표면밀도가 매우 작고 또 성간가스의 그것도 작기 때문에 그 회전곡선이 암흑헤일로에서의 기여로 거의 설명되는 왜소은하가 최적이다. 그러면 왜소은하에 있어서 얻을 수 있는 중심부의 회전곡선은 지수 a가 -1에서 -1.5 사이에 있는 밀도분포에서 얻는 것과 비교하여 완만한 함수계를 이루고 있으며, 이에 따라 커스프상이 아닌 것을 지적해 왔다. 이것이 차가운 암흑물질에 기초한 구조형성 시나리오에 있어서의 커스프 문제로 다루어져 이론의 위기라고 생각되어 왔다.

이 커스프 문제에는 몇 가지의 해결책으로 이어질 실마리가 있다. 우선 은하회전 곡선의 관측에서는 실제의 측정에 있어서 여러 가지 측정오차,

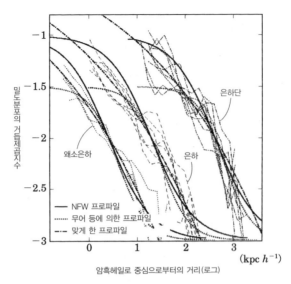

밀도분포의 거듭제곱지수

은하단

왜소은하

은하

―― NFW 프로파일
‥‥‥‥ 무어 등에 의한 프로파일
―‧― 맞게 한 프로파일

$(\text{kpc } h^{-1})$

암흑헤일로 중심으로부터의 거리(로그)

그림 5.18 수치실험에서 얻은 암흑헤일로 중심부의 밀도 분포. 왜소은하, 은하, 은하단 규모의 다양한 헤일로에 대해 밀도분포의 거듭제곱지수가 헤일로 중심으로부터의 거리에 따라 어떻게 변하는지 나타나 있다. 헤일로 가장 안쪽에서는 거듭제곱지수가 −1과 −1.5 사이에 분포하는 것을 알 수 있다 (Navarro *et al.*, 2004, *MNRAS*, 349, 1039).

특히 유한한 공간 분해능에 따라 은하중심부의 회전곡선형이 완만하게 되는 효과가 지적되고 있다. 그리고 N체 수치실험 방법의 향상에 따라 암흑헤일로 중심부에 있어 밀도분포의 양상을 자세히 조사되어 지수 α는 헤일로에 의해 −1에서 −1.5 사이에 분포하고, 반드시 보편적인 값에 수렴하고 있지 않지만 −1.5라는 가파른 가프스상이 되지 않은 것을 알게 되었다 (그림 5.18).

그 결과 실제로 관측되는 회전곡선이 이론예언과 합치하는 것이 많이 존재하고 있다는 것이 알려져 왔지만, 한편 충분한 관측정밀도에서도 $a > -1$이 되어 이론예언과 맞지 않는 것도 존재한다는 것이 판명되었다. 이 후자와 같은 경우에도 예를 들어 과거에 성간가스가 초신성 폭발에 의해 가열되고, 은하중심부로부터 흘러나온 결과 암흑헤일로의 밀도분포에

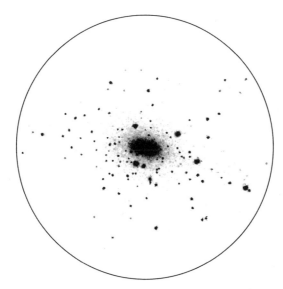

그림 5.19 우주론적 N체 수치실험을 통해 얻은 은하 크기의 암흑물질과 그 주변의 분포. 반경 $0.5h^{-1}$ Mpc인 구 영역에서 암흑물질 입자의 공간 분포를 나타낸다(Klypin *et al.*, 1999, *ApJ*, 522, 82).

도 변화가 생겼을 가능성이 논의되고 있다. 즉 암흑물질 이외의 천체물리학적인 과정에 의해 커스프 문제가 해결될 가능성도 남겨져 있다.

5.5.3 서브헤일로 문제

차가운 암흑물질에 기초한 지금까지 없었던 고해상도의 N체 수치실험에 의해 또 하나의 곤란한 문제가 판명되어 왔다. 차가운 암흑물질의 표준이론에 따르면 은하계와 같은 규모의 은하 헤일로 공간에 수백에서 수천에 이르는 수의 작은 암흑물질 헤일로(CDM 서브헤일로)가 존재하고 있지 않으면 안 된다. 그림 5.19에 은하계 정도의 질량을 가진 암흑헤일로를 택해서 그 주위 $0.5\ h^{-1}$ Mpc의 영역에 있어서의 서브헤일로의 분포를 나타냈다. 개개의 서브헤일로 질량은 수백만에서 수억 배의 태양질량으로 생각되며 질량의 제곱에 반비례하는 질량함수가 기대되고 있다.

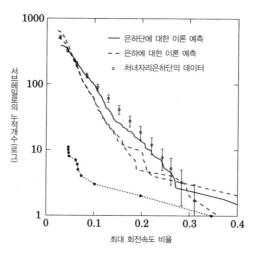

그림 5.20 서브헤일로의 누적개수함수(Moore *et al.*, 1999, *ApJL*, 524, 19). 서브헤일로 내의 원궤도 회전속도를 그 질량의 지표로서 나타냈다. 점선은 국부 은하군에서 얻을 수 있는 은하의 누적개수.

　그런데 은하계의 주위나 안드로메다은하 등을 바라 봐도 그런 수에 달하는 은하는 눈에 띄지 않고, 겨우 1타dozen 정도의 어두운 수반 은하를 인정할 뿐이다. 이 상황을 정량적으로 나타낸 것이 그림 5.20이다. 서브헤일로 같은 작은 천체의 수가 개개의 헤일로에서 기대되는 원형궤도 회전속도의 함수로 나타나고 있다. 파선이 은하스케일에 있어서의 수치실험 결과를 나타내고, 점선이 국부局部 은하군에서 얻을 수 있는 은하의 수분포이며 소질량(소회전속도)에 있어 양자의 값이 자릿수만큼 어긋나 있는 것을 알 수 있다. 이것은 '잃어버린 위성Missing satellite 문제'로 알려져 있으며, 차가운 암흑물질의 심각한 문제로 생각되고 있다.

　소은하의 수를 관측할 수 있는 자릿수까지 줄이려면 애초 암흑물질 서브헤일로의 수를 억제하거나 또는 빛을 내는 은하는 이러한 서브헤일로의 일부에서만 태어난다고 생각할 수도 있다. 전자의 입장에서는 표준적인 차가운 암흑물질이론과는 달리 소공간 스케일에 있어서 밀도요동의 파워

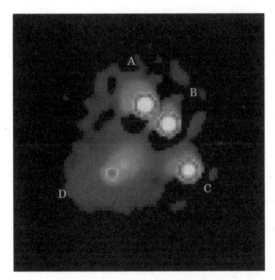

그림 5.21 4중 퀘이사 B1422+231 CASTLES 홈페이지의 공개화상
(http://cfa-www.harvard.edu/glensdata/).

스펙트럼이 작은 암흑물질이론이 제창되고 있다. 후자의 생각하는 방법은 차가운 암흑물질이론의 틀 안에서 문제를 해결하고자 하는 것이며, 우주 복사 자외선 조사照射와 같은 성간가스의 냉각을 억제하는 효과로 서브헤일로의 일부에서만 별이 태어난다는 조건이 정리되고 있다. 어떤 생각이 그럴듯한지를 판단하려면 소질량의 암흑물질 서브헤일로가 실제로 다수 있는지 어떤지가 중요한 점이 된다.

그러면 어떻게 해서 은하계와 같은 밝은 은하 주위에 이러한 눈에 보이지 않는 암흑물질 서브헤일로의 존재를 확인할 수 있을까. 유력한 방법의 하나로, 서브헤일로가 중력렌즈현상에 미치는 영향을 보는 것이 있다. 배경에 광원이 있고, 그 바로 앞에 은하 등의 중력렌즈가 있으면 광원으로부터의 빛의 경로가 어긋남으로써 증광하거나 상이 왜곡된다. 따라서 렌즈 안에 서브헤일로 등의 작은 섭동이 많이 있으면 이러한 중력렌즈현상에 영향이 나타나므로 그것을 확인하려는 것이다. 그 예로서 그림 5.21에 4중 퀘이사인 B 1422+231을 나타냈다. 이 렌즈계에서는 접근하는 밝은 3개의 상 A, B, C에 있어서 매끄러운 질량분포를 가진 중력렌즈에 의해 이론적으로 기대되는 플럭스비flux ratio로부터 크게 동떨어져 있는 것이 알려져 있다. 이러한 플럭스비의 이상이 발생하는 여러 가지 요인 가운데 소질량의 서브헤일로가 이러한 상들의 주변에 섭동을 일으키고 있을 가능성이 높다. 그리고 이러한 플럭스비의 이상을 나타내는 그 외의 많은 렌즈를 사용해서 통계를 내어 은하 주위에 실제로 다수의 서브헤일로가 존재하고 있는 가능성이 지적되고 있다.

이러한 중력렌즈효과를 사용한 방법에서도 서브헤일로가 구체적으로 어떤 질량분포로, 어떤 공간분포를 하고 있는지는 아직 명확하지 않고 향후의 과제로 남아 있다.

Missing satellite 문제

　차가운 암흑물질이론에서는 앞서 1장의 그림 1.25에 나타낸 바와 같이 1Mpc을 넘는 거대한 우주구조를 자연스럽게 설명할 수 있다. 반면 이번 5장에서 설명했듯이 1Mpc보다 작은 공간스케일, 즉 은하스케일이 되면 관측된 은하의 성격을 간단하게 설명할 수 없게 된다. 이와 같이 작은 스케일이 되면 바리온이 관여하는 과정(냉각을 동반한 수축, 별 형성 등)을 무시할 수 없게 되어 복잡해짐은 물론, 암흑물질에 대한 성질도 아직 그렇게 이해가 되지 않고 있다. 특히 심각한 것은 $10^7 \sim 10^9 M_\odot$ 정도의 소질량 암흑헤일로(서브헤일로)가 은하계와 같은 암흑헤일로 안에 다수 존재한다는 것을 이론으로 예언한 Missing satellite 문제이다. 최근에 이루어진 최대 N체 수치실험에 따르면 $10^7 M_\odot$인 서브헤일로가 1,000개 정도 존재해야 한다.

　이 문제를 해결할 수 있는 가능성의 하나로 실제로 관측되는 위성은하 satellite galaxy가 아직 극히 일부밖에 없고, 사실은 어둡고 관측하기 어려운 은하가 무수히 존재한다는 것이다. 실제로 SDSS가 최근 새로운 위성은하를 속속 발견하여 지난 수년 동안 10개 정도 은하계의 위성은하가 증가했다. 그 방법으로는 관측된 천역天域에서 동정되지 않은 항성 무리를 찾아내기 시작했다. 다만 그 무리는 단순한 통계요동이나 시선 상에 우연히 겹친 항성계일 가능성도 있으므로 두 파장으로 측광하여 색-등급도를 만들고, 정리된 항성계에서 보이는 적색거성분지나 수평분지와 같은 특징을 갖는지를 확인한다. 그리고 구상성단일 가능성도 있으므로 항성의 집중도의 정도도 측정하는 등 매우 끈기 있는 분석이 필요하게 된다.

　그런데 이와 같이 새로운 위성은하의 발견이 이어져도 아무래도 이론상 기대되는 수치에는 아직 많이 부족한 듯하다. 반드시 모든 서브헤일로 내에서 별이 태어나 은하가 되는 것은 아니며, 가스 상태로 존재해서 은하로부터 은하군의 공간에 분포할지도 모른다. 실제로 은하계 주위에서 관측되는 고속도 H I운雲(제5권 참조)이 서브헤일로의 중력장에 포착된 가스일지도 모른 채 관측된 구름의 수는 아주 많은 것 같다. 그러나 아쉽게도 고속도 H I운까지의 거리를 정하는 방법이 없기 때문에 구름의 공간분포를 알 수 없는 것이 현실이다. 이 문제의 수수께끼는 아직 풀리지 않고 있다.

미즈다마 히데오水玉英雄 저, **상대론적 우주론**, 마루젠, 패리티물리학시리즈, 1991.

사토 후미타카佐藤文隆 저, **우주물리학**, 이와나미서점, 1995.

스기야마 다다시杉山直 저, **팽창우주와 빅뱅이론**, 이와나미서점, 2001.

스도우 오사무須藤靖 저, **암흑물질과 은하우주**, 마루젠, 1993.

스도우 오사무須藤靖 저, **일반상대론입문**, 일본평론사, 2005.

스도우 오사무須藤靖 저, **매우 큰 자연의 계층 · 우주의 계층**, 도다이출판회, 2006.

오카무라 사다노리岡村定矩 저, **은하계와 은하우주**, 도쿄대학출판회, 1999.

이케우치 사토루池内了 저, **관측적 우주론**, 도쿄대학출판회, 1997.

일본물리학회 편, **우주를 보는 새로운 눈**, 일본평론사, 2005.

후타마세 토시후미二間瀨敏史 저, **납득하는 우주론**, 코단샤, 1998.

Barbara Ryden 저, 마키노 노부요시牧野伸義 역, **우주론입문**, 피어슨 에듀케이션, 2003.

P.J.E. Peebles, *The Large-Scale Structure of the Universe*, Princeton University Press, 1980.

Scott Dodelson, *Modern Cosmology*, Academic Press, 2003.

스바루망원경의 공식 웹사이트, http://www.naoj.org/

COBE의 공식 웹사이트, http://lambda.gsfc.nasa.gov/product/cobe/

HST의 공식 웹사이트, http://hubblesite.org/

SDSS의 공식 웹사이트, http://www.sdss.org/

WMAP의 공식 웹사이트, http://lambda.gsfc.nasa.gov/product/map/

현대의 천문학 시리즈 제3권

우주론 Ⅱ_우주의 진화

초판 1쇄 발행 | 2014년 4월 1일
초판 2쇄 발행 | 2019년 12월 17일

엮은이 | 후타마세 토시후미二間瀬敏史·이케우치 사토루池内了·치바 마사시千葉柾司
옮긴이 | 김두환

펴낸이 | 이원중
펴낸곳 | 지성사
출판등록일 | 1993년 12월 9일   등록번호 제10-916호
주소 | (03458) 서울시 은평구 진흥로 68 정안빌딩(북측) 2층
전화 | (02)335-5494   **팩스** | (02)335-5496
홈페이지 | www.jisungsa.co.kr   **블로그** | blog.naver.com/jisungsbook   **이메일** | jisungsa@hanmail.net

ISBN   978-89-7889-281-0 (94404)
          978-89-7889-255-1 (세트)